Edition Sozialwirtschaft Bd. 28

EDITION SOZIALWIRTSCHAFT

Maria Laura Bono

Performance Management in NPOs

Steuerung im Dienste sozialer Ziele

Die Deutsche Nationalbibliothek verzeichnet diese Publikation in
der Deutschen Nationalbibliografie; detaillierte bibliografische
Daten sind im Internet über http://dnb.d-nb.de abrufbar.

ISBN 978-3-8329-5082-8

1. Auflage 2010

Vorwort

Management ist ein facettenreicher Begriff. Abgeleitet vom Lateinischen „manum agere", an der Hand führen, bezieht sich das Management auf alle Aspekte der zielgerichteten Führung von Unternehmen. Vom Personal- zum Selbstmanagement, vom Zeit- zum Wissensmanagement, vom Projekt- zum Veränderungsmanagement – den Wortkombinationen sind kaum Grenzen gesetzt, so dass man sich zu Recht fragen kann, ob es die weitere Unterscheidung in „Performance Management" überhaupt braucht. Die Antwort ist einfach: Ja. Und zwar nicht um die Lektüre dieser Publikation zu begründen, sondern um Organisationen an ihre ureigenen Ziele zu erinnern und deren Erfüllung zu fördern. Performance Management setzt sich mit den prinzipiellen Fragen auseinander, worauf die unternehmerische Tätigkeit abzielt, wie dies zu erreichen sei und insbesondere, wonach das Ergebnis beurteilt werden soll. Diese Aspekte sind gerade für Nonprofit-Organisationen von existentieller Bedeutung. Wenn nicht um Gewinn zu erzielen, wozu setzt sich die Organisation dann ein? Und was wird tatsächlich erreicht? Unbequeme aber entscheidende Themen für einen kontinuierlichen Lern- und Entwicklungsprozess.

Leicht gesagt und niedergeschrieben. Sich an der Vision zu orientieren, angemessene Aktivitäten abzuleiten und den Erfolg zu überprüfen sind in Controlling- und Managementbüchern zu Standardsätzen geworden, die oft an den Möglichkeiten und an den praktischen Fragen der Führungskräfte vorbei gehen. Diese Publikation wählt einen anderen Weg. Sie macht keinen Hehl daraus, dass es in der Betriebswirtschaftslehre als Realwissenschaft keine vollkommenen Lösungen geben kann und setzt auf praxisnahe Vorgehensweisen. Ja, Performance Management ist notwendig und sinnvoll. Nein, es gibt keine Patentrezepte – sehr wohl aber einige Ansätze, um sich im Nonprofit-Bereich der Herausforderung der Steuerung von Sachzielen anzunehmen und den Zielerfüllungsgrad der Organisation zu verbessern.

Vielen lieben Menschen ist an dieser Stelle zu danken, die mir unermüdlich und treu zur Seite gestanden sind. In meiner Familie wie in meinem Freundeskreis gäbe es eine Reihe von Personen, denen es zustehen würde, genannt zu werden. Ich fasse mich kurz in der Überzeugung, dass wertvolle Beziehungen keiner Publizität bedürfen, um zu gedeihen. Nur einen Namen sei mir gestattet zu nennen: Emil. Ihm widme ich dieses Buch.

Maria Laura Bono

Inhaltsverzeichnis

Abbildungsverzeichnis

1 Einführung

Performance Management gewinnt innerhalb der strategischen Führung von Nonprofit-Organisationen, kurz NPO, zunehmend an Bedeutung. Der Einsatz von Kennzahlensystemen zur Analyse der Organisationsprozesse und -ergebnisse blickt zwar auf eine lange Tradition zurück, neu jedoch ist die zukunftsorientierte Ausrichtung des Performance Managements und der Anspruch, mehr als lediglich finanzielle Erfolgsdimensionen berücksichtigen zu wollen. Spätestens seit Ende der Achtziger-, Anfang der Neunzigerjahre des vergangenen Jahrhunderts nimmt die Anzahl der Befürworter von Kennzahlensystemen, die auch an Sachzielen orientierte Tatbestände erfassen, neben unternehmensinternen auch umfeldbezogene Aspekte berücksichtigen, und weniger die Vergangenheit als vielmehr die Gegenwart und Zukunft in den Mittelpunkt stellen, stark zu.

1.1 Wirkungsorientierung im Mittelpunkt

Die Anforderungen an das Management von Nonprofit-Organisationen haben sich seit Ende der 1990er Jahre grundlegend geändert: Unter dem Druck, wirtschaftlich und zielführend zu handeln, rücken Fragen nach dem bestmöglichen Ressourceneinsatz und einer entsprechend transparenten Darstellung der Ergebnisse in den Vordergrund.

Im öffentlichen Sektor hat die Verbreitung des „New Public Management"-Ansatzes (vgl. Schedler/Proeller 2003) zu einer intensiven Auseinandersetzung mit den Gedanken des Performance Managements geführt und tief gehende Erneuerungsprozesse in die Wege geleitet. Sei es unter dem Namen „Neues Steuerungsmodell" in Deutschland, sei es als „Wirkungsorientierte Verwaltungsführung" in der Schweiz oder schlicht als „Verwaltungsreform" in Österreich – die Erneuerung der öffentlichen Verwaltung baut auf vier Grundsätzen auf. Erstens, Kundenorientierung: Den Ausgangspunkt für das Handeln der öffentlichen Hand bilden die Anliegen der Bürger; die Verwaltung versteht sich als Servicestelle, die sich über die Präferenzen ihrer „Kunden" informiert und bemüht ist diese zu erfüllen. Zweitens, Wettbewerbsorientierung: Wenn auch die öffentliche Verwaltung in ihren Kernbereichen eine Monopolstellung genießt, ist ein systematischer Einbezug des Wettbewerbsgedankens gefragt – zum Beispiel durch interne Leistungsvergleiche. Drittens, Wirkungsorientierung: Im Mittelpunkt stehen die anzustrebenden Ergebnisse und weniger die geplanten Ressourcen; die staatlichen Aktivitäten erfordern eine Legitimation aufgrund ihrer gesellschaftlichen Wirkung. Viertens, Qualitäts-orientierung: Neben der Recht- und Ordnungsmäßigkeit bestimmt insbesondere der Nutzen, den die Abnehmer der Leistung erfahren, die Qualität öffentlicher Institutionen; was zählt ist sowohl „wie" die öffentliche Hand handelt als auch „was" die Gesellschaft davon hat.

Die Erneuerung der Strukturen und der Prozesse der öffentlichen Verwaltung hat im gesamten deutschsprachigem Raum ihre Spuren hinterlassen und inhaltliche sowie strukturelle Veränderungen in vielen privaten Nonprofit-Organisationen beschleunigt (Dahme/Kühnlein/Wohlfahrt 2005, S. 93 f. und 159 f.). Diese Veränderungen reichen von der Entwicklung eines neuen Leitbildes bis zur Wahl einer neuen Rechtsform, von der Anpassung der Abläufe bis zur Einführung einer neuen, leistungsorientierten Unternehmensphilosophie. Von der Ökonomisierung des öffentlichen Sektors besonders betroffen ist das Personal von NPOs. Von den Mitarbeitern wird zunehmend die Bereitschaft erwartet, örtlich wie zeitlich flexibel zu arbeiten. Am Beispiel von Kindergärten und Pflegeeinrichtungen, in denen neue Formen der Arbeitszeiteinteilung üblich sind, setzen auch andere soziale Dienste Jahreskonten und Teilzeitarbeitsplätze ein.

Spätestens mit der Verbreitung der Balanced Scorecard als eines der bekanntesten Instrumente des strategischen Controllings haben sich NPOs für Steuerungsgrößen jenseits finanzieller Kennzahlen interessiert. Dabei hat sich die grundsätzliche Frage, was für nicht gewinnorientierte Unternehmen Erfolg überhaupt bedeutet, als eines der größten Hindernisse entpuppt. Drucker, ein Vorreiter des modernen NPO-Managements, bringt es wie folgt auf den Punkt:„What is the bottom line, when there is no bottom line?" (Drucker 1990, S. 81). Woran also Ergebnisse messen, wenn es keine Maßstäbe gibt?

Genauer betrachtet, liegen die Wurzeln des Problems in der Vielfalt der Anspruchsgruppen, der so genannten Stakeholder, die für eine NPO maßgeblich sind. Nicht nur die Eigentümer, wie bei einem Forprofit-Unternehmen, sondern auch die Leistungsempfänger, die öffentliche Hand und die Mitarbeiter – um lediglich einige zu nennen – haben Erwartungen an die Organisation und beeinflussen mit ihrem Verhalten die Entwicklung derselben. Die Frage nach dem Erfolg einer NPO ist somit zunächst eine Frage nach den relevanten Anspruchsgruppen und deren Interessen. Welche Gruppen in der Praxis zu den zentralen Stakeholdern zählen, welchen dagegen weniger Bedeutung zukommt, kann nicht allgemein festgelegt werden. Was in weiterer Folge als Erfolg verstanden wird, ist das Ergebnis von Verhandlungen und Kompromissen, von Interessensausgleich und Machtkalkül, und lässt sich schwer in einer einzigen Zahl zusammenfassen.

In wissenschaftlichen Kreisen wird der Begriff „Performance" von Studie zu Studie unterschiedlich ausgelegt, sodass es schwerfällt, klare Handlungsempfehlungen für die Praxis abzuleiten. In der Literatur sind grundsätzlich zwei Strömungen auszumachen (Baruch/Ramalho 2006): Die einen Wissenschaftler wählen eine organisationsinterne Perspektive und fokussieren auf die grundsätzlichen Anspruchsgruppen der NPO. Daraus werden die wichtigsten Performance-Dimensionen abgeleitet, zu denen die Produktivität, die Kundenorientierung, der finanzielle Erfolg, die Qualität und die Mitarbeiterzufriedenheit zählen. Die andere Gruppe erfasst Performance über externe Faktoren. Umsatz, zur Verfügung stehende Ressourcen, Image und Ruf sowie gesellschaftspolitische Wirkung spielen in diesem Fall eine Rolle. Somit kann die Praxis auf keine allgemein anerkannten Performance-Indikatoren zurückgreifen; sie ist vielmehr mit einer Vielfalt an wissenschaftlichen Konzepten konfrontiert, die teilweise empirisch unter sehr unterschiedlichen Rahmenbedingungen überprüft worden sind.

Neben der Komplexität, den Erfolgsbegriff abzugrenzen, bereiten die Erfassung der Ergebnisse sowie die Zurückführung derselben auf die Tätigkeiten der Organisation große Schwierigkeiten. Es wird zwar von Ursachen-Wirkungsketten gesprochen, um die Zusammenhänge zwischen den Aktivitäten der NPO und den Wirkungen an den Leistungsempfängern darzustellen, eine Kausalität zwischen den eingesetzten Ressourcen einerseits und den festgestellten Veränderungen andererseits lässt sich jedoch nur in Ausnahmefällen nachweisen. Mehr denn je ist die Betriebswirtschaftslehre als Realwissenschaft gefordert, für die Praxis und im Diskurs mit den Fachkräften sozialer Dienste brauchbare Ansätze zur Steuerung von NPOs zu entwickeln.

1.2 Aufbau des Buches

Das vorliegende Buch ist in vier Teile gegliedert, die auf sich ergänzende Weise praxisnahe Informationen zum Thema „Performance Management" aus der Perspektive von NPOs, insbesondere sozialer Dienste liefern.

–   Im ersten Teil wird auf den Hintergrund des Performance Managements eingegangen und die Verbindung zur sozialen Arbeit hergestellt. Es folgt die Thematisierung des Spannungsverhältnisses zwischen theoretischen und praktischen Anforderungen an das Messen, welches die Basis des Performance Managements bildet und – wie sich auch in den empirischen Untersuchungen zeigt – ein zentrales Problemfeld in der Steuerung von NPOs darstellt.
–   Im zweiten Abschnitt geht es um die Vermittlung der grundsätzlichen Aspekte des Performance Managements: Ausgehend von der Analyse der Stakeholder bis hin zur Rolle der Mitarbeiter bzw. der Leistungsempfänger werden die Bausteine eines multidimensionalen und wirkungsorientierten Steuerungskonzeptes erklärt.

- Der dritte Teil des Buches versteht sich als eine ausgesuchte Sammlung an Instrumenten, welche die praktische Umsetzung der in den vorangegangenen Kapiteln formulierten Überlegungen erleichtern soll. Wie jeder „Werkzeugkasten" vermag auch dieser nicht vorgefertigte Lösungen zu liefern, es obliegt dem Handwerker, in unserem Falle der Führungskraft, in teils langwieriger Arbeit ein maßgeschneidertes Performance Management-System zu entwickeln.

- Im vierten und letzten Teil sind wegweisende Fallbeispiele beschrieben, welche neben der Informationsvermittlung und -vertiefung auch inspirierend sein mögen: Die Steuerung sozialer Dienste ist möglich und macht sich bezahlt trotz aller Schwierigkeiten, die Veränderungsprozesse mit sich bringen und in der Umsetzung eines Performance Management-Konzeptes besonders sichtbar werden.

1.2.1 Performance Management im Dienste sozialer Ziele

„Performance" ist ein beliebter Begriff geworden: Ob darunter Leistung, Ergebnis oder Erfolg verstanden wird, er klingt immer vielversprechend. Dieses Buch beginnt mit der Abgrenzung des Begriffs und schildert die wichtigsten Entwicklungsschritte des Performance Managements in den letzten Jahrzehnten. Den gemeinsamen Nenner aller Performance-Konzepte bilden die Interessensvielfalt der Stakeholder sowie die Multidimensionalität der Ergebnisse. Im Vordergrund stehen die zwei grundlegenden Aspekte jeglicher Steuerung, nämlich die Effizienz (Relation von Input zu Output) und die Effektivität (Relation von Input bzw. Output zu den Wirkungen). Performance Management stellt einen Optimierungsprozess dar, der die Organisation Schritt für Schritt befähigt, ihre Strategie zu schärfen, wirksame Handlungen zu setzten und aus Fehlern zu lernen.

Die Steuerung sozialer Dienste ist ein besonders herausfordernder Prozess. Zum einen erfordert das meist komplexe Zielsystem, dass Prioritäten geklärt werden und der sehr vage Erfolgsbegriff präzisiert wird. Wenn es bei Nonprofit-Organisationen definitionsgemäß nicht um Gewinn geht, woran soll man den Erfolg dann messen?

Zum anderen erschwert der Dienstleistungscharakter der meisten sozialen Angebote die Planbarkeit der Ergebnisse, da diese erst durch die Interaktion mit dem Abnehmer der Leistung erreicht werden. Die theoretischen Schwierigkeiten spiegeln sich in den Wahrnehmungen der Praktiker wider. Den spärlichen empirischen Studien entsprechend, sehen NPO-Führungskräfte bei der Entwicklung und Umsetzung von Performance Management-Konzepten in der Entwicklung aussagekräftiger Kennzahlen sowie im Ableiten von Rückschlüssen für das operative Geschäft die größten Probleme.

Das Fundament des Performance Managements ist in der Erfassung und Bewertung von Ergebnissen begründet. Während in den Naturwissenschaften Kausalketten üblich sind und die strukturgetreue Abbildung des Untersuchungsobjektes die Regel darstellt, gestaltet sich das Messen in den Sozialwissenschaften als besonders schwierig. Oft bezieht sich der Messvorgang auf ein abstraktes Konstrukt, wie etwa Zufriedenheit, Stabilität oder Integration, das lediglich mittelbar über Indikatoren erfasst werden kann. Dazu kommt, dass in der Praxis finanzielle Überlegungen sowie die Akzeptanz der Ergebnisse bei der Festlegung der Vorgehensweise zu berücksichtigen sind.

1.2.2 Die Bausteine des Performance Managements

Den Ausgangspunkt des Performance Managements bildet die Analyse der Anspruchsgruppen der NPO, der so genannten Stakeholder. Der Träger, die Mitarbeiter, die Leistungsempfänger und der Geldgeber – meist identisch mit dem Auftraggeber – zählen zu den wichtigsten Stakeholdern. Durch ihren Einfluss auf die Organisation prägen sie das Erfolgsverständnis und wirken maßgeblich am Erreichen bzw. Verfehlen der Organisationsziele mit. Die Stakeholder-Analyse besteht aus drei Schritten: Erstens, die relevanten Anspruchsgruppen erfassen; zweitens, deren Verhalten verstehen; drittens, adäquate Strategien entwickeln, um sie für die Ziele der NPO zu gewinnen.

Nach der systematischen Fokussierung auf die Interessen der Stakeholder erfordert die Entwicklung eines Performance Management-Systems, dass Ziele eindeutig und wirkungsorientiert formuliert werden. Letzteres impliziert einen Paradigmenwechsel im gesamten Steuerungskreislauf: Effizienz ist zwar wichtig aber nicht ausreichend, um den Erfolg zu besiegeln. Was zählt, ist die Effektivität. Ursachen-Wirkungsketten gehen auf den Übergang von den Ressourcen des Unternehmens zu den individuellen und gesellschaftlichen Wirkungen ein. Sie beschreiben die logischen Verknüpfungen zwischen dem Handeln der NPO und den Veränderungen für die Stakeholder, worauf das Grundgerüst eines multidimensionalen Steuerungskonzeptes aufbaut. Um angesichts der vielfältigen Informationen den Überblick zu bewahren, werden zu den wesentlichen Steuerungsdimensionen Kennzahlen erarbeitet.

Spätestens bei der Implementierung des Performance Management-Systems wird die entscheidende, wenn auch oft unterschätzte Rolle der Mitarbeiter klar. Der Erfolg einer Organisation hängt wesentlich von der Leistungsbereitschaft und -fähigkeit des Personals ab. Durch das Zusammenwirken sehr unterschiedlicher Berufsgruppen und Motivationsgründe erfordert das Personalmanagement von NPOs eine differenzierte Vorgehensweise, um individuelles Handeln in Übereinstimmung mit den Organisationszielen zu bringen. Dabei zeigt sich, dass leistungsorientierte Vergütung gerade im NPO-Sektor kontraproduktiv sein und der intrinsischen Motivation der Mitarbeiter schaden kann.

Abschließend wird auf die Rolle des Kunden sozialer Dienstleistungen eingegangen. Bei genauer Betrachtung der unterschiedlichen Anspruchsgruppen, die an den Leistungen der NPO interessiert bzw. davon betroffen sind, wird die Notwendigkeit einer terminologischen Differenzierung offensichtlich. Dazu kommen die inhaltlich begründeten Grenzen einer Kundenorientierung im sozialen Bereich, die im Wesentlichen auf die Bedingungen der Auftragserteilung und -umsetzung zurückzuführen sind. Ungeachtet aller Schwierigkeiten kann und soll durch das Verstehen der Präferenzen der Nachfrageseite auf die Bedürfnisse der vielseitigen Kunden sozialer Dienste eingegangen werden.

1.2.3 Ein Werkzeugkasten für die Praxis

Um den Übergang von den theoretischen Überlegungen in die praktische Umsetzung derselben zu erleichtern, wird zu den zwei grundlegenden Aspekten des Performance Managements, nämlich zu den Ursachen-Wirkungsketten sowie zu den Kennzahlen, eine Reihe von Beispielen geliefert. Für folgende Bereiche sind skizzenhafte Ursachen-Wirkungsketten dargestellt: Krisenzentrum, betreutes Wohnen, Gesundheitsförderung, Lobbying und Schulsozialarbeit. Ergänzend dazu werden zu den Wirkungsdimensionen „Auftragserfüllung und Leistungsempfänger", „Mitarbeiter" und „Wirtschaftlichkeit" zahlreiche Kennzahlen vorgestellt. Der Anspruch liegt nicht in der Vollständigkeit sondern in der Vielfalt der „Werkzeuge", die fallspezifisch herangezogen und verändert werden sollen.

1.2.4 Zur Umsetzung von Performance Management: ausgesuchte Fallbeispiele

Drei Fallbeispiele ergänzen die bisherigen Kapitel durch ihre ausführliche Behandlung zentraler Aspekte des Performance Managements. Sie zeigen auf, wie Steuerung in der Praxis angegangen werden kann und worauf zu achten ist, um die Akzeptanz der Performance Management-Gedanken bei den beteiligten bzw. betroffenen Personen zu sichern.

Der Entwicklung von Ursachen-Wirkungsketten, so genannten „Logischen Modellen", ist das erste Fallbeispiel gewidmet, welches auf ein Forschungsprojekt des Deutschen Jugendinstituts aufbaut. Das Fallbeispiel beschäftigt sich mit der Frage, wie die Wirkung kriminalpräventiver Maßnahmen im Kindes- und Jugendalter angemessen dargestellt und erfasst werden kann. Zu diesem Zwecke entscheiden sich die Projektverantwortlichen Berit Haussmann und Annalena Yngborn für einen ausgesprochen partizipativen Ansatz, in dem bei der Rekonstruktion der Ursachen-Wirkungsketten primär vom pädagogischen Wissen und Handeln der Fachkräfte ausgegangen wird. Auf diese Weise wird nicht nur für die Außenstehenden sondern für die Praktiker selbst eine noch nie da gewesene Transparenz gewonnen. Dies sichert die Voraussetzungen, um die Wirksamkeit der präventiven Maßnahmen zu schärfen und die inhaltliche Entwicklung der Projekte voranzutreiben.

Das zweite Fallbeispiel schildert die Erfahrungen, die im österreichischen Strafvollzug bei der Entwicklung und Implementierung eines Performance Management-Systems gemacht worden sind. Ausgehend von den strategischen Zielen Rückfallvermeidung, Sicherheit und Sicherung der Untersuchungshaft werden wirkungsrelevante Kennzahlen eingeführt und ein entsprechend aussagekräftiges Berichtswesen beschlossen. Diese ermöglichen es, in Hinblick auf die Bereiche Personal, Betreuung, Sicherheit und Wirtschaft Vergleiche zwischen den Anstalten anzustellen und einen Lernprozess in die Wege zu leiten, dessen Früchte über den eigentlichen Strafvollzug hinausgehen. Alfred Pischler, Controller in der Vollzugsverwaltung, gewährt einen Einblick in dieses umfassende Steuerungskonzept.

Das dritte und letzte Fallbeispiel bezieht sich auf die Altenpflege. Das Projekt „Ausgewogenes Benchmarking" des Diözesan-Caritasverbands für das Erzbistum Köln e.V. vernetzt über 20 Einrichtungen der stationären Altenhilfe. Das Benchmarking baut auf ein mehrdimensionales Qualitätsverständnis auf: Dazu zählen neben der Erfüllung von Sachzielen (Qualität der Pflege und der Hauswirtschaft) und der Zufriedenheit der Bewohner auch die Perspektive der Mitarbeiter und wirtschaftliche Kennzahlen. Heidemarie Kelleter, Referentin für Qualitätsberatung im Bereich Gesundheit-, Alten- und Behindertenhilfe des genannten Caritasverbands beschreibt die zwei Phasen des Benchmarkingprojektes – die Analyse der Einrichtungen einerseits und das gegenseitige Lernen andererseits – und verdeutlicht in ihrem Beitrag den mit dem Steuerungskreislauf verbundenen Organisationsentwicklungsprozess.

Teil I
Performance Management im Dienste sozialer Ziele

„This is a revolution that never ends. We are not simply talking about changing the basis of performance measurement from financial statistics to something else. We are talking about a new philosophy of performance measurement that regards it as an ongoing, evolving process"

Robert Eccles

Effizienz ist eine notwendige, jedoch keine ausreichende Bedingung für NPOs. Letztlich widerspricht es dem Kerngedanken jeder Mission, Wirtschaftlichkeit anzustreben ohne sich der Frage der Wirksamkeit zu stellen. Die Nonprofit-Organisation degeneriert zum Selbstzweck. Sie wird zu einem Konstrukt zur Erfüllung von Interessen, die unter Umständen in keinem Zusammenhang mit den nach außen proklamierten Idealen stehen. Provokant formuliert: Besser ineffizient Ziele erreichen, als auf effiziente Weise Ziele verfehlen.

Nach der Abgrenzung des Begriffs „Performance" und einem Rückblick auf die wichtigsten Entwicklungsphasen des Performance Managements wird die prozessuale Vorgehensweise des Steuerungsansatzes in den Vordergrund gestellt. Dabei geht es weniger um Kontrolle als um Lerneffekte, die auf organisationaler sowie auf individueller Ebene gefördert werden sollen. Wenn auch NPOs einen sehr heterogenen Sektor bilden, sind ihnen einige wesentliche Merkmale gemeinsam, welche für den Einsatz von Performance Management sprechen. Allen voran sind die Vielfalt der Ziele und der Dienstleistungscharakter des Angebots zu erwähnen.

Die Basis des Performance Managements bildet die Erfassung und Bewertung von Zuständen und Entwicklungen – für NPOs meist eine große Herausforderung. Denn neben den wissenschaftlichen Kriterien der Objektivität, Zuverlässigkeit und Validität sind auch auf die Akzeptanz des Messvorgangs durch die Beteiligten sowie die Einhaltung finanzieller Rahmenbedingungen zu achten. Es sind vermutlich diese Schwierigkeiten, die der sehr eingeschränkten Anwendung von nicht-monetären Kennzahlen in der Praxis zugrunde liegen. Die wenigen vorhandenen empirischen Studien weisen darauf hin, dass NPOs in der Regel vor allem operative Steuerungsgrößen heranziehen während strategische Aspekte eher vernachlässigt werden. Zu kurz kommen insbesondere auf Sachziele bezogene Kennzahlen, obwohl gerade diese dazu dienen würden, die Mission der NPO gezielter zu erfüllen.

2 Zentrale Aspekte des Performance Managements

Performance Management stellt in Organisationen des sozialen Sektors eine besondere Herausforderung dar: Oft herrscht gegenüber betriebswirtschaftlichen Ansätzen ein diffuses Misstrauen, als würden diese im Widerspruch zu den eigentlichen humanitären Zielen der Organisation stehen. Besonders Mitarbeiter, die im direkten Kontakt zu den Leistungsempfängern stehen, fürchten um die Anliegen der Menschen, als könne Steuerung immer nur wirtschaftlichen Zielen dienen. Eine unvoreingenommene Auseinandersetzung mit Performance Management verdeutlicht allerdings, dass es nicht um die Ziele und Werte an sich geht, sondern um die Art und Weise, wie diese verfolgt werden. So gesehen steht Steuerung nicht im Gegensatz zu sozialen Zielen, vielmehr wirkt sie im Dienste derselben.

2.1 Performance Management: eine Frage der Perspektive

„Performance" ist ein inhaltlich weitreichender Begriff, worunter in der englischen Sprache sowohl Aufführung, Durchführung wie auch Leistung, Ergebnis oder Erfolg verstanden wird. Der Begriff wird auch im deutschsprachigen Raum in vielen, sehr unterschiedlichen Bereichen eingesetzt. Von der Kunst bis zur Technik, von der Wirtschaft bis zum Sport: Von Performance wird gerne gesprochen. Im Kontext dieses Buches fokussiert Performance auf die Leistungen, die innerhalb einer Organisation erbracht wurden. Im betriebswirtschaftlichen Diskurs hat sich allerdings keine einheitliche Definition von „Performance" etabliert, vielmehr bestehen zahlreiche, sich überschneidende Begriffsabgrenzungen, welche teilweise sehr knapp formuliert sind, wie etwa „Performance ist der Grad der Zufriedenheit der relevanten Anspruchsgruppen" (Wettstein 2002, S. 10), teilweise ein sehr umfassendes Verständnis haben, wie zum Beispiel „Performance bezeichnet den Grad der Zielerreichung oder der potentiell möglichen Leistung der für die relevanten Stakeholder wichtigen Merkmale einer Organisation. Performance wird deshalb erst durch ein multidimensionales Set von Kriterien präzisiert" (Krause 2005, S. 20). Um die Begriffsverwirrung durch einen neuen Vorschlag nicht weiter zu erhöhen, orientieren wir uns in diesem Werk an dem Verständnis der Europäischen Stiftung für Qualitätsmanagement, welche mit Performance das Erfüllungsniveau definiert, „welches durch ein Individuum, ein Team, eine Organisation oder einen Prozess erreicht wird" (EFQM 2003).

Bildlich gesprochen lässt sich Performance Management durch einen Baum darstellen (Lebas 1995, S. 28 f.). Die Wurzeln bilden dabei das Fundament, woraus der Baum seine Kraft bezieht und Halt hat: Dazu zählen das Ausbildungsniveau und die Kompetenzen der Mitarbeiter, die Position am Markt sowie die Beziehungen zu Konkurrenten bzw. Kooperationspartnern. Der Stamm und die Äste des Baumes sind die Prozesse, deren Effizienz und Effektivität die Leistungsfähigkeit des Baumes, sprich der Organisation, sicherstellen. In der Krone sind die Zufriedenheit von Kunden und Mitarbeitern, die Qualität und Flexibilität sowie die Innovationen und Arbeitsbedingungen angesiedelt, während die Früchte die Ergebnisse verkörpern, namentlich die Produkte oder die Dienstleistungen der Organisation. Der Schatten stellt schließlich die Kosten dar, welche das System hervorruft und durch die Früchte des Baumes in der Form von Absatz und Umsatz zu decken sind.

Abb. 2/1: Performance Management als ein Baum

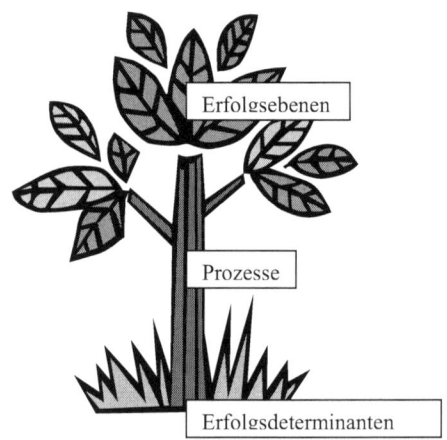

Quelle: In Anlehnung an Lebas 1995, S. 28.

Sollen auch die mittel- bis langfristigen Ergebnisse Berücksichtigung finden, bietet es sich an, das Bild vom Performance-Baum weiterzuentwickeln. Neben den Früchten ist insbesondere die Sauerstoffproduktion ein ganz wesentliches und kostbares Ergebnis, indem sie im Zeitverlauf zu einer verbesserten Luftqualität beiträgt. Dieser „Erfolg" ist zwar weniger sichtbar, als es die Früchte sind, aber genauso relevant. So sind auch im Nonprofit-Sektor die unmittelbaren Ergebnisse leicht erfassbar und selten in Frage gestellt; während längerfristige Wirkungen gerne übersehen bzw. schwer zu beurteilen sind. Beratungsstunden zum Beispiel werden regelmäßig dokumentiert; die Veränderungen, die sie hervorrufen bleiben oft außer Betracht.

24

Performance Management verändert die Perspektive, aus der Organisationen beurteilt und somit gesteuert werden: Von einer engen und kurzfristigen Sicht des Unternehmenserfolges, die auf unmittelbare, quantitative Steuerungsgrößen im Wirtschaftsjahr fokussiert, zur inhaltlichen wie zeitlichen Erweiterung des Horizonts, in der qualitative und längerfristige Wirkungen das ihnen gebührende Gewicht erhalten.

2.2 Die wichtigsten Entwicklungsschritte

Die Anfänge des Performance Managements gehen auf die 1980er Jahre zurück. Zu jener Zeit begann man – zunächst im angloamerikanischen Raum –, traditionelle, auf finanzielle Größen fokussierende Steuerungssysteme in Frage zu stellen. Im Mittelpunkt der Kritik steht die mangelnde Eignung finanzieller Kennzahlen, den Zustand und die Entwicklung eines Unternehmens ausgewogen darzustellen. Damit wurde der Anspruch begründet, auch nicht-monetäre Kennzahlen berücksichtigen zu wollen, um einem multidimensionalen Erfolgsverständnis gerecht zu werden. Grundgedanke des Performance Managements ist ein ausgeglichenes Steuerungssystem, welches aus Kennzahlen besteht, die sich nach Finanz- und Sachzielen ausrichten und sowohl quantitative wie auch qualitative Leistungsgrößen enthalten.

Einen wesentlichen Impuls erfuhr das Performance Management durch die Arbeit von Kaplan und Norton Mitte der 1980er Jahre und die darauf folgende Verbreitung der Balanced Scorecard. Angesichts des Erfolgszuges der japanischen Industrie begannen westliche Unternehmen, deren Produktionstechniken zu übernehmen; das Rechnungswesen sowie die darauf aufbauenden Informationssysteme blieben jedoch unverändert. Das Jahresergebnis, ein relativ kurzfristiges Erfolgskriterium, war nach wie vor maßgeblich für die Beurteilung eines Unternehmens. Kaplan erkannte, dass auch die unternehmensinternen, Wert steigernden Aktivitäten berücksichtigt werden müssen, um den langfristigen Unternehmenserfolg zu sichern (Kaplan 1986, S. 197 f.). In den darauf folgenden Jahren entwickelte er in Zusammenarbeit mit Norton die mittlerweile auch im NPO-Sektor bekannte „Balanced Scorecard", sinngemäß „ausgewogener Berichtsbogen". Ihm zugrunde liegt die These, dass keine Kennzahl allein betrachtet über den Erfolg eines Unternehmens Auskunft geben kann; vielmehr erfordert eine ausgewogene Beurteilung die Berücksichtigung mehrerer Perspektiven. Kaplan und Norton schlagen vor, neben finanziellen Aspekten auch auf die Kunden-, die Entwicklungs- und die Prozessebene zu achten (Kaplan/Norton 1992).

Dieser multidimensionale Ansatz wurde in den 1990er Jahren durch die gezielte Berücksichtigung der unterschiedlichen Anspruchsgruppen weiterentwickelt.

Freeman (1984) ist es zu verdanken, dass das streng hierarchische Verständnis einer Organisation mit den Eigentümern als einzige maßgebliche Interessensgruppe an der Spitze der virtuellen Pyramide durch ein systemisches, realitätskonformeres Denken ersetzt wurde. Unternehmen, so Freemans These, interagieren mit einer Reihe von Stakeholdern, die Erwartungen stellen und Einfluss ausüben; sie alle prägen den Erfolg des Unternehmens und sollten entsprechend berücksichtigt werden (vgl. Kap. 5).

Eine zusätzliche Erweiterung erfährt das Performance Management um die Jahrtausendwende durch die Einbeziehung verschiedener Leistungsebenen. Neben der organisationalen Perspektive spielt die individuelle Ebene des Erfolgs ebenfalls eine Rolle. Beide Aspekte stehen in Wechselwirkung zueinander: ein erfolgreiches Unternehmen baut auf motivierten Mitarbeitern auf, denen die Ziele der Organisation klar kommuniziert worden sind und die sich gerne dafür einsetzen. Der Performance Management-Gedanke greift somit auf die Personalpolitik über: Individuelle Leistungsanreize gelten als die Voraussetzung für eine lernende Organisation.

Die Aspekte der Nachhaltigkeit und der sozialen Verantwortung von Unternehmen prägen den aktuellen Diskurs rund um Steuerung und Erfolg. Im Mittelpunkt stehen Leistungsgrößen, die zeitlich wie örtlich den Betrachtungshorizont erweitern und andere Systeme mitberücksichtigen. Performance Management steht vor der Herausforderung organisationsinterne mit -externen Leistungsgrößen zu verknüpfen – im Bewusstsein, dass der Einfluss des Unternehmens weite Kreise zieht.

Abb. 2/2: Entwicklung des Performance Management-Gedankens

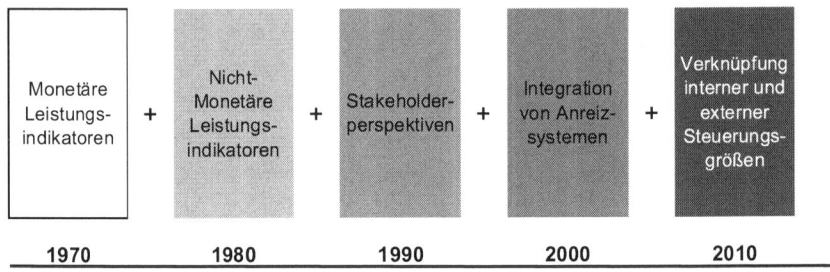

Quelle: Eigene Darstellung.

Von der Zielstellung und dem zeitlichen Horizont bis zum Umgang mit qualitativen bzw. quantitativen Daten und den Adressaten: Performance Management setzt andere Schwerpunkte, die gerade der Realität von Nonprofit-Organisationen besonders gut entsprechen.

2.3 Ziele und Merkmale des Performance Managements

Performance Management ist ein Prozess der Planung, Implementierung und Steuerung von Effektivität und Effizienz unternehmerischer Maßnahmen und Aktivitäten. Im Vergleich zum traditionellen, auf Finanzkennzahlen fokussierenden Management, zeichnet sich Performance Management durch folgende Aspekte aus (Gleich 2002):

- Es baut auf einem mehrdimensionalen Kennzahlensystem auf. Berücksichtigt werden somit monetäre wie nicht-monetäre Daten, organisationsinterne wie -externe Sachverhalte und des Öfteren werden neben den eingetretenen Ergebnissen auch zukünftige Entwicklungen erfasst.
- Performance Management knüpft an die Vision der Organisation an und setzt diese in Bezug zu den Stakeholdern: Es braucht diesen Bezugsrahmen, um die Effektivität und Effizienz von Handlungen einschätzen zu können und die unterschiedlichen Perspektiven zu berücksichtigen.
- Performance Management ist ein Prozess, der sich von Anfang an auf die Organisation auswirkt: Die Festlegung der Steuerungsdimensionen, die Ableitung von Erfolgsfaktoren und den dazugehörigen Kennzahlen setzen in der gesamten Organisation eine Entwicklung in Gang. Performance Management fördert Lerneffekte, bietet die Grundlage für eine transparente Kommunikation und ermöglicht es, Leistungen zu beurteilen sowie Zusammenhänge zu visualisieren.

Der Unterschied zu traditionellen Steuerungsansätzen betrifft somit mehrere Ebenen, die der Übersicht halber in Abbildung 2/3 zusammengefasst sind. In jeglicher Hinsicht führt Performance Management zu einer Erweiterung der Betrachtungsebenen.

Inhaltlich spielen nicht nur finanzielle Aspekte, sondern auch Sachziele eine Rolle, da in Summe beide den Erfolg der Organisation bestimmen, und zwar nicht nur kurzfristig sondern auch über die Jahre hinweg gesehen. Die für die Steuerung maßgeblichen Perspektiven sind fallspezifisch zu bestimmen und können im Zeitverlauf den sich ändernden Anforderungen der Organisation angepasst werden. Wenn auch die Kosten nicht aus den Augen zu verlieren sind, richtet sich die Aufmerksamkeit des Performance Managements nicht nur auf den Ressourceneinsatz sondern auch auf die Ergebnisse. Diese gilt es zu sichern bzw. ständig zu verbessern. Dabei werden Daten herangezogen, die sowohl durch quantitative wie auch durch qualitative Methoden generiert worden sind, mit dem Anspruch, das Ganze und nicht lediglich Teile davon berücksichtigen zu wollen. Im Mittelpunkt des Performance Managements stehen (auch) Teams und Organisationen: Erfolg ist das Ergebnis einer kollektiven Anstrengung. Der einzelne Mitarbeiter trägt dazu bei, es wäre jedoch verkürzt, nur auf das individuelle und nicht auch auf das organisationale Lernen zu fokussieren.

Abb. 2/3: Merkmale des Performance Managements

	TRADITIONELLE STEUERUNGSSYSTEME	PERFORMANCE MANAGEMENT
ZIEL	Überprüfung finanzieller Ziele	Entwicklung und Überprüfung von Erfolgsstrategien
HORIZONT	kurzfristig	mittel- bis langfristig
FOKUS	monetäre Steuerungsgrößen	Balance aus mehreren Perspektiven
FLEXIBILITÄT	Das System gibt den Berichtsrahmen vor	System wird kontinuierlich weiterentwickelt und an die Anforderungen der Organisation angepasst
AUSRICHTUNG	Senkung/Stabilisierung der Kosten	Sicherstellung/Verbesserung der Ergebnisse
ANSATZ	Getrennte Analyse von quantitativen und qualitativen Aspekten	Integration quantitativer und qualitativer Kriterien
ADRESSAT	das Individuum	das Team bzw. die Organisation

Quelle: In Anlehnung an Lynch/Cross 1995, S. 38.

2.4 Performance Management als Prozess

Performance Management ist kein linearer Prozess, der zu einem endgültigen Ergebnis führt. Es handelt sich vielmehr um die kontinuierliche Entwicklung, Anwendung und Verbesserung eines leistungsorientierten Steuerungssystems. Primär zielt Performance Management darauf ab, die Erfolgsdimensionen der Organisation zu erarbeiten, Erfolgsfaktoren festzulegen und entscheidungsrelevante Kennzahlen zu liefern. Darüber hinaus aber dient die Steuerung der transparenten Beurteilung individueller wie organisationaler Leistungen, wodurch nachhaltige Lerneffekte und die stetige Entwicklung der Organisation sichergestellt werden sollen.

2.4.1 Der Kreislauf des Performance Managements

Der Prozess des Performance Managements besteht aus drei Phasen: der Entwicklung des Systems, der Implementierung desselben und der Kontrolle (Bono 2010a, S. 17).

Die Entwicklung, sei es die Planung eines neuen Systems oder die Fortführung und Verbesserung eines bestehenden Konzeptes, fokussiert darauf, im Einklang mit der Vision der Organisation die zu messenden Ziele zu identifizieren. Diese bilden die Basis für die Kennzahlen, die den Entscheidungsträgern als Anhaltspunkte dienen, um komplexe Sachverhalte bzw. sich rasch ändernde Umstände einzuschätzen.

Abb. 2/4: Der Performance-Management Kreislauf

Quelle: Bono 2010a, S. 18.

In der Implementierung zielt man darauf ab, die Voraussetzungen für das Steuerungskonzept zu schaffen und die geplanten Maßnahmen schrittweise einzuführen. Dazu zählen die Programmierung von Software, die Einführung neuer Abläufe und Instrumente sowie die Auswertung bestehender bzw. die Generierung neuer Daten. Die Kontrolle stellt die dritte und letzte Phase dar. Sie dient einerseits der Überprüfung, inwieweit die auf operativer Ebene geplanten Aktivitäten realisiert worden sind; andererseits verfolgt die Kontrolle das Ziel, die strategischen Prämissen zu hinterfragen und die Übereinstimmung zwischen der Ausrichtung der Organisation und deren Vision zu überprüfen. In der Praxis fließen Entwicklung, Implementierung und Kontrolle ineinander ein und begründen einen kontinuierlichen Verbesserungsprozess. Dieser Prozess kann sich über das gesamte Wirtschaftsjahr erstrecken, sowohl weil unterschiedliche Kennzahlen zu unterschiedlichen Zeitpunkten erhoben werden, wie auch weil die Vereinbarkeit von Vision, Strategien und Maßnahmen eine sich regelmäßig wiederholende Aufgabe darstellt.

In den letzten Jahrzehnten ist eine Vielzahl an Performance Measurement-Konzepten entwickelt worden, die zum Teil auf die Forschungsarbeiten von namhaften Wissenschaftlern und Organisationen wie etwa die Balanced Scorecard (Kaplan/Norton 1992) und das Modell der European Foundation for Quality Management (EFQM 2003) zurückzuführen sind. Teilweise haben größere Beratungsunternehmen ihre eigenen Lösungen entwickelt und NPOs vorgeschlagen, wenn auch letztere sehr oft ihren eigenen Weg gehen und selbst entworfene Steuerungskonzepte einsetzen (vgl. Kapitel 3.3). Dies wird auch von der Autorin befürwortet. So werden im zweiten Teil des Buches Bausteine für ein organisationsspezifisches Performance Management aufgezeigt in der Überzeugung, dass der Entwicklungsprozess selbst für die Qualität und Akzeptanz des Steuerungssystems entscheidend ist.

Abb. 2/5: Anforderungen an ein Performance Measurement-System

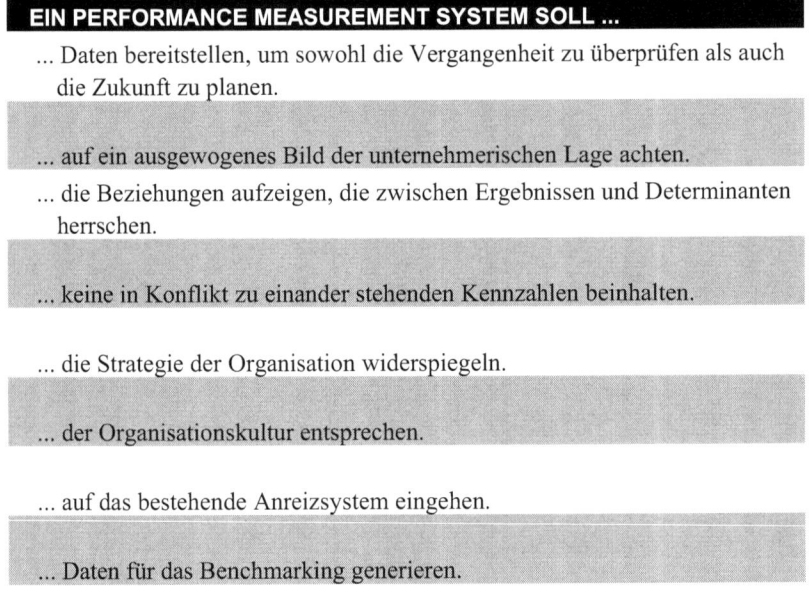

Quelle: Schreyer 2007, S. 80.

Im wissenschaftlichen Diskurs wird seit den 90er Jahren des letzten Jahrhunderts vermehrt der Frage nachgegangen, welche Kriterien für den Erfolg eines Performance Measurement-Systems Ausschlag gebend sind. Abbildung 2/5 liefert eine

Übersicht über die wichtigsten empirischen Ergebnisse. Die Aufstellung bietet sich als Checkliste an, um die Qualität des geplanten bzw. umgesetzten Steuerungssystems zu überprüfen.

2.4.2 Performance Management als Veränderungsprozess

Performance Management hat immer mit Entwicklung zu tun. In der Frage der optimalen Gestaltung von Performance Management können somit Parallelen zu Theorie und Praxis von Veränderungsprozessen gezogen werden (Schreyer 2007, S. 72). Diese werden Mills et al. (1995, S. 27 f.) zufolge von einigen wesentlichen Faktoren bestimmt:

- dem Zeitpunkt des Einstiegs,
- den beteiligten Personen,
- der Vorgehensweise,
- dem Projektmanagement.

In Hinblick auf den Performance Management Prozess bietet es sich an, die Überarbeitung des bestehenden Berichtswesens als Anlass für den Einstieg heranzuziehen (Schreyer 2007, S. 73). Dadurch könnten die Vorteile des Performance Managements für eine zielgerichtete wirkungsorientierte Führung hervorgehoben werden und motivierend auf die Projektteilnehmer wirken. Über die Anzahl, die Qualifikation und die Funktion der am Prozess Beteiligten sind keine allgemeinen Empfehlungen sinnvoll. Als Anhaltspunkt gilt, dass mit wachsender Personenanzahl der Koordinationsaufwand zwar steigt, es jedoch leichter fällt, die Inhalte des Performance Management Prozesses zu kommunizieren, da der Kreis der Multiplikatoren größer ist.

Auch über die Vorgehensweise ist von Fall zu Fall zu entscheiden. Die verfügbaren Ressourcen und die vorhandene Zeit sind dabei die wesentlichen Einflussfaktoren. Zu berücksichtigen ist, dass je höher der Anteil der kognitiven Methoden ausfällt, desto größer das intellektuelle Verständnis für die Inhalte des Performance Managements ist. Im Gegensatz dazu fördern analoge Methoden die Entwicklung eigener Vorstellungen über Wirkungsorientierung und die Identifikation der Beteiligten mit dem Prozess (Stolzenberg/Heberle 2006, S. 16). Die Bedeutung des Projektmanagements dürfte selbstverständlich sein, auch wenn es in der Praxis immer wieder zu Schwierigkeiten kommt. Es geht darum, ein Performance Management System zu entwickeln, welches nicht nur auf angemessenen und praktikablen Kennzahlen aufbaut, sondern auch auf die Integration mit bestehenden Steuerungsinstrumenten und auf die Akzeptanz der Mitarbeiter abzielt. Summa summarum setzt die Entwicklung eines Performance Management Systems voraus, dass die organisationsspezifischen Anforderungen und die politisch-gesellschaftlichen Rahmenbedingungen von Anfang an berücksichtigt werden. Ohne eine solche fallspezifische Betrachtung sind detaillierte Überlegungen nicht sinnvoll. Aus diesem Grund behalten die weiteren Ausführungen über den Prozess des Performance Managements notwendigerweise einen allgemeinen Charakter. Sie liefern jedoch einen Überblick über Themen und Aspekte, die in der jeweiligen Organisation im Detail zu klären sind.

2.5 Die Grenzen des Performance Managements

Nach all dem, was über Inhalte und Chancen des Performance Managements gesagt wurde, könnte man dazu neigen, dessen Grenzen zu übersehen. Viele der Herausforderungen, die Entscheidungsträger von NPOs im Alltag zu bewältigen haben, sind das Ergebnis komplexer Interessenskonflikte, oft verstärkt durch einen chronischen Mangel an finanziellen Ressourcen. Unter solchen Rahmenbedingungen fällt es schwer, strategische Fragen ausschließlich nach dem Zielsystem der NPO zu beantworten; auf der Suche nach Kompromissen ist auch das beste Management vor dem Einfluss politischer Träger nicht gefeit.

Ein zusätzliches Problem liegt in der Tatsache, dass sich soziale Angebote nicht gleichermaßen gut eignen, in ihrer Wirksamkeit überprüft zu werden. Dies trifft insbesondere dann zu, wenn die Tätigkeiten einer Organisation in einem sehr schwachen Zusammenhang zu den angestrebten Zielen stehen. Setzt sich etwa eine NPO für die Abschaffung von Landminen ein, ist deren Zielerfüllung bei weitem von mehr Einflüssen abhängig und über einen längeren Zeitraum zu beobachten, als es bei einer Organisation der Fall ist, die sich zur Bereitstellung von Notunterkünften verpflichtet hat. Einrichtungen, deren Programmschwerpunkt in der Veränderung von Werten liegt, stoßen in der Umsetzung des Performance Managements leicht auf Schwierigkeiten. Deren Einfluss auf beobachtbare Steuerungsgrößen ist nicht immer nachvollziehbar und es erfordert oft Jahre, wenn nicht Jahrzehnte, bis sich ihre Aktivitäten in einer Annäherung an die gesetzten Ziele niederschlagen. Jährlich über die erreichten Wirkungen Bericht zu erstatten, wäre in einem solchen Kontext mühselig. Ähnliches trifft auf präventive Programme zu, welche zum Beispiel darauf abzielen, Unfällen vorzubeugen oder die Verbreitung von Krankheiten einzudämmen. In solchen Fällen ist es besonders schwierig, die Ergebnisse in der Form von vermiedenen negativen Einflüssen greifbar darzustellen.

Man muss sich im Klaren sein, dass Performance Management-Systeme meist auf deskriptive und nur äußerst selten auf kausale Messgrößen aufbauen. Die Interpretation der Daten bleibt also offen. Die Erkenntnis, ein Ziel erfüllt bzw. verfehlt zu haben, sagt noch nichts über die Gründe aus, warum dies eingetreten ist. Im Einzelfall brauchen gute Erfolge in keinem Zusammenhang mit der Qualität der Umsetzung zu stehen, so wie schlechte Ergebnisse nicht unbedingt auf minderwertige Arbeitsleistungen zurückzuführen sind. Auch die Einschränkungen, die sich aus organisationsinternen Vorgaben bzw. gesetzlichen Vorschriften ergeben, sind dem Performance Management-System nicht unmittelbar zu entnehmen. Die Interpretation der Ergebnisse erfordert fachliche Kenntnisse und Erfahrungen, um nicht irreführende Rückschlüsse zu ziehen. Mit Steuerungssystemen ist immer die Gefahr verbunden, eine trügerische Sicherheit zu vermitteln, indem Ergebnisse erfasst werden, ohne die Details im Hintergrund zu kennen. So gesehen kann Performance Management unter ungünstigen Prämissen dazu beitragen, Programme zu missverstehen, unausgewogene Indikatoren auszusuchen oder im Extremfall Ergebnisse auf vermeintliche Verantwortliche zurückzuführen, welche bei einer genaueren Betrachtung keinen Einfluss darauf haben.

Darüber hinaus spielen bei der Einführung von Steuerungsgrößen organisatorische und kulturelle Rahmenbedingungen eine wesentliche Rolle (Eisenreich/Halfar/Moss 2005, S. 29 f.): Wenn verbindliche Vorgaben fehlen, wächst die Wahrscheinlichkeit, dass Daten mangelhaft erhoben werden. In der Buchhaltung entsteht eine willkürliche Zuordnung von Kosten und Leistungen zu Kostenstellen, Kostenträgern und Berichtsperioden. Infolgedessen müssen die Datenqualität durch einzelne Eingaben und Umbuchungen verbessert und inkonsistente Berichte verbal ergänzt werden. Eine lückenlose Standardisierung der Abläufe dagegen sichert es, hochqualitatives Datenmaterial zu generieren und dadurch über tatsächlich relevante Kennzahlen zu verfügen. Ähnlich wichtig ist die Einhaltung von Abgabeterminen. Die Versuchung, Fristen zu verlängern ist in Anbetracht der in der sozialen Arbeit schwer planbaren Prozesse verständlich, sie unterminiert jedoch das Vertrauen in die Steuerungsinstrumente.

Nicht zu unterschätzen sind schließlich kulturelle Hindernisse, die auf die Kluft zwischen der Logik des Performance Managements einerseits und der für viele NPOs typischen Unternehmenskultur andererseits zurückzuführen sind. Steuern erfordert, dass Verantwortungsbereiche festgelegt und Erfolge – aber auch Misserfolge – angesprochen werden. Gerade im sozialen Bereich jedoch sind Organisationen oftmals durch eine konfliktscheue Unternehmenskultur geprägt, in der Konsens das oberste Führungsprinzip ist. Die Einführung eines Performance Management-Systems schlägt sich häufig in erheblichen Spannungen nieder, die entweder dazu führen, dass das Steuerungskonzept ad acta gelegt oder die Organisation entsprechend angepasst wird.

Unter Berücksichtigung aller oben genannten Einschränkungen lässt sich die Frage, ob in NPOs des sozialen Sektors Performance Management-Systeme angewendet werden sollen, weder bejahen noch verneinen, sondern mit einem „wie" beantworten: In der Art und Weise, wie Performance Management entwickelt und umgesetzt wird, liegt der Schlüssel zu einem Steuerungssystem, das der Zielerfüllung einer Organisation wahrhaftig dient.

2.6 Performance Management: Das Wesentliche in Kürze

Performance Management erweitert das Erfolgsverständnis einer Organisation, indem auch nicht monetäre Leistungsdimensionen berücksichtigt werden und neben Effizienz auch Effektivität von Bedeutung ist. Beide Aspekte entsprechen sehr den Rahmenbedingungen, mit denen sich NPOs konfrontiert sehen. Der Steuerungsprozess ist weder linear noch in jedem Detail planbar: Die schrittweise Entwicklung eines Performance Management-Systems, dessen Implementierung und die Überprüfung der angepeilten Ziele setzen längerfristige Veränderungen in Gange. Der Fokus liegt auf einer transparenten Leistungserfassung, welche Lerneffekte fördert und Einsatzbereitschaft honoriert.

Den Chancen des Performance Managements sind die Grenzen dieses Steuerungsansatzes gegenüberzustellen – allen voran die unterschiedliche Eignung sozialer Angebote in ihrer Wirksamkeit überprüft zu werden. Nicht immer sind eindeutige Steuerungsgrößen identifizierbar und es dauert manchmal Jahre bis Veränderungen eintreten. Die Interpretation von Kennzahlen erfordert jedenfalls Fachwissen, um trügerische Schlüsse zu vermeiden und die Ursachen von Ergebnissen identifizieren zu können.

3 Steuerung von Nonprofit-Organisationen des sozialen Sektors

Der Steuerung von Nonprofit-Organisationen, kurz NPOs, wird in der Betriebswirtschaftslehre ungeachtet der gesellschaftspolitischen Bedeutung des Sektors relativ wenig Aufmerksamkeit geschenkt. Zum einen ist die Forschung besonders im deutschsprachigen Raum weiterhin primär auf Forprofit-Themen ausgerichtet: Lediglich an die 3 % der Beiträge in Fachzeitschriften setzen sich mit NPO-spezifischen Fragestellungen auseinander (Helmig/Michalski 2008). Zum zweiten bestehen soziale Angebote in der Regel aus Dienstleistungen und allein deswegen ist deren Steuerung im Vergleich zu einem Produktionsunternehmen wesentlich komplexer. Angesichts der Fokussierung sozialer NPOs auf Sachziele humanitären Charakters stellt Performance Management mit seinem multidimensionalen Verständnis von Erfolg die Chance dar, im Dienste sozialer Ziele zu steuern.

3.1 NPOs: Ein sehr heterogenes Feld

Der Begriff „Nonprofit-Organisation", der sich in den 70er Jahren des vergangenen Jahrtausends etabliert hat, weist einen negativ-abgrenzenden Charakter auf, der oft Anlass für Kritik und Missverständnisse ist. „Nonprofit" bedeutet nämlich nicht, dass keine Gewinne erzielt werden dürfen, sondern dass etwaige Überschüsse nicht an Eigentümer oder Mitglieder ausgeschüttet werden: Sie sollen die Organisation finanziell stärken, um noch besser die eigentliche Mission erfüllen zu können. Im Gegensatz dazu gehört das Erzielen von Gewinnen zu den konstituierenden Merkmalen erwerbswirtschaftlicher Unternehmen.

Während in Europa durch die Bezeichnung NPO vor allem die Abgrenzung zum Staat betont wird, weist diese im US-amerikanischen Raum insbesondere auf die Gegenüberstellung zu Gewinn-orientierten Unternehmen hin. „Nicht-Regierungsorganisationen" werden in anglo-amerikanischen Ländern „Nongovernmental Organization" genannt, abgekürzt NGO, wodurch die Begriffsverwirrung im internationalen Diskurs erst recht gegeben ist.

Neben dem zentralen Merkmal, nicht auf Gewinn ausgerichtet zu sein, zeichnen auch andere Charakteristika NPOs aus (Salomon/Anheier 1999, S. 9):

– Formale Organisation: Die NPO ist wenigstens zu einem gewissen Grad strukturiert, was meist in einer Rechtsform seinen Ausdruck findet. Das Vorliegen von Entscheidungsstrukturen grenzt die Organisation von vorübergehenden, spontanen Initiativen ab.

- Privater Charakter: NPOs gehören nicht zum staatlichen Sektor, wenn auch dieser für die Finanzierung der Organisationen eine wesentliche Rolle übernimmt. Die vielen Mischformen erschweren es oft Grenzen zu ziehen.
- Entscheidungsautonomie: Wenigstens grundsätzliche Entscheidungen werden innerhalb der NPO getroffen. Selbstverständlich ist ein externer Einfluss nicht ausgeschlossen.
- Freiwilligkeit: Ob Zeit- oder Sachspenden, die NPO kann auf freiwillige Beiträge zählen. Ehrenamtliche Mitarbeit in ausführenden bzw. in leitenden Funktionen ist genauso wichtig wie die finanzielle Unterstützung in Form von Spenden.

Abb. 3/1: Klassifikation der Nonprofit-Organisationen

KATEGORIE	AUFGABEN	BEISPIELE
Wirtschaftliche NPOs	Vertretung und Förderung der wirtschaftlichen Interessen der Mitglieder	Wirtschafts- und Berufsverbände, Genossenschaften, Konsumentenschutz-organisationen
Soziokulturelle NPOs	Entwicklung, Umsetzung und Förderung kultureller und gesellschaftlicher Aktivitäten	Sport-, Freizeit- und Kulturvereine, Glaubensgemeinschaften
Politische NPOs	Aufbereitung gesellschaftspolitischer Themen und Lobbying	Politische Parteien; Organisationen, die für Menschenrechte bzw. Umweltschutz eintreten, Bürgerinitiativen
Soziale NPOs	Unterstützung und Förderung bedürftiger Menschen im In- und Ausland	Freie Wohlfahrtspflege, Organisationen der Entwicklungshilfe

Quelle: Erweitert nach Schwarz, Purtschert und Giroud 1999, S. 18.

36

In der Praxis bilden NPOs einen sehr heterogenen Bereich der Volkswirtschaft, in dem sehr vielfältige Aufgaben verfolgt werden. Wie in Abbildung 3/1 zusammengefasst, erfüllen NPOs wirtschaftliche, soziokulturelle, politische bzw. soziale Ziele und bedienen sich dabei verschiedener Mittel: Eine bundesweite Interessensvertretung ist kaum mit einer lokalen Selbsthilfegruppe vergleichbar, wenn auch beide zum so genannten Dritten Sektor gehören, der neben dem Staat und dem Markt das gesellschaftspolitische Geschehen prägt.

Soziale NPOs bieten institutionalisierte Hilfe für Menschen in den unterschiedlichsten Bedarfslagen. Als solche unterscheiden sie sich von der Begleitung und Betreuung, die in der Familie bzw. in der Nachbarschaft geleistet wird. In Anlehnung an die „Central Product Classification", die Systematik vom Statistischen Amt der Vereinten Nationen (United Nations 2006) empfiehlt es sich, zwischen zwei zentralen Handlungsfeldern sozialer Dienste zu unterscheiden: dem stationären und dem ambulanten Bereich. Zu den stationären Angeboten zählen die Betreuung und Pflege von älteren Menschen bzw. von Menschen mit Behinderung, die Betreuung von Kindern und anderen Zielgruppen sowie sonstige Einrichtungen. Ambulante soziale Angebote dagegen bestehen aus Tageszentren und mobilen Diensten für ältere sowie behinderte Menschen, Tagesbetreuungsstätten für Kleinkinder, Erwachsenen-, Eltern- und Familienberatung, berufliche Beratung und sonstige ambulante Beratungs- und Betreuungseinrichtungen.

3.2 Zur Steuerung sozialer Dienstleitungen

Die überwiegende Mehrheit der Angebote sozialer NPOs sind Dienstleistungen, die darauf ausgerichtet sind, die Hilfe suchenden Menschen, sozusagen die Endverbraucher, zu fördern und zu unterstützen, sodass sich im Fachdiskurs auch der Begriff „Humanleistungen" etabliert hat (Wendt 2003, S 17 f.). Dass diese Dienstleistungen vornehmlich von Nonprofit-Organisationen bereitgestellt werden, wird oft auf deren Vertrauensvorteil zurückgeführt (Trukeschitz 2006, S. 99). Das Ergebnis der Leistung ist im Vorfeld nicht feststellbar; der Anbieter stellt lediglich eine gewisse Qualität in Aussicht, die jedoch erst im Nachhinein überprüft werden kann. Unter diesen Rahmenbedingungen ist die fehlende Gewinnabsicht der NPO ein Bestandteil ihrer Glaubwürdigkeit, die das Vertrauen erweckt, nicht im eigenen sondern im Interesse Dritter zu handeln. Humanleistungen sind durch einige Merkmale charakterisiert, die den Steuerungsprozess wesentlich prägen.

3.2.1 Merkmale sozialer Dienstleistungen

Als personenbezogene Dienstleistungen gehört es zum Wesen sozialer Angebote, dass die eigentliche Leistungserbringung nicht im Alleingang von der NPO sondern im Austausch mit dem Empfänger derselben stattfindet. Letzterer wird als „externer Faktor" bezeichnet (Meffert/Bruhn 2003, S. 57), um seine Bedeutung für den Dienstleistungsprozess zu unterstreichen. Der externe Faktor wirkt in unterschiedlichem Ausmaß auf physischer, intellektueller bzw. emotionaler Ebene an der Leistungserstellung mit und beeinflusst das Ergebnis auf entscheidende Weise. Am Beispiel einer Beratungsstelle ist ersichtlich, wie sehr sich die Gestaltungsmöglichkeiten der NPO auf die Leistungsbereitschaft beschränken: Durch die Wahl der Räumlichkeiten, die Festlegung der Öffnungszeiten und die Auswahl des Personals stellt die Organisation sicher, dass Beratung angeboten werden kann. Ob, in welchem Ausmaß und mit welchem Ergebnis die Leistung tatsächlich erbracht wird, entscheidet sich in der Interaktion mit den Menschen, welche die Beratungsstelle aufsuchen. Auf sie hat die NPO nur beschränkt einen Einfluss.

Abb. 3/2: Der externe Faktor im Dienstleistungsprozess

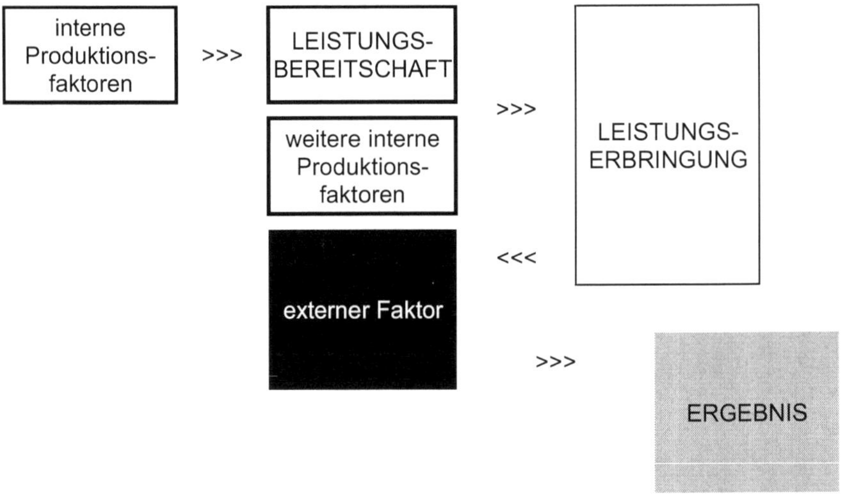

Quelle: Bono 2006, S. 57.

Neben der zentralen Bedeutung, die dem externen Faktor zukommt, sind personenbezogene Dienstleistungen, und somit auch soziale Angebote, durch drei weitere Aspekte charakterisiert. Erstens, ist die NPO mit einer begrenzten Standardisierbarkeit der Prozesse konfrontiert: Der Anbieter kann lediglich einen Teil der

Leistungserstellung planen, über den weiteren Verlauf entscheidet der Leistungsempfänger mit. Die Qualität des Prozesses und die Güte des Ergebnisses sind somit immer mit einem gewissen Risiko verbunden, da einige wesentliche Aspekte nicht im Einflussbereich der NPO liegen. Zweitens, ist die nicht Transportfähigkeit der Leistung zu berücksichtigen: Soziale Angebote haben am Ort stattzufinden, an dem sich der Leistungsempfänger aufhält. Bis auf wenige Ausnahmen, etwa im Falle von Online-Beratung, gilt für die Interaktion zwischen NPO und hilfsbedürftigen Menschen das so genannte „uno-actu"-Prinzip: Angebot und Nachfrage sind örtlich und zeitlich voneinander abhängig; im Unterschied zu materiellen Produkten kennen Dienstleistungen keine vom Vertrieb getrennte Produktion. Drittens, ist die nicht Lagerfähigkeit sozialer Angebote ein entscheidendes Merkmal: Es kann lediglich so viel produziert werden, wie gerade nachgefragt wird – mit allen Nachteilen, die sich bei Schwankungen in der Nachfrage bzw. in der Verfügbarkeit der Ressourcen, allen voran des Personals, ergeben. Der Vorteil, dass keine Lagerkosten anfallen, ist verhältnismäßig gering.

3.2.2 Konsequenzen für die Steuerung

Im Hinblick auf die Steuerung von sozialen Dienstleistungen stellt die Abhängigkeit vom externen Faktor eine zentrale Unsicherheit dar, wodurch die Planbarkeit der Prozesse und der Ergebnisse für NPOs stark eingeschränkt wird. Es ist besonders schwierig, Personal kontinuierlich auszulasten. Im Unterschied zur Produktion von Sachgütern können überschüssige Kapazitäten nicht so ohne weiteres zur Produktion von Mehrleistungen eingesetzt werden. Umgekehrt ist es kurzfristig schwer möglich, auf Spitzen in der Nachfrage zu reagieren. Durch Anreize, wie etwa gestaffelte Preise und die Vereinbarung von Terminen, sind soziale Dienste bemüht, Kapazitäten optimal auszulasten. Das örtliche und zeitliche Zusammenfallen der Erstellung und der Beanspruchung einer Leistung stellt eine logistische Herausforderung dar, der durch zunehmend flexible Arbeitsverhältnisse immer besser zu begegnen versucht wird.

Die nicht Transportfähigkeit einer Dienstleistung wirkt sich nicht nur auf den Personaleinsatz aus sondern bestimmt im Wesentlichem auch Fragen des Standortes: Die NPO befindet sich im Dilemma, einerseits die Erreichbarkeit sicherzustellen, andererseits die mit jeder neuen Niederlassung verbundenen zusätzlichen Fixkosten in Grenzen zu halten. Dabei bieten oftmals ambulante Angebote, die den Leistungsempfängern ein gewisses Angebot sichern und zugleich für die NPO von den Kosten her vertretbar sind, einen guten Kompromiss.

Während im fachlichen Diskurs rund um die Steuerung von NPOs die Relevanz von Sachzielen gerne hervorgehoben und die Bedeutung eines multidimensionalen Steuerungsansatzes betont wird, zeigen uns die spärlich vorhandenen empirischen Untersuchungen ein anderes Bild. Im Alltag orientieren sich Geschäftsführer von Nonprofit-Unternehmen noch immer und vor allem an finanziellen Zielen und schenken der operativen Ebene weit mehr Aufmerksamkeit als den strategischen Fragen. Die wichtigsten Ergebnisse zweier Studien, die sich mit den Details und den möglichen Hintergründen des Steuerungsalltags in NPOs auseinandersetzen, werden im Folgenden diskutiert: Greiling (2009) fokussiert auf deutsche Nonprofit-Unternehmen während das Österreichische Controller-Institut (2009) auch die Praxis in der öffentlichen Verwaltung miteinbezieht.

3.3.1 Der Steuerungsalltag deutscher Nonprofit-Organisationen

Greilings Studie baut auf Einrichtungen des Gesundheitsbereichs sowie der Alten-, Behinderten- und Jugendhilfe auf, und stellt dabei folgende drei Aspekte in den Vordergrund:

1. Einsatz von Kennzahlensystemen,
2. Operationalisierung des Erfolges,
3. Einfluss der Stakeholder.

Auf die Frage, welche Kennzahlen- und Management-Systeme eingesetzt werden, zeigen sich die NPOs insbesondere für selbstentwickelte Systeme offen. Nahezu Dreiviertel der befragten Organisationen wenden eigene Kennzahlensysteme an, davon ein Großteil finanzieller Natur. Qualitative Aspekte werden dagegen wesentlich seltener erfasst und üben eher eine komplementäre Funktion aus. Anspruchsvolle, multidimensionale Ansätze wie die Balanced Scorecard oder EFQM-basierte Anwendungen werden von lediglich etwas mehr als 10 % der Organisationen eingesetzt. Der Vorteil dieser Entwicklung liegt im organisationsspezifischen Charakter der gewählten Steuerungsansätze, welche sehr genau auf den Bedarf der jeweiligen Einrichtung eingehen. Etwaige konzeptionelle Defizite auf der einen Seite sind praxisnahen und umsetzungsstarken Lösungen auf der anderen Seite gegenüberzustellen.

Was die Operationalisierung des Erfolges betrifft, orientieren sich NPOs sehr stark an finanziellen Zielen, was in Anbetracht der in der Praxis erhobenen Kennzahlen nicht überrascht. Die in der Theorie angenommene Spitzenposition von Sachzielen in der Zielhierarchie wird von den Ergebnissen der Untersuchung nicht bestätigt. Im Gegenteil, das Teilziel Kosten deckend zu arbeiten liegt – wenn auch knapp – vor jenem, die Leistungsempfänger zufriedenzustellen. An den Mittelwerten gemessen befinden sich die Ziele „hoher Innovationsgrad" und „Zufriedenheit der Ehrenamtlichen" im mittleren Feld, während das Wachstum und erst recht die Vermittlung von Werten die letzten Ränge einnehmen. Die Auswertung zeigt, dass sich NPOs typischerweise in einem Zielkonflikt befinden: Auf der einen Seite sind finanzielle Vorgaben zu erfüllen, auf der anderen Seite die Bedürfnisse und Wünsche der Leistungsempfänger zu berücksichtigen.

Ergänzend zur Frage nach der Rangordnung der Ziele, ist die subjektive Zufriedenheit der Führungskräfte in Hinblick auf die Zielerreichung aufschlussreich. Es zeigt sich, dass je höher die Priorität des Zieles, desto geringer die subjektive Zufriedenheit mit dem Grad der Zielerfüllung ausfällt. So stellen gerade die Ziele der Kostendeckung bzw. -minimierung jene Bereiche dar, für die der größte Nachholbedarf gesehen wird. Etwas weniger kritisch bewerten die Führungskräfte den Erreichungsgrad der Ziele, die sich auf Mitarbeiter und Leistungsempfänger beziehen, welche in ihren Augen weniger wichtig sind. Eine gewisse Zufriedenheit stellt sich bei den Zielen ein, denen grundsätzlich eine geringe Bedeutung beigemessen wird, wie etwa die unternehmerische Unabhängigkeit, das Wachstum und die Vermittlung von Werten.

Schließlich beleuchtet Greiling den Einfluss der Stakeholder auf die NPO mit besonderem Augenmerk auf ihr Erfolgsverständnis. Erwartungsgemäß werden jene Stakeholder-Gruppen am meisten berücksichtigt, die – wie im Kapitel 5 besprochen – den Handlungsspielraum der Nonprofit-Organisation abstecken, nämlich die Leistungsempfänger, der Träger und die Finanziers. Den Leistungsempfängern kommt die größte Bedeutung zu. Ihre Position an oberster Stelle in der Hierarchie der Stakeholder wird nicht nur durch den höchsten Mittelwert untermauert, sondern auch durch die relativ einheitliche, positive Bewertung der Befragten, die sich statistisch gesehen in einer geringen Standardabweichung ausdrückt. Die Stellung des Trägers ist ebenfalls klar erkennbar: Wenn auch als weniger wichtig eingestuft als die Abnehmer sozialer Angebote, so übt der Träger doch einen klaren Einfluss auf die Organisation und deren Erfolg aus. Als drittstärkste Stakeholder-Gruppe erweisen sich die Finanzierungsträger, die sich durch ihre finanzielle Macht die Aufmerksamkeit sichern.

Mittlere Werte erreichen Angehörige, hauptamtliche Mitarbeiter, gefolgt vom Gesetzgeber und den Ehrenamtlichen, wobei Letztere insofern eine Nebenrolle spielen, als sie für die befragten Organisationen auch numerisch keine große Bedeutung haben. Wenig Gewicht haben die Öffentlichkeit, Kooperationspartner und die Medien. Gerade für kleinere NPOs deuten die Auswertungen darauf hin, dass die Medien in ihrer tragenden Rolle im Prozess der öffentlichen Meinungsbildung unterschätzt und entsprechend vernachlässigt werden. Geschäftspartner – Konkurrenten wie Lieferanten – finden sich unter den letzt gereihten Stakeholdern, während die Kirche und politische Vertreter das Schlusslicht bilden. Der geringe Einfluss der Kirche mag einerseits überraschen, hat doch eine Reihe von NPOs Wurzeln im christlichen Gebot der Nächstenliebe, andererseits steht dieses Ergebnis im Einklang mit der oben besprochenen Zielhierarchie. Weder aus dem Gesichtspunkt der Zielprioritäten noch in Hinblick auf den Stakeholder-Einfluss dürften sich NPOs religiösen Werten verpflichtet fühlen.

3.3.2 Steuerung in NPOs und in der öffentlichen Verwaltung

Die Studie, die 2009 vom Österreichischen Controller-Institut in Kooperation mit Contrast Management-Consulting durchgeführt wurde, untersucht drei Aspekte der Steuerung: Erstens die operative Ebene, zweitens die strategische Ebene und drittens die wirkungsorientierte Steuerung.

Auf operativer Ebene verzeichnen die befragten Organisationen die größte Entwicklung sowohl in Hinblick auf die Vielfalt der eingesetzten Instrumente als auch in Bezug auf die erlebte Effektivität. Diese Fortschritte in der operativen Steuerung sind unabhängig von der Größe der Organisation: auch kleine Einrichtungen zeigen sich mit dem Stand ihres Controllings und den erreichten Ergebnissen zufrieden. Im Vergleich zum Stand der Praxis im Jahr 2004 zeigt sich, dass sich insbesondere die Planung und das Berichtswesen weiterentwickelt haben, während die Kostenrechnung weiterhin als ein wichtiges Handlungsfeld gilt.

Der strategischen Steuerung wird grundsätzlich weniger Bedeutung beigemessen. Im Gegensatz zum operativen Controlling spielt die Organisationsgröße für das Interesse und die Bereitschaft längerfristig zu steuern, eine Rolle. NPOs und Verwaltungseinrichtungen, die viel in die strategische Steuerung investieren, zeigen sich mit ihrem Erfolg besonders zufrieden. Im Vergleich zu den Ergebnissen aus dem Jahr 2002 hat der Stellenwert des strategischen Denkens und Handelns zugenommen, wenn auch strategische Analyse- und Steuerungsinstrumente relativ selten erwähnt werden. Vor allem in der Umsetzung genannter Instrumente liegen viele Verbesserungspotentiale.

Wirkungsorientierte Steuerung ist laut Selbsteinschätzung für ca. 80 % der Befragten ein Thema: In der gesamten Organisation bzw. in Teilbereichen wird bereits mit Wirkungszielen gearbeitet, welche vor allem von den Führungskräften selbst definiert und überprüft werden. Eine Institutionalisierung der wirkungsorientierten Steuerung im Sinne eines Performance Management Kreislaufes stellt eine Ausnahme dar. Gefragt nach den Ansätzen, die zur Erfassung der Ergebnisse herangezogen werden, spielen für die Mehrheit der Organisation Evaluierungen sowie Kennzahlen und Indikatoren eine Rolle. Bei Weitem weniger häufig greifen die

Befragten auf Qualitätsmanagement-Systeme, auf Benchmarking bzw. auf die Balanced Scorecard zurück. Eine wissenschaftlich anspruchsvolle Einschätzung der Wirkungen findet selten statt.

Abb. 3/3: Problemfelder in der wirkungsorientierten Steuerung

PROBLEMFELD	%-ANTEIL DER NENNUNGEN Mehrfachnennungen möglich
Aussagekräftige Kennzahlen entwickeln/ Wirkungen messen	28,0
Qualitativen Zugang zu Wirkungen finden	13,8
Aus den Ergebnissen Rückschlüsse für das operative Geschäft ziehen	13,1
Mitarbeiter motivieren und deren Aufmerksamkeit auf die Wirkungsziele lenken	12,7
Wirkungsorientiertes Berichtswesen optimieren	10,4
Erzielte Wirkungen kommunizieren	8,2
Auswahl der entscheidenden Größen abstimmen	7,1
Geringen Einfluss der eigenen Leistung auf die zu erzielenden Wirkungen	6,7

Quelle: In Anlehnung an ÖCI/Contrast 2009.

Die größte Herausforderung in der Weiterentwicklung und Anwendung des wirkungsorientierten Ansatzes sehen drei Viertel der Organisationen in der Messbarkeit der Wirkungen, wobei das Finden aussagekräftiger Kennzahlen als besonders problematisch gilt. Mit Abstand weniger Schwierigkeiten bereitet es den Befragten, einen qualitativen Zugang zu den Wirkungen zu finden, aus den Ergebnissen konkrete Schlussfolgerungen für das operative Geschäft zu ziehen bzw. den Rückhalt der Mitarbeiter zu gewinnen.

3.3.3 Zusammenführung der Ergebnisse

Aus obigen empirischen Untersuchungen lassen sich einige wichtige Trends ablesen:

– Steuerung spielt sich für die meisten NPOs auf operativer Ebene ab, dabei werden vor allem finanzielle bzw. quantitative Kennzahlen herangezogen.

–   Weniger allgemein anerkannte Ansätze sondern vermehrt selbst entwickelte Lösungen bilden den Rahmen für Performance Management. Viele NPOs sehen einen Bedarf an Steuerungsinstrumenten.

–   Sachziele kommen in der Praxis oft zu kurz sowohl in Hinblick auf die erhobenen Steuerungsgrößen als auch in Bezug auf die Zielhierarchie, sodass es naheliegt, von einer Zieldualität (finanzielle Ziele vs. Sachziele) anstatt von einer Dominanz der Sachziele zu sprechen.

–   Unter den Stakeholder-Gruppen üben erwartungsgemäß die Leistungsempfänger, die Träger und die Finanziers den größten Einfluss aus.

–   Zu den bedeutendsten Problemfeldern der wirkungsorientierten Steuerung zählen die Entwicklung aussagekräftiger Kennzahlen sowie das Ableiten von Rückschlüssen für das operative Geschäft.

3.4 Steuerung von NPOs: Das Wesentliche in Kürze

Ungeachtet der volkswirtschaftlichen Bedeutung sozialer Dienste wird deren Steuerung wenig Aufmerksamkeit geschenkt. Dies ist nicht nur darauf zurückzuführen, dass NPO-Management im Allgemeinen in der Betriebswirtschaftslehre einen zweitrangigen Forschungsbereich darstellt.

Die Steuerung sozialer Dienste wird auch gerne wegen der Komplexität des Themas umgangen. NPOs des sozialen Bereichs bieten in der Regel Dienstleistungen an und sind schon alleine deswegen in mehrerer Hinsicht von der schwer planbaren Interaktion mit dem Leistungsempfänger abhängig. Letzterer beeinflusst auf physischer, intellektueller bzw. emotionaler Ebene das Ergebnis, er ist jedoch in seinen Präferenzen nur bedingt vorhersehbar. Die Qualität des Prozesses und die Güte des Ergebnisses sind somit für eine NPO immer mit einer gewissen Unsicherheit verbunden, da wesentliche Aspekte der Leistungserstellung außerhalb des Einflussbereiches der Organisation liegen. Dazu kommt die nicht Transportfähigkeit von Dienstleistungen: Sie müssen dort angeboten werden, wo sich der Leistungsempfänger befindet bzw. bereit ist, sich hinzubewegen. Schließlich erschwert die mangelnde Lagerfähigkeit sozialer Angebote die Steuerung von NPOs: Schwankungen in der Verfügbarkeit von Ressourcen, insbesondere des Personals sowie Änderungen in der Nachfrage sind entsprechend schwer auszugleichen.

In der Praxis zeigen NPOs auf der Suche nach praktikablen Managementinstrumenten einen Hang zu „do it yourself"-Ansätzen und richten dabei die Aufmerksamkeit oft auf operative Kennzahlen finanziellen Charakters. Damit verbunden ist die für den NPO-Sektor typische, mangelnde Vergleichbarkeit von strategischen Ergebnissen. Überspitzt formuliert, definiert jede Organisation andere Erfolgsmaßstäbe – ein Umstand, der sowohl die NPOs selbst behindert, durch gezieltes

Benchmarking voneinander zu lernen, als auch für die öffentliche Hand eine Erschwernis darstellt, wenn es darum geht, Ressourcen optimal einzusetzen.

4. Messen als Grundlage des Performance Managements

„Ein grundsätzliches Element in der Arbeit einer Führungskraft ist das Messen. Die Führungskraft setzt Ergebnislatten fest [...]. Sie analysiert, bewertet und interpretiert Ergebnisse", betonte Drucker (1973) Anfang der 1970er Jahre, als sich der fachliche Diskurs rund um Performance Management noch in den Kinderschuhen befand. Management hat zwar viel mit Erfassung und Beurteilung von Ergebnissen zu tun und bedient sich dabei auch empirischer Methoden – die Zielsetzung ist aber eine ganz andere, als jene, welche die Wissenschaft verfolgt.

4.1 Anforderungen aus der Perspektive der Wissenschaft

In naturwissenschaftlichem Sinne bedeutet Messen die strukturtreue Abbildung des Untersuchungsobjektes, wie etwa das Messen der Lufttemperatur durch einen Thermometer. In den Sozialwissenschaften wird unter Messen die Zuordnung von Zahlen zu Objekten nach festgelegten Kriterien verstanden. Den Ausgangspunkt bildet immer ein Begriff, der untersucht werden soll. Dieser Begriff kann sehr konkret sein, wie Fernseher oder Auto, wenn es zum Beispiel darum geht, sich über die Lebensumstände der Zielgruppe ein Bild zu machen. Er kann aber auch abstrakten Charakter haben wie etwa die Teilhabe am gesellschaftlichen Leben, von der in der Betreuung von alten bzw. behinderten Menschen meist die Rede ist. Ist das Objekt der Forschung ein abstrakter Begriff, der als solches nicht unmittelbar erfasst werden kann – Zufriedenheit, Interesse, Bewusstsein zum Beispiel –, wird im Fachjargon von einem „theoretischen Konstrukt" gesprochen. Um dieses zu messen, müssen Indikatoren gefunden werden, d.h. empirisch erfassbare Kenngrößen, die über das festgelegte schwer bzw. gar nicht messbare Konstrukt Auskunft geben. Die Ableitung einer logischen Verknüpfung zwischen dem Konstrukt und den Indikatoren wird als „Operationalisierung" bezeichnet. Gesundheitsbewusstsein etwa kann anhand der drei Dimensionen „Verhalten in Hinblick auf gesundheitsrelevante Faktoren", „Wissen über Gesundheitsthemen" sowie „Einstellung zu gesundheitspolitischen Fragen" und entsprechend vielen Indikatoren eingeschätzt werden.

Die Ernährungsgewohnheiten, eine ausgewogene körperliche Aktivität sowie der Konsum von Tabakprodukten bzw. der Verzicht darauf sind wesentliche Bestandteile der Dimension „Verhalten". Dementsprechend können für das gesundheitsspezifische Wissen die Themenbereiche Ernährung, Bewegung und Tabakkonsum als Indikatoren herangezogen werden. Erfahrungsgemäß deckt sich das Verhalten des Öfteren nicht mit dem Wissenstand über ein Thema. Neben der kognitiven Ebene ist schließlich als letzte Dimension die Einstellung relevant, welche über aktuelle gesundheitspolitische Fragen erfasst werden kann. Dazu zählt zum Beispiel die Einstellung zum Rauchverbot im öffentlichen Raum, zur Vorschreibung von Vorsorgeuntersuchungen oder zum Zugang zu Alkohol, um nur einige zu nennen. Ergänzend zu den Dimensionen und den Indikatoren sind die Ausprägungen zu bestimmen, welche die Indikatoren haben können. Wenn wir an Tabakkonsum denken, dann könnte die Bildung der Kategorien „nie", „selten", „wöchentlich" und „täglich" sinnvoll sein. Um das Wissen über die Schäden des Rauchens zu testen, bietet es sich an, den Informationsstand über die Verkürzung der Lebenserwartung durch Tabakkonsum abzufragen.

Abb. 4/1: Operationalisierung des Konstrukts „Gesundheitsbewusstsein"

KONSTRUKT	GESUNDHEITSBEWUSSTSEIN		
DIMENSIONEN	Verhalten	Wissen	Einstellung
INDIKATOREN	in Hinblick auf Ernährung, Bewegung, Tabakkonsum, usw.	über Gesundheitsthemen z.B. Vorteile einer gesunden Ernährung, Schäden durch Tabakkonsum, usw.	zu gesundheitspolitischen Fragen z.B. Rauchverbot, Vorsorgeuntersuchungen, usw.

Quelle: Eigene Darstellung.

Die Wahl der Dimensionen, die Bestimmung der dazugehörigen Indikatoren und die Festlegung der Ausprägungen sind fallspezifisch. Zum einen ist es ohne weiteres denkbar, für ein Konstrukt eine Reihe an Indikatoren zu finden, sodass im Extremfall am Ende des Messens sich die Einmaligkeit jedes Untersuchungsobjektes herauskristallisiert. Zum anderen ist es auch immer möglich, trotz aller Unterschiede eine bzw. mehrere Gemeinsamkeiten hervorzuheben, welche die Untersuchungsobjekte verbinden. Das Messen führt in diesem Fall zur Zuordnung aller Objekte zu einer einzigen Kategorie, wodurch kein Vergleich mehr möglich ist (Meyer 2007a, S. 200 ff.).

Der Grad der Differenzierung ist also das Ergebnis einer willkürlichen Entscheidung, die auch bei vergleichbaren Fragestellungen neu zu treffen ist: Wir bewegen uns in einem Kontinuum: Auf der einen Seite steht die perfekte Trennung aller Untersuchungseinheiten, auf der anderen Seite befindet sich die Zuweisung aller Objekte zu einer einzigen Kategorie. In der Praxis werden die Dimensionen eines Konstrukts und die entsprechenden Indikatoren auf der Basis von Recherchen vergleichbarer Studien und einschlägigem Fachwissen bestimmt, wobei es vorab keine ideale Lösung gibt. Ob tatsächlich die geeigneten Größen gewählt wurden, ist schließlich empirisch mittels Test über die Stärke des Zusammenhangs zwischen Konstrukt und Indikatoren zu beantworten.

Eine Vielzahl an Dimensionen und Indikatoren sichert noch nicht die Qualität der Messung. Diese besteht vielmehr aus den drei Kriterien Objektivität, Zuverlässigkeit und Gültigkeit.

–   Die Objektivität bringt zum Ausdruck, in welchem Ausmaß die Messergebnisse von der durchführenden Person abhängig sind. Im Idealfall führt eine Messung immer zu den gleichen Ergebnissen, wer auch immer deren Umsetzung übernimmt, wobei genauer betrachtet, zwischen der Objektivität in der Durchführung und jener in der Auswertung zu unterscheiden ist. Die Auswertungsobjektivität stellt gerade bei qualitativen Methoden eine Herausforderung dar, denn die Ergebnisse einer Messung lassen immer einen Interpretationsspielraum offen. Im Rahmen eines Interviews zum Beispiel, ist es durchaus möglich, dass die Stellungnahme des Interviewten unterschiedlich ausgewertet wird, wenn diesbezüglich im Voraus keine klare Regeln festgelegt wurden.
–   Die Zuverlässigkeit, auch Reliabilität genannt, ist das zweite Gütekriterium einer Messung. Sie bezeichnet die Eigenschaft, die Ergebnisse bei beliebig vielen Wiederholungen reproduzieren zu können. Der Grad der Reliabilität wird durch einen Korrelationskoeffizienten ausgedrückt. Er bezieht sich auf den Anteil an der Varianz, der durch tatsächliche Unterschiede und nicht durch Messfehler erklärt werden kann. Hochreliable wissenschaftliche Ergebnisse, die nahezu frei von Zufallsfehlern sind, stellen in der Evaluationspraxis sozialer Dienste jedoch eine Ausnahme dar.
–   Die Gültigkeit, auch als Validität bezeichnet, ist das entscheidende Kriterium einer Messung, indem es die Frage beantwortet, ob das gemessen wird, was zu erfassen beabsichtigt war. Die Gültigkeit bezieht sich also auf den inhaltlichen Zusammenhang zwischen Konstrukt und Indikator: Ob das Alter mit Gesundheitsbewusstsein etwas zu tun hat, wäre zu überprüfen; die Körpergröße dagegen dürfte keine Rolle spielen. Die Herausforderung, gültige Messinstrumente zu finden, ist entsprechend eng mit der Definition des Konstrukts verbunden. Etwa: Woraus besteht Gesundheitsbewusstsein? Oder: Wie lässt sich selbständiges Leben definieren? Die Gefahr ist groß, dass pragmatische Gründe mehr noch als inhaltliche Überlegungen für die Festlegung von Be-

griffen und Indikatoren ausschlaggebend sind. Die Messung ist dann zwar objektiv und zuverlässig, sie beantwortet aber nicht die eigentliche Frage.

4.2 Anforderungen aus der Perspektive der Praxis

Wissenschaftliches Vorgehen beim Messen ist für die Praxis wichtig, aber nicht ausreichend, gelten doch für Führungskräfte bei der Einschätzung des Erfolgs ganz andere Rahmenbedingungen. Oft bestimmen die meist knappen Mittel, welche Messung möglich ist und – nicht weniger wichtig – welche Instrumente von den jeweiligen Anspruchsgruppen anerkannt werden. Neben den oben besprochenen drei Qualitätskriterien einer Messung kommen somit in der Praxis zwei weitere Gebote dazu: Sparsamkeit und Akzeptanz. Angesichts begrenzter Ressourcen ist es für NPOs selten möglich, ein wissenschaftlich anspruchsvolles Messkonzept uneingeschränkt umzusetzen. Häufig geben die finanziellen Möglichkeiten der Organisation den Rahmen vor – insbesondere in Hinblick auf den Zukauf externer Expertise, die Komplexität des Messvorgangs und den Einsatz des eigenen Personals. Ergänzend zur Sparsamkeit ist auf die Akzeptanz der Messung zu achten. Sie drückt aus, inwieweit die Ergebnisse einer Messung als Entscheidungsgrundlage von den relevanten Akteuren in und außerhalb der NPO angenommen werden (Meyer 2007a, S. 204). Das Kriterium der Akzeptanz hat viel mit der Handlungsorientierung des Messens aus der Perspektive der Praxis sozialer Dienste zu tun, welche als drittes Gebot dazu genommen werden kann: Ultimatives Ziel des Messens ist es, eine fundierte und verständliche Grundlage für die Steuerung zu gewinnen.

Abb. 4/2: Messen im Spannungsverhältnis von Wissenschaft und Praxis

ANSPRUCH DER WISSENSCHAFT	MESSEN	ANSPRUCH DER PRAXIS
Objektivität Zuverlässigkeit Gültigkeit		Sparsamkeit Akzeptanz Handlungsorientierung

Quelle: Eigene Darstellung.

Die Erwartungshaltung von Entscheidungsträgern an die Messung lassen sich auf folgende drei Punkte zusammen fassen (Mason/Swanson 1979, S. 71f.):

49

- Die Aufmerksamkeit auf das Wesentliche lenken: Was ist der Kern des Problems?
- Das Problem lösen: Welche ist die beste Maßnahme?
- Die Übersicht bewahren: Wie gut sind wir unterwegs?

Abb. 4/3: Messen als Teil des Management-Informationssystems

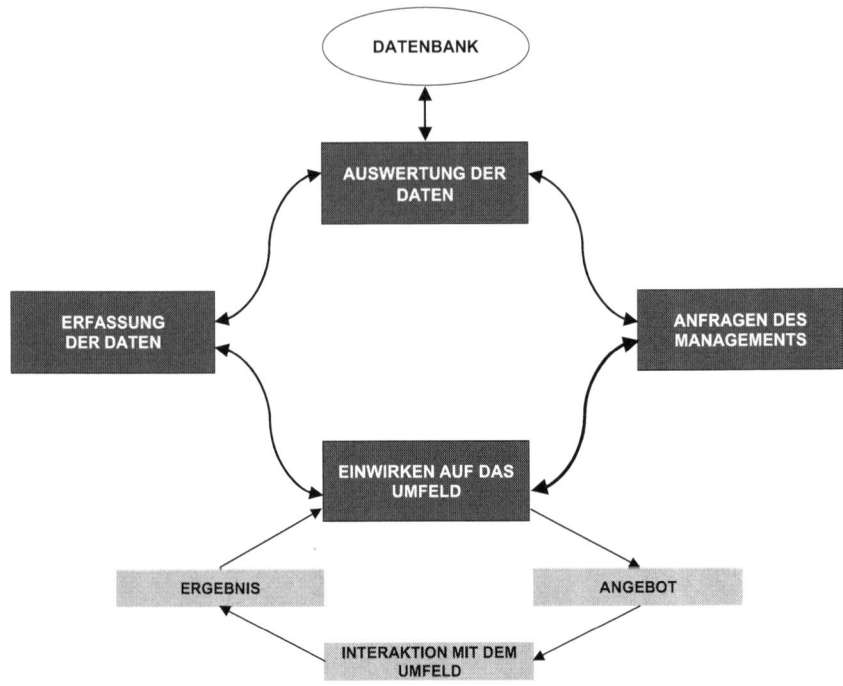

Quelle: In Anlehnung an Manson/Swanson 1979, S. 79.

Messen in der Praxis muss auf die Ziele der Organisation ausgerichtet und im gesamten Informationssystem integriert sein. Insofern ist das Messkonzept ausgehend vom konkreten Informationsbedarf einer NPO zu entwickeln; welche Fragestellung theoretisch interessant wäre, ist zweitrangig. Es muss auch klar sein, dass sich Führungskräfte in ihrer Entscheidungsfindung nicht nur an Messergebnissen orientieren, sondern auch von anderen Faktoren beeinflusst werden, allen voran von Informationen aus anderen Quellen sowie von persönlichen Präferenzen. All diese Elemente fließen in die Steuerung ein und bestimmen, welche Maßnahmen für angemessen gehalten werden. Die getroffenen Aktivitäten beeinflussen wiederum die Außenwelt, wodurch neue bzw. andere Ergebnisse festgestellt werden. Die regelmäßige Messung der Ergebnisse, gegliedert in die Schritte Erfassung und

Auswertung der Daten, sichert einen aktuellen Informationshintergrund, worauf Führungsverantwortliche in einem Kreislauf von Entscheidungsfindung, Eingriff in das Umfeld, Erfassung und Beurteilung der Ergebnisse zurückgreifen können.

4.3 Erfassung und Auswertung der Daten

Performance Management baut auf Informationen über Zustände und Entwicklungen auf. Diese Informationen können teilweise aus dem Rechnungswesen bzw. aus anderen organisationsinternen Quellen entnommen werden, teilweise müssen sie erst zum Zwecke der Steuerung generiert werden. Daten, d.h. mit einem bestimmten Ziel erhobene Informationen, geben jedoch lediglich einen Ausschnitt der Realität wider. Die Kunst liegt darin, diesen Ausschnitt so wirtschaftlich wie möglich und zugleich so aussagekräftig wie nötig festzulegen. Vor allem die zweite Vorgabe ist in der Praxis mit Problemen verbunden, da es im Vorfeld oft schwer fällt, über die Relevanz noch nicht vorhandener Daten zu entscheiden. Dadurch entsteht die Tendenz, viele Informationen berücksichtigen zu wollen, um keinen der möglichen entscheidenden Aspekte zu übersehen. Eine solche Ansammlung von Daten ist aber nicht nur kostenintensiv, sondern oftmals auch kontraproduktiv, da die Gefahr zunimmt „vor lauter Bäumen den Wald nicht mehr zu sehen".

4.3.1 Überblick über die Datenerhebung

Grundsätzlich lassen sich zur Erhebung von Daten drei Vorgehensweisen unterscheiden: Befragung, Beobachtung und nicht reaktive Verfahren.

Abb. 4/4: Übersicht Befragung

BEFRAGUNG								
schriftlich			Gruppeninterviews			mündlich		
postalisch	online	Classroom	Peer-Review	Delphi-Methode	Fokus-Gruppe	Telefon	persönlich: durch Interviewer	persönlich: durch Forscher

Quelle: In Anlehnung an Stockmann 2007, S. 226.

Obige Abbildung liefert eine Übersicht über die unterschiedlichen Varianten, eine Befragung durchzuführen. Ihnen allen ist die aktive Beteiligung der Informationslieferanten gemeinsam, welche auf schriftliche oder mündliche Weise erfolgen kann. Schriftliche Befragungen, insbesondere auf elektronischem Wege, bieten den

Vorteil, mit relativ wenig Aufwand durchgeführt werden zu können. Zu den Nachteilen gehören die niedrigen Rückmeldungsquoten und die fehlende Möglichkeit für den Befragten, Rückfragen zu stellen. So genannte „Classroom"-Befragungen schaffen einen Ausgleich, indem ein Interviewer mehreren gleichzeitig befragten Personen für Auskünfte zur Verfügung steht. Mündliche Befragungen dagegen erlauben es, verstärkt auf den Befragten einzugehen. Das Mitwirken eines Interviewers lässt jedoch die Kosten steigen. Neben der Befragung von Individuen werden häufig Gruppen angesprochen, um gezielt den Austausch zwischen den Befragten zu ermöglichen und zu berücksichtigen. Das Ergebnis gibt die Rückmeldungen der Einzelnen (Peer-Review-Methode) bzw. der gesamten Gruppen (Delphi-Befragung) wieder oder bezieht sich auf die eigentliche Gruppendiskussion (Fokus-Gruppe).

Bei der Beobachtung werden die Informationslieferanten nicht direkt zum Erhebungsthema angesprochen. Der Informationsinteressent hält lediglich das Geschehen fest – entweder aus der Sicht eines Externen (nicht teilnehmende Beobachtung) oder aus der Perspektive einer am Prozess eingebundenen Person (teilnehmende Beobachtung). Während die Beobachteten sich im offenen Verfahren über die Vorgänge bewusst sind, bleiben sie bei einer verdeckten Beobachtung im Unwissen. Die erste Variante birgt jedoch das Risiko, dass die Beobachteten ihr Verhalten mehr oder weniger bewusst anpassen.

Abb. 4/5: Übersicht Beobachtung

BEOBACHTUNG			
verdeckt		offen	
teilnehmend	nicht-teilnehmend	teilnehmend	nicht-teilnehmend

Quelle: In Anlehnung an Stockmann 2007, S. 226.

Nicht reaktive Verfahren sind schließlich weitgehend personenunabhängig. Weder der Informationslieferant noch der Interessent nimmt einen Einfluss auf den Prozess der Datenerhebung. Neben der Messung der Eigenschaften des Untersuchungsobjektes, was den Einsatz naturwissenschaftlicher Geräte impliziert, kommt in der Praxis insbesondere der Auswertung von Dokumenten große Bedeutung zu. Die Daten können auch zu einem früheren Zeitpunkt bzw. mit einer anderen Zielsetzung erhoben worden sein: Im Rahmen einer Sekundäranalyse werden sie zur Abdeckung der aktuellen Informationsbedürfnisse erneut herangezogen.

Abb. 4/6: Übersicht Nicht reaktive Verfahren

NICHT REAKTIVE VERFAHREN						
Messung		Dokumente			Sekundärdaten	
physikalisch	physiologisch	Text	Visuell	Audio	Prozess-produziert	Fremd erhoben

Quelle: In Anlehnung an Stockmann 2007, S. 226.

Diese Unterschiede gilt es zu berücksichtigen, wenn ausgehend von einer vorgegebenen Fragestellung die entsprechende Erhebungsmethode bestimmt werden soll: Befragungen bauen auf einer sehr kontrollierten Kommunikation zwischen Informationslieferanten und -interessenten auf, welche die Kooperationsbereitschaft sowie die Kommunikationsfähigkeit der Befragten voraussetzt. Beobachtungen dagegen können auch durchgeführt werden, wenn genannte Voraussetzungen nicht erfüllt sind. Somit eignen sich Beobachtungen dazu, neu aufgetretene Phänomene bzw. unbewusste Verhaltensweisen, wofür noch keine Grundlagen vorliegen bzw. die nicht auf rationaler Ebene abgehandelt werden können, zu erforschen. Unter den nicht reaktiven Verfahren, der dritten grundsätzlichen methodischen Kategorie, werden sehr unterschiedliche Vorgehensweisen zusammengefasst, die sich auf Messungen, Dokumentenanalyse bzw. Verwendung von Sekundärdaten beziehen. Im Vergleich zu Befragung und Beobachtung bieten sie den Vorteil, Sachverhalte, welche die weiter zurückliegende Vergangenheit betreffen, thematisieren zu können, da Erinnerungsfehler ausgeschlossen sind. Ein Nachfragen ist allerdings schwer möglich.

4.3.2 Überblick über die Datenauswertung

Die Diskussion über quantitative bzw. qualitative Daten und entsprechende Möglichkeiten, Daten auszuwerten, beschäftigt Fachkreise seit Längerem. Ihr liegen unterschiedliche Verständnisse von Erforschen zugrunde: Quantitative Daten, wie sie etwa aus einer schriftlichen Befragung gewonnen werden können, erfüllen den Anspruch, standardisiert zu sein und sind dazu geeignet, ein Merkmal zu messen. Die Erhebung baut in der Regel auf einem theoretischen Hintergrund auf und zielt darauf ab, gewisse Tatbestände zu erklären (deduktiver Ansatz). Im Gegensatz dazu sind quantitative Daten nicht standardisiert und erheben auch nicht den Anspruch, Phänomene messen zu wollen. Es geht vielmehr darum, Umstände zu verstehen und Zusammenhänge zu erkennen. Ausgehend von Einzelfällen soll auf die Allgemeinheit geschlossen werden können (induktiver Ansatz).

Abb. 4/7: Vergleich quantitativer und qualitativer Ansätze

QUANTITATIV	QUALITATIV
standardisiert	nicht standardisiert
messen	interpretieren
erklären	verstehen
theoriegeleitet	theorieentwickelnd
deduktiv	induktiv
ergebnisorientiert	prozessorientiert

Quelle: Eigene Darstellung.

Ihrem spezifischen Hintergrund entsprechend ist auch die Analyse der Daten unterschiedlich. Während quantitative Daten durch statistische Verfahren ausgewertet werden können, setzt die Analyse qualitativer Daten vor allem auf die hermeneutische Interpretation.

Ein Thema, zum Beispiel die Integration behinderter Menschen, kann grundsätzlich von beiden Perspektiven aus angegangen werden: Entscheidend ist die Frage des Schwerpunktes – und in der Praxis insbesondere der Umsetzbarkeit des Vorhabens. Soll die Lage der Bewohner einer Einrichtung beschrieben, womöglich auch ein Zusammenhang zwischen Leistungen und Zufriedenheit untersucht werden, sind quantitative Daten anzustreben. Geht es hingegen darum, die Sicht einiger ausgesuchter Personen einzuholen, um Problemfelder aus der Perspektive der Bewohner zu erkennen und zu benennen, empfiehlt es sich, durch relativ wenige, ausführliche Gespräche einen Einblick in die Materie zu gewinnen. Grundsätzlich schließen keine der unter 4.3.1 besprochenen Erhebungsmethoden die eine oder andere Art von Daten aus, wie anhand einiger Beispiele in Abbildung 4/8 verdeutlicht wird.

Abb. 4/8: Beispiele quantitativer und qualitativer Daten

	QUANTITATIV	QUALITATIV
Befragung	standardisierter Fragebogen	Leitfaden-Interview
Beobachtung	nicht teilnehmende Beobachtung mit vorgegebenem Kategorie-Schema	teilnehmende Beobachtung
Inhaltsanalyse	Auszählung von Textelementen	hermeneutische Interpretation

Quelle: Eigene Darstellung.

Aus wissenschaftlichen Überlegungen sinnvoll wie auch aus pragmatischen Gründen in der Steuerung von Organisationen oft notwendig ist die Kombination verschiedener Ansätze im Zuge der so genannten „Triangulation". Die Zusammenführung kann sich auf unterschiedliche Datenquellen, verschiedene Theorien bzw. auf sich ergänzende Methoden beziehen mit dem Ziel, durch die Vielfalt der Perspektiven den Gegenstand der Untersuchung besser zu erfassen. Gerade aus dem Blickwinkel des Performance Managements sind die Erfassung und die Beurteilung der Ergebnisse organisationalen Handelns immer auch als Prozesse zu sehen: Es gibt keinen Königsweg, sondern viele Möglichkeiten, sich der Fragestellung zu nähern.

4.4 Kennzahlen als Steuerungsinstrument

Ob zur Planung von Wirkungen oder zur Überprüfung des Erfüllungsgrades von Zielen, Kennzahlen sind zentrale Instrumente des Performance Managements. Die komplexe menschliche Existenz auf einige wenige Zahlen reduzieren zu wollen, erweckt unter NPOs des sozialen Sektors häufig Unbehagen. Von dieser kritischen Einstellung gewinnt man Abstand durch die Einsicht, dass Kennzahlen von Zielen abgeleitet werden, und nicht umgekehrt. Messgrößen beeinflussen nicht die inhaltliche Ausrichtung der NPO, sie erleichtern es lediglich, auf Kurs zu bleiben. Die Vielzahl an Informationen, die aus dem Rechnungswesen und anderen Quellen in das Steuerungssystem fließen, müssen zusammengefasst und geordnet werden, um Entscheidungsträgern eine Grundlage für die Steuerung zu bieten. Kennzahlen geben in verdichteter und quantifizierter Form Auskunft über erfolgsrelevante Sachverhalte, die unmittelbar gemessen werden können. Beispiele dafür sind die Teilenehmerquote, der Umsatz oder das Durchschnittsalter. Im Gegensatz dazu weisen Indikatoren auf Sachverhalte hin, die sich der unmittelbaren Erfassung entziehen. Sie kommen insbesondere bei der Bewertung qualitativer Größen wie etwa bei der Einschätzung von Zufriedenheit, Motivation oder Interesse zur Anwendung. Die Begriffsverwendung im Alltag ist jedoch nicht einheitlich, sodass Kennzahlen und Indikatoren undifferenziert als Synonyme für Kennwerte, Kontrollgrößen oder Schlüsselzahlen gebraucht werden. Im Folgenden sollen alle Messgrößen der Einfachheit halber als „Kennzahl" bezeichnet werden.

4.4.1 Aufgaben und Merkmale von Kennzahlen

Kennzahlen erfüllen folgende Aufgaben:

- Informationen vermitteln
  Kennzahlen lenken die Aufmerksamkeit auf Aspekte, die in der Fülle von Daten untergehen würden. Sie liefern nachvollziehbare Anhaltspunkte für die Entscheidungsfindung anstatt auf intuitive, nicht überprüfbare Schätzungen zurückzugreifen.
- Kommunikation erleichtern – intern wie extern
  Durch die vereinfachte Darstellung komplexer Sachverhalte wird das Kommunizieren vereinfacht. Kennzahlen liefern eine Basis für die Diskussion von Ergebnissen und die Weiterentwicklung sozialer Angebote. Sie fördern überdies die Benennung von Erfolgen, wodurch die Unterstützung der Stakeholder leichter gewonnen werden kann.
- Motivation fördern
  Indem Kennzahlen Transparenz sichern, werden Ergebnisse sichtbar und zuordenbar. Es werden Rahmenbedingungen geschaffen, worunter es für Mitarbeiter attraktiv ist, sich für die Organisationsziele einzusetzen.
- Kontrolle ermöglichen
  Die Überprüfung der Ziele ermöglicht es, Abweichungen zu erkennen und Maßnahmen zur Gegensteuerung zu entwickeln. Kontrolle wird zu einem Instrument des individuellen und organisationalen Lernens.

Eine Reihe von Kriterien bietet sich an, um Kennzahlen zu klassifizieren. Der Unterscheidung zwischen absoluten und relativen Zahlen kommt dabei besondere Bedeutung zu. Letztere, auch Verhältniszahlen genannt, sind meist aussagekräftiger als absolute Zahlen. Im Hinblick auf den Informationsgehalt teilen sich Kennzahlen in normative Messgrößen, welche sich auf Vorgaben wie etwa auf Ziele und Standards oder aber deskriptive Messgrößen beziehen, die einen Sachverhalt beschreibend darstellen – zum Beispiel Ergebnisse. Die Unterscheidung zwischen objektiven und subjektiven Kennzahlen betrifft die Perspektive, aus der Kennzahlen entstehen. Subjektive Kennzahlen sind gerade im sozialen Bereich von großer

Bedeutung. Aufgrund der möglichen Zieldifferenzen zwischen Auftraggeber, NPO und Leistungsempfänger kann die Beurteilung einer Dienstleistung je nach Blickwinkel sehr unterschiedlich ausfallen. In einer stationären Einrichtung etwa stellt die Zufriedenheit der Bewohner eine subjektive Kennzahl dar, die sinnvoller Weise durch eine objektive Messgröße ergänzt werden sollte – die Beschwerdequote zum Beispiel –, um die Konsistenz zwischen den formulierten Aussagen und dem tatsächlichen Verhalten einschätzen zu können.

Abb. 4/9: Kriterien zur Klassifikation von Kennzahlen

DIMENSION	AUSPRÄGUNG
Methodisch	absolute Zahl
	relative Zahl
Informationsgehalt	normativ
	deskriptiv
Zeitlicher Rahmen	bezogen auf einen Zeitpunkt
	bezogen auf eine Zeitspanne
Bezugsgröße	Wert
	Menge
Perspektive	subjektiv
	objektiv

Quelle: Bono 2006, S. 153.

4.4.2 Die Entwicklung von Kennzahlen

Den Ausgangspunkt für die Berechnung von Kennzahlen bilden die so genannten Grundzahlen. Sie stellen quantitative Informationen dar, die keiner weiteren Aufschlüsselung bedürfen. Grundzahlen sind meist absolute Zahlen, die zur Beschreibung von Strukturen wie etwa die Zusammensetzung von Ressourcen, Ergebnissen und Zielgruppen eingesetzt werden. Daraus ist ein Überblick über entscheidungsrelevante Rahmenbedingungen zu gewinnen, man bekommt jedoch keine Auskunft über die Wirksamkeit einer Intervention. Erst durch die Berechnung von Kennzahlen, wofür Grundzahlen die numerische Basis liefern, können die für die Steuerung wesentlichen Aspekte der Effizienz und Effektivität analysiert werden.

Die konkrete Entwicklung von Kennzahlen ist immer situationsspezifisch, ist doch das Wesentliche an einer Messgröße, dass sie einen präzisen Bezug zur Zielsetzung der NPO herstellt und deren Rahmenbedingungen berücksichtig. Es empfiehlt sich, auf einen guten Mix aus absoluten und relativen Kennzahlen zu achten. Absolute Kennzahlen sind verhältnismäßig leicht zu berechnen, haben aber nur eine beschränkte Aussagekraft, da sie sich lediglich auf eine Dimension der Steuerung beziehen, wie zum Beispiel die Anzahl der Leistungsempfänger, die Summe der Spenden oder den Umsatz eines Arbeitsprojektes. Relative Kennzahlen dagegen verknüpfen mehrere absolute Zahlen miteinander: Im Zähler steht die Größe, die gemessen werden soll; im Nenner des Bruches wird der Bezugswert abgebildet. Ein typisches Beispiel stellen Durchschnittskennzahlen dar, so das Durchschnittsalter der Teilnehmer einer Qualifizierungsmaßnahme:

Durchschnittsalter =   Summe des Alters aller Teilnehmer/Anzahl der Teilnehmer

Etwas komplexer ist die relative Kennzahl Personalkostenquote gemessen an den Gesamtkosten der NPO:

Personalkostenquote =   (Personalkosten/Gesamtkosten) x 100

Grundsätzlich unterscheidet man zwischen drei Arten von relativen Kennzahlen: Beziehungskennzahlen, Gliederungskennzahlen und Messkennzahlen. Beziehungskennzahlen setzen ins Verhältnis zueinander zwei verschiedenartige, aber in sachlich sinnvoller Beziehung stehenden Größen. Dazu zählen etwa:

Rentabilität =   (Gewinn/Umsatz) x 100

Gliederungskennzahlen geben Auskunft über strukturelle Gegebenheiten, indem sie die Teilmenge einer Größe im Zähler in Verhältnis zur Gesamtgröße im Nenner setzen. Die oben berechnete Personalkostenquote ist ein gutes Beispiel dafür. Weiters zählen Erfolgsquoten – wie etwa die Quote der am Arbeitsmarkt erfolgreich integrierten Kursteilnehmer – zu den Gliederungskennzahlen:

Erfolgsquote =   (Teilnehmer, die das Programmziel erreicht haben/ Teilnehmer in Summe) x 100

Messkennzahlen verdeutlichen die zeitliche Entwicklung einer Steuerungsgröße. Ausgehend von einer Bezugsgröße bzw. von einem Durchschnittswert werden die Werte einer Reihe dazu in Beziehung gesetzt. Die Entwicklung der Nächtigungen in einer Notschlafstelle oder der Stunden ehrenamtlicher Mitarbeit kann zum Beispiel durch Messkennzahlen gut dargestellt werden.

Nächtigungsindex =   Nächtigungen im Bezugsjahr x 100/Nächtigungen im Basisjahr

Unabhängig von der Art der relativen Kennzahl ist es unabdingbar, die darin ein-gesetzten absoluten Zahlen eindeutig festzulegen. Man läuft sonst Gefahr, „Äpfel mit Birnen" zu vergleichen.

4.5 Benchmarking

Der Informationsgehalt von Kennzahlen nimmt zu, werden diese eingesetzt, um Vergleiche herzustellen. Die systematischen Gegenüberstellung von Messgrößen zwecks organisationalen Lernens hat sich unter der Bezeichnung „Benchmarking, aus dem Englischen „Maßstäbe setzen" etabliert. Die Grundidee ist einfach: Aus der Erfahrung und dem Wissen vorbildlicher Beispiele Impulse für die eigene Ent-wicklung zu gewinnen. In der praktischen Umsetzung kennt Benchmarking viele Ausprägungen, je nachdem welche Objekte, Partner bzw. Kriterien in der Ent-wicklung des Benchmarking-Konzeptes festgelegt wurde, wie Abbildung 4/10 zu-sammenfasst.

Abb. 4/10: Die wesentlichen Dimensionen des Benchmarking

Objekte	Produkte
	Strukturen
	Abläufe
	Technologien
	Strategien
Partner	Teileinheiten der Organisation
	Organisationen der Branche
	Organisationen anderer Branchen
Kriterien	Kennzahlen
	Standards

Quelle: Eigene Darstellung.

Benchmarking, das sich als betriebswirtschaftliches Instrument seit den 1990er Jahren wachsender Beliebtheit erfreut, baut auf folgenden drei Stufen auf (Camp 1994):

1. Zielfindung
   – Festlegung des Benchmarking-Objektes und organisationsinterne Analyse
   – Suche und Auswahl des Benchmarking-Partners
   – Verabschiedung des Benchmarkingprojektes

2. Vergleich
   - Festlegung eines Kennzahlenrasters
   - Erhebung und Auswertung der Daten
   - Analyse und Beurteilung der erhobenen Daten
   - Erstellung von Rankings
   - Festlegung des Gruppenbesten
3. Umsetzung
   - Analysieren der Prozesse oder besten Strategie und Ableiten der „Best Practices"
   - Erarbeitung von Verbesserungsmaßnahmen für die eigene Organisation
   - Implementierung und Fortschrittskontrolle

Als kontinuierlicher Optimierungsprozess wird Benchmarking des Öfteren durch eine neue Vergleichsphase fortgesetzt und über mehrere Jahre betrieben.

Abb. 4/11: Beispiele für branchenübergreifendes Benchmarking

	Kernaufgaben	mögliche Vergleiche
STATIONÄRE EINRICHTUNG DER WOHNUNGSLOSEN-HILFE	Unterkunft	Jugendherbergen/Hotels
	Verpflegung	Kantinen
	Beratung und Betreuung	Service-Center
ARBEITSPROJEKT	fachspezifische Produktion	einschlägige Forprofit-Unternehmen
	soziale Kompetenzen und Weiterbildung	Bildungseinrichtungen
	Kaffeebetrieb	Kaffeehäuser,
	Service (u.a. Aufbewahrungs- und Waschmöglichkeiten)	Waschsalons, Aufbewahrungssysteme in Bahnhöfen und Museen
TAGESZENTRUM FÜR JUGENDLICHE	Freizeitaktivitäten	kommerzielle Anbieter von Freizeitprogrammen

Quelle: Bono 2006, S. 158.

Das organisierte und systematische Suchen nach besseren Lösungen ist charakteristisch für das Benchmarking. Zentrale Bedeutung kommt dabei der vorbildlichen Organisation bzw. Organisationseinheit zu, welche die Erfolgsmaßstäbe festlegt. Der Gruppenbeste sollte ähnliche Aufgabenstellungen wie das eigene Unternehmen verfolgen, er braucht aber nicht im eigenen Bereich tätig zu sein. Zum einen ist es manchmal leichter, Informationen über Unternehmen aus fremden Branchen zu erhalten, als die eigenen Konkurrenten unmittelbar anzusprechen. Zum anderen eröffnet sich die Chance, neues Know-how in die Branche einzubringen, welches durch eine reine Konkurrenzanalyse nicht aufgefallen wäre.

In Hinblick auf die Wahl der Partner, steht das gegenseitige Vertrauen an erster Stelle. Der langfristige Erfolg von Benchmarking-Zirkeln baut auf das gute Einvernehmen der Beteiligten auf. Dafür empfiehlt es sich, auf folgende Punkte zu achten:

- Symmetrie im Austausch der Informationen:
  Alle Partner stellen ähnlich detaillierte Informationen zur Verfügung.
- Vertraulichkeit:
  Alle Informationen sind vertraulich und dürfen nur mit Zustimmung der Betroffenen weitergegeben werden.
- Zweckbindung:
  Benchmarking dient ausschließlich der Weiterentwicklung der eigenen Organisation. Die erhaltenen Informationen dürfen zu keinem anderen Zweck eingesetzt werden.
- Transparenz:
  Kontakte sind unmittelbar über die Benchmarking-Partner zu knüpfen. Bevor der Name des Partners auf eine Kontaktanfrage hin weitergeleitet wird, soll man diesen um Erlaubnis fragen.
- Verlässlichkeit:
  Jeder Schritt ist adäquat vorzubereiten und Termine müssen eingehalten werden.
- Offene Gesprächskultur:
  Allfällige Zweifel an der Rechtmäßigkeit eines Vorgehens sind durch eine proaktive und offene Gesprächskultur aus dem Raum zu schaffen.

Durch Benchmarking entsteht ein virtueller Wettbewerb, auch auf Märkten, auf denen keine oder nur beschränkt Konkurrenz herrscht. Für den sozialen Sektor ist dies besonders wichtig, da viele Geschäftsbereiche von einem einzigen bzw. von wenigen Anbietern bestimmt werden. In einem solchen Umfeld gibt es wenig Anreize sich zu verbessern, was oft zu einer nicht optimalen Nutzung der Ressourcen führt. Durch den Vergleich mit Vorzeigeunternehmen entstehen Impulse für die Weiterentwicklung der eigenen Organisation, ohne an der eigentlichen Marktstruktur etwas zu ändern.

Dem Einsatz von Benchmarking sind aber auch Grenzen gesetzt. Werden nicht tatsächlich hervorragende Partner für den Vergleich herangezogen, besteht die Gefahr, sich an Mittelmäßigem zu orientieren und eine Begründung für die eigenen

Schwächen zu finden. Weiters setzt die Übertragung von „Best-Practice"-Lösungen voraus, dass die dahinterstehenden Informationen und Kenntnisse bekannt sind und verstanden wurden. Um sich nachhaltig verbessern zu können, muss schließlich auch auf ein adäquates Betriebsklima geachtet werden: Erfolg ist nicht erzwingbar, er muss gelebt werden.

4.6 Messen: Das Wesentliche in Kürze

In den Sozialwissenschaften bezieht sich der Messvorgang oft auf abstrakte Begriffe, wie Freiheit, Selbständigkeit oder Integration, für die zunächst einmal empirisch erfassbare Größen, so genannte Indikatoren, definiert werden müssen. Die Herstellung einer logischen Verknüpfung zwischen dem zu untersuchenden Begriff, den maßgeblichen Dimensionen, den erfassbaren Indikatoren und den möglichen Merkmalsausprägungen wird als „Operationalisierung" bezeichnet. Während aus wissenschaftlicher Perspektive drei Kriterien, nämlich die Objektivität, die Zuverlässigkeit und die Gültigkeit die Qualität einer Messung bestimmen, sind in der Praxis drei weitere Kriterien zu berücksichtigen: Die Akzeptanz der Messung seitens der Entscheidungsverantwortlichen, der sparsame Umgang mit finanziellen Mitteln und die Handlungsorientierung der Messergebnisse. Die Frage, nach welcher Methode die Daten erhoben (Befragung, Beobachtung bzw. nicht-reaktive Verfahren) und wie sie in weiterer Folge ausgewertet werden sollen (quantitativer versus qualitativer Ansatz), ist fallspezifisch zu beantworten.

Der Übersicht halber werden Messergebnisse oft als Kennzahlen dargestellt. Sie ermöglichen es, Informationen in komprimierter Weise zu vermitteln und erleichtern somit die Kommunikation. Kennzahlen schaffen Transparenz und fördern damit die Motivation der Mitarbeiter. Besonders aussagekräftig sind relative Kennzahlen, welche mehrere absolute Zahlen in Bezug zueinander setzen. Darüber hinaus nimmt der Informationsgehalt von Kennzahlen zu, wenn diese Steuerungsgrößen im so genannten „Benchmarking" zu Vergleichen zwischen Abteilungen bzw. Organisationen herangezogen werden.

Teil II
Die Bausteine eines Performance Management-Systems

*„The key to Performance Measurement System design is
not to imitate others' but to evolve one's own, for compe-
titive advantage comes through innovation not imitation"*

Blenkinsop & Burns

Performance Management Systeme stellen immer organisationsspezifische Lösungen dar. Sie spiegeln die Interessen und Werte der Organisation bzw. deren
Umfelds wider, sowohl in der Konzept- wie in der Anwendungsphase. Im Folgenden sollen Wege aufgezeigt werden, um das eigene Steuerungskonzept zu entwickeln und umzusetzen, im Wissen, dass es dafür Mut zur Lücke braucht. NPO-
Führungskräfte bewegen sich nicht in akademischen Foren, in denen wissenschaftliche Ansprüche an oberster Stelle stehen und mit Vorliebe abstrakt gedacht wird.
Sie handeln vielmehr im Kontext realer Organisationen, die mit konkreten,
menschlichen Bedürfnissen konfrontiert sind, seien es die Erwartungen der Mitarbeiter an hochwertige Arbeitsplätze, die Suche der Leistungsempfänger nach ra-
schen Lösungen, die Vorgaben der Geldgeber, sparsam zu wirtschaften oder die
Vision des Trägers, die eigene Zielgruppe zu fördern.

Ausgangspunkt dieses Buchabschnittes bildet die Analyse der Stakeholder:
„Wer nimmt in welcher Hinsicht einen Einfluss auf die NPO?", lautet die entscheidende Frage, worauf das Erfolgsverständnis des Nonprofit-Unternehmens
aufzubauen hat. Neben den eingesetzten Ressourcen sind insbesondere die erreichten Wirkungen für das Ergebnis ausschlaggebend. Wirkungsorientierung, wenn
auch im sozialen Bereich mit einer Reihe von Fragen verbunden, ist ein unum-
gänglicher Grundsatz des Performance Managements. Allerdings, besonders die
Ausarbeitung von schlüssigen Ursachen-Wirkungsketten gestaltet sich oft als problematisch. Nicht übersehen werden darf schließlich die Rolle der Mitarbeiter einerseits und jene der Leistungsempfänger andererseits, denen die letzten zwei Kapiteln dieses Abschnittes gewidmet sind. Diese zwei zentralen Akteure im Prozess
der Leistungserstellung bestimmen im Wesentlichen den Erfolg der NPO. Sie aktiv
in die Entwicklung und Umsetzung des Steuerungssystems mit einzubeziehen ist
sowohl aus ethischen als auch aus wirtschaftlichen Gründen ein Gebot.

5 Fokus auf die Stakeholder

Das Fundament des Performance Managements bildet die Stakeholder-Analyse. Durch die Identifizierung der Anspruchsgruppen der NPO, die Einteilung in Gruppen und deren Bewertung gewinnt man einen Überblick über die vielfältigen Erwartungen, die an das Nonprofit-Unternehmen gestellt werden. Die Auseinandersetzung mit den Stakeholdern ist die Voraussetzung für ein multidimensionales Erfolgsverständnis: Erst wenn sich die Organisation mit ihren Systempartnern vertraut gemacht und deren Interessen im Blick hat, kann eine Strategie entwickelt werden, die nicht nur zu einigen wenigen, meist finanziellen Kennzahlen führt, sondern mehrere, inhaltlich vielseitige Steuerungsgrößen generiert.

5.1 Der Stakeholder-Ansatz

Mitte der 1980er Jahren äußerte Freeman (1984) erstmals den Gedanken, dass erfolgreiches Management mehr voraussetze, als einzig und alleine die Erwartungen der Eigentümer vor Augen zu haben. Vielmehr bedeutet es, eine Reihe von Geschäftsbeziehungen mit den unterschiedlichsten Personen und Gruppen zu pflegen, die in Summe die Entwicklung des Unternehmens bestimmen. Dieser Ansatz liefert einen wesentlichen Impuls für die Organisationsforschung und das grundsätzliche Verständnis von Managementaufgaben.

Traditionellerweise werden Organisationen als hierarchische Strukturen aufgefasst: An der Basis stehen die Mitarbeiter, dann das mittlere und obere Management, und schließlich an der Spitze der Pyramide befinden sich die Eigentümer. Die Organisation wird als ein kompaktes Gebilde verstanden, das durch eine eindeutige Hierarchie charakterisiert ist: Die vom Eigentümer vorgegebene Mission ist den Interessen der Mitarbeiter übergeordnet; das Personal untersteht dem Management und trägt durch seine Arbeitsleistungen das Unternehmen. Ein solches Verständnis vereinfacht die Realität von Unternehmen sehr. Es ist erst recht nicht geeignet, die Situation von Nonprofit-Organisationen zu beschreiben, welche in der Regel durch zahlreiche Personen und Gruppen beeinflusst werden.

Abb. 5/1: Das traditionelle Verständnis des Unternehmens

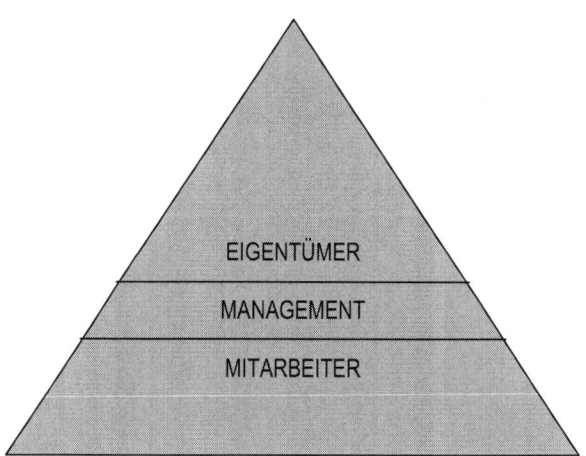

Quelle: Eigene Darstellung.

Im Mittepunkt des Stakeholder-Ansatzes dagegen stehen so genannte Anspruchsgruppen – auch Interessens- oder Bezugsgruppen genannt. Diese agieren im gesellschaftspolitischen und sozialen Umfeld der Organisation und haben Einfluss
auf das Erreichen der Organisationsziele bzw. sind selbst von denselben betroffen
(Freeman 1984, S. 46). Ein solches Verständnis der Unternehmensführung, welches im Vergleich zur eindimensionalen Eigentümer-Management-Mitarbeiter
Perspektive die Anforderungen an das Management wesentlich erweitert, trifft in
besonders hohem Maße auf die Realität von NPOs zu. Noch mehr als Forprofit-
Unternehmen haben nicht auf Gewinn ausgerichtete Organisationen auf eine Reihe
von teils sich widersprechenden Interessen und Erwartungen Rücksicht zu nehmen:

–   Zu den internen Stakeholdern gehören jene Gruppen, welche direkt von der
    NPO betroffen sind bzw. die Entwicklung und den Erfolg der Organisation
    mitbestimmen: Hauptamtliche wie ehrenamtliche Mitarbeiter, der Vorstand,
    allfällige Mitglieder und das Management. Diesem kommt eine besondere
    Stellung zu: Das Management wird oft in seiner Rolle als Vermittler zwischen
    den Stakeholdern gesehen, dem die schwierige Aufgabe obliegt, ein Gleich-
    gewicht zwischen den Interessen der Kernanspruchsgruppen der NPO einer-
    seits und den Erwartungen der übrigen Systempartnern andererseits herzu-
    stellen.
–   Die Bindung der so genannten externen Stakeholder an die Organisation ist
    weniger eng. Zur Kategorie der externen Anspruchsgruppen zählen aufgrund
    ihres Einflusses auf den Dienstleistungsprozess in erster Linie die Leistungs-

empfänger. Weiters wird dem Auftraggeber (meist identisch mit dem Finanzier) in der Festlegung der Leistungsinhalte eine besondere Rolle beigemessen. Zu erwähnen sind daneben der Staat, der durch die Gesetzgebung einen legalen Rahmen für die Aktivitäten der NPO schafft; die Medien, welche durch ihre Berichterstattung die öffentliche Meinung prägen; Geschäftspartner, die ihren Platz am Markt beanspruchen; Vertreter der Leistungsempfänger und andere Interessensvertretungen, die ihre Werte und Vorstellungen mit ins Spiel bringen.

Abb. 5/2: Grundmuster einer Stakeholder-Landkarte

Quelle: Eigene Darstellung.

Die in der Abbildung 5/2 dargestellte Stakeholder-Landkarte liefert ein allgemeines Raster, das organisationsspezifisch anzupassen ist. Welche Gruppen zu den internen und welche zu den externen Stakeholdern zählen, hängt von der konkreten NPO und deren Mission ab. Eine Einrichtung der Altenhilfe etwa wird stärker auf Angehörige als Untergruppe der Leistungsempfänger Rücksicht nehmen als eine Notschlafstelle. Für Organisationen, die sich vornehmlich über Spenden finanzieren, liegt es nahe, die Kategorie Finanzier in die Teilbereiche staatliche Quellen, private Spender und Sponsoren zu gliedern.

5.2 Die Umsetzung in der Praxis

Stakeholder-orientiertes Management baut auf einer mehrstufiger Vorgehensweise auf, welche von der Analyse der Anspruchsgruppen bis zur Entwicklung neuer Interaktionsmodelle reicht; im Mittepunkt steht immer der Gedanke, durch die Qualität der Beziehungen zu den Stakeholdern und durch die Erfüllung ihrer Erwartungen den langfristigen Erfolg der NPO zu sichern. Der Weg zur Entwicklung angemessener Strategien beginnt mit dem Erfassen der Stakeholder und der Analyse deren Verhaltens.

5.2.1 Stakeholder erfassen

Die Frage, welche Anspruchsgruppen für die NPO eine Rolle spielen, prägt sämtliche darauffolgenden Schritte des Stakeholder-Managements. Ausgehend von der bereits besprochenen Stakeholder-Landkarte empfiehlt es sich, eine Übersicht über die Interessen der unterschiedlichen Stakeholder zu gewinnen. Als visuelles Hilfsmittel eignet sich hierfür eine Matrix, welche die Anspruchsgruppen auf der einen Achse und inhaltliche Schwerpunkte auf der anderen zusammenfasst. In den einzelnen Feldern weisen Zahlen oder Punkte auf die Stärke des jeweiligen Interesses hin – siehe Abbildung 5/3.

Die Stakeholder bzw. deren Interessen können in weiterer Folge auf der Basis gemeinsamer Merkmale gruppiert werden. Als Grundstruktur empfiehlt es sich, in Anlehnung an die Balanced Scorecard folgende vier Schwerpunkte zu setzen:

– Die Perspektive der Auftragserfüllung:
   Darunter fallen alle Anspruchsgruppen, die sich mit ihren Vorstellungen über die Sachziele der NPO einbringen, allen voran der Träger bzw. der Auftraggeber. Die Klärung, woraus der Auftrag besteht und wie dessen Erfüllung überprüft wird, gehört zu den größten Herausforderungen des Performance Managements von NPOs.
– Die Perspektive der Wirtschaftlichkeit:
   Sie umfasst jene Stakeholder, die für das finanzielle Fortbestehen der NPO maßgeblich sind, wie die öffentliche Hand, Spender und Sponsoren, wobei die größeren Finanziers meist auch eigene Vorstellungen haben, was die inhaltliche Ausrichtung des Angebots betrifft.
– Die Perspektive der Mitarbeiter:
   Ob hauptamtlich, ehrenamtlich, vorübergehend bzw. geringfügig Beschäftigte, Praktikanten oder Zivildienstleistende – sie alle füllen die NPO mit Leben und bestimmen letztlich deren Entwicklung. Die Kunst besteht darin, organisationale Ziele mit den individuellen Interessen in Einklang zu bringen.

– Die Perspektive der Leistungsempfänger:
Nicht immer freiwillig und meist aus einer Notsituation heraus nehmen Menschen das Angebot sozialer Dienste in Anspruch: Leistungsempfänger bilden jedoch keine homogene Gruppe: die Erwartungen von Kindern und Jugendlichen unterscheiden sich oft von den Vorstellungen der Eltern; die Interessen pflegebedürftiger Personen brauchen nicht mit jenen der Angehörigen übereinzustimmen, um lediglich einige Beispiele zu nennen.

Abb. 5/3: Muster einer Stakeholder Matrix

STAKEHOLDER INTERESSE	Träger	Mitarbeiter	Finanziers	usw.
Effektivität der Leistung	o	oo	oo	
Wirtschaftlichkeit der Leistung	oo	o	ooo	
Angenehmes Arbeitsumfeld	oo	ooo	o	
usw.				

Quelle: Eigene Darstellung.

5.2.2 Verhalten analysieren

Die Analyse des aktuellen und potentiellen Verhaltens der Stakeholder baut auf drei Schritten auf:

1. Im ersten Schritt liegt der Fokus auf der derzeitigen Beziehung zwischen Organisation und Stakeholder. Die Kernfragen sind: Wodurch ist diese Beziehung charakterisiert? Was erleichtert es der Organisation ihre Ziele zu erreichen, was erschwert es ihr?
2. In einer zweiten Phase ist nach möglichen zukünftigen Formen der Kooperation zu suchen. Im Vergleich zum ersten Schritt geht es darum, wünschenswerte Verhaltensänderungen zu identifizieren, wodurch der jeweilige Stakeholder einen Beitrag zur Zielerfüllung der NPO leisten könnte.
3. In einem dritten und letzten Schritt werden potentiell bedrohliche Vorgehensweisen der Stakeholder betrachtet: „Wodurch könnten die Anspruchsgruppen

die Organisation schwächen?" und „Was würde für die NPO eine Bedrohung darstellen?" lauten die grundsätzlichen Fragen.

Die genannten Schritte klingen zunächst selbstverständlich. Selten jedoch werden sie systematisch in Hinblick auf alle relevanten Stakeholder umgesetzt. Für eine vertiefende Analyse empfiehlt es sich, über die Werte und das Verhalten der Stakeholder nachzudenken. Einige zunächst einfache Fragen können dabei behilflich sein (Freeman/Harrison/Wicks 2007, S.112):

- Was sind die wesentlichen Interessen der Anspruchsgruppe? Wie können wir auf diese Interessen einen Einfluss nehmen? Und inwieweit sind wir von diesen Interessen betroffen?
- Welche Personen und Gruppen beeinflussen unsere Anspruchsgruppe? Wer sind die Stakeholder der betrachteten Anspruchsgruppe? Welche Ziele verfolgen sie und welche Erwartungen prägen deren Verhalten?
- Wie sehen uns die anderen? Und welche Annahmen treffen sie über uns? Welche Annahmen treffen wir über sie?
- Welche Koalitionen sind nahe liegend? Wo überschneiden sich unsere Interessen? Was haben wir mit der Anspruchsgruppe gemeinsam? Worin liegen unsere Konflikte?
- Was kann den Stakeholder dazu bewegen, sich kooperativer zu verhalten? Was dagegen verstärkt die Konfrontation?

Sich in die Rolle der Stakeholder zu versetzen, bedeutet keineswegs, fremde Standpunkte zu vertreten. Es erleichtert es aber, deren Sicht der Dinge zu verstehen und fruchtbare Beziehungen aufzubauen.

5.3 Strategien entwickeln

Ist die Perspektive der Stakeholder bekannt, stellt sich die Frage, welche Strategien am besten geeignet sind, die für die Organisation relevanten Personen und Gruppen als Kooperationspartner zu gewinnen bzw. zu erhalten. Auch in diesem Fall kann eine grafische Darstellung behilflich sein, um die komplexe Situation rund um das Entwicklungspotential von Stakeholder-Beziehungen leichter zu erfassen. Freeman/Harrison/Wicks (2007, S. 113 ff.) unterscheiden vier Kategorien von Stakeholdern, welche die Autorin deren Merkmalen entsprechend als „maßgebliche", „kooperative", „kritische" und „indifferente" Stakeholder bezeichnet. Jede Kategorie erfordert von der NPO eine spezifische Vorgehensweise, um kooperatives Verhalten zu fördern und letztlich die eigenen Ziele zu erreichen.

5.3.1 Stakeholder-Kategorien nach Kooperationspotential

Maßgeblich sind jene Anspruchsgruppen, die das Ergebnis der NPO entscheidend beeinflussen können, sich bisher aber eher neutral verhalten haben. Entsprechend wichtig ist es für die Organisation, eine gut überlegte Beziehung aufzubauen, um diese einflussreichen Systempartner für sich zu gewinnen.

Abb. 5/4: Kategorien von Stakeholdern nach ihrem Kooperationspotential

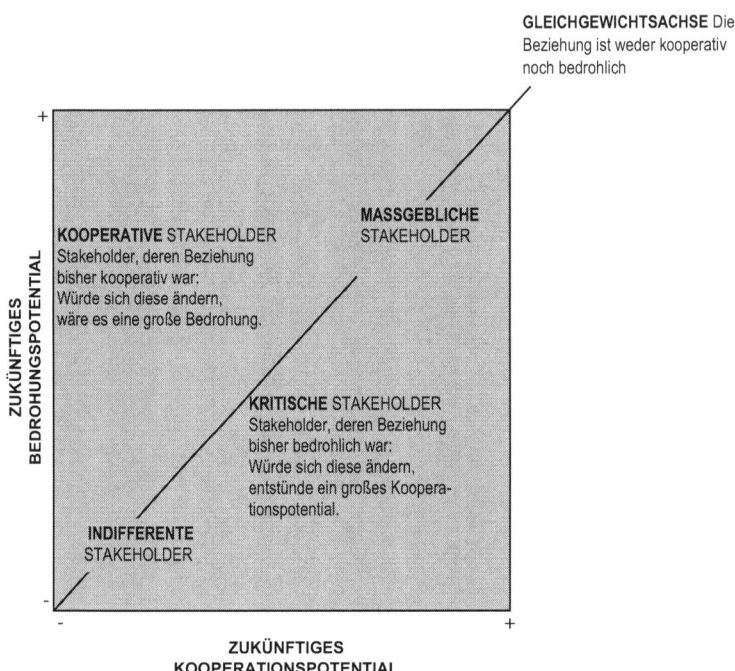

Quelle: Eigene Darstellung.

Wenn bisherige Bemühungen keine Kooperationsbereitschaft wecken konnten, empfiehlt es sich, neue Wege einzuschlagen: die eigenen Grundsätze zu überprüfen, nach neuen Verhandlungspartnern zu suchen und in den Gesprächen andere inhaltliche Akzente zu setzen. Diese Maßnahmen stecken den strategischen Spielraum ab. Stellen wir uns einen mächtigen Systempartner vor, den die NPO seit längerem versucht als Sponsor zu gewinnen. Möglicherweise gelingt dies, durch eine inhaltliche Annäherung, wie zum Beispiel durch einen Rollentausch auf der Ebene der Führungskräfte: NPO und Sponsor ermöglichen es ausgesuchten Mitarbeitern, einen unmittelbaren Einblick in die Organisation des Partners zu gewinnen.

Kooperative Stakeholder dagegen legen ein positives Verhalten an den Tag: Die Beziehung weiter zu verbessern, ist nur beschränkt möglich, während das Risiko, dass sie sich verschlechtert, mit gravierenden Folgen verbunden ist. Die NPO wird alles darauf setzen müssen, die bestehende Kooperationsbereitschaft zu pflegen und auszubauen. Dazu gehört es, bewährte Botschaften regelmäßig zu wiederholen und bestehende Programme fortzuführen. Auch Kontakte zu Personen und Gruppen aufzubauen, die den Stakeholdern selbst wichtig sind, festigt deren Bindung zur NPO. Ein gutes Beispiel dafür sind Mitglieder eines Vereins: Diese Stakeholder sind der Organisation gegenüber grundsätzlich positiv gestimmt. Eine weitere Verbesserung der Beziehung ist zwar denkbar, vor allem aber geht es darum, die Mitglieder nicht zu verlieren. Immer wieder wird es notwendig sein, die Vorteile der Mitgliedschaft zu betonen und Anreize zu schaffen, um in der Organisation zu bleiben.

Kritische Stakeholder weisen das größte Verbesserungspotential auf: Negative Beziehungen zu verändern, würde der NPO große Vorteile bringen. Für die Organisation lohnt es sich, den Kontakt zu Kritikern zu suchen. Zu den strategischen Leitlinien gehören einerseits Maßnahmen, die darauf ausgerichtet sind, sich ein neues Image zu geben bzw. durch neue, unerwartete Aktivitäten zu überzeugen. Andererseits können kritische Stakeholder durch Verständnis ihrer Anliegen bzw. Beeinflussung derselben aus der Reserve gelockt werden. Beziehungen zu Dritten aufzubauen, die ihrerseits für die Stakeholder maßgeblich sind, kann dabei behilflich sein. Man stelle sich eine NPO vor, die sich für faire Arbeitsbedingungen in Niedriglohnländern einsetzt. Die Konfrontation mit multinationalen Modeunternehmen gleicht dem Duell David gegen Goliath und führt nicht unbedingt zu einer Verbesserung der Rahmenbedingungen in den Fabriken. Die Interessen der Arbeiter können oftmals wirksamer vertreten werden, wenn im Modeunternehmen nicht nur ein Feind gesehen wird. Für bessere Arbeitsstandards anstatt für Warenboykott einzutreten, kann zum Beispiel für eine radikale NPO eine Neupositionierung bedeuten, wodurch sie sich den Weg zum Verhandlungstisch ebnet. Auch Allianzen mit Konsumentenverbänden stärken ihre Position: Käufer, die auf faire Produktionsbedingungen achten, sind für das Modeunternehmen zu wichtig, als dass es deren Anliegen ignorieren könnte.

Die Beziehung zu indifferenten Stakeholdern schließlich ist weder positiv noch negativ; offensichtlich wurden noch keine gemeinsamen Interessen entdeckt und Kooperationsmöglichkeiten erschlossen. Wenn auch Anspruchsgruppen dieser Kategorie zurzeit keine nennenswerten Einfluss auf das Ergebnis der NPO ausüben, dürfen sie nicht vernachlässigt werden: Sie stellen potentielle Kooperationspartner dar, die lediglich besser verstanden werden sollten. Für die NPO empfiehlt es sich, in die Evaluation der bestehenden Aktivitäten zu investieren, um die Meinungen und Erwartungen indifferenter Stakeholder zu entdecken und gezielt auf sie eingehen zu können. Dies ist etwa bei einer NPO der Fall, die sich noch nicht mit den Vor- und Nachteilen ehrenamtlicher Mitarbeiter auseinandergesetzt hat. Ehrenamtliche stellen für die Organisation ein Potential dar – eine Ressource, die zunächst richtig eingeschätzt und dann unter Umständen erschlossen werden kann.

5.3.2 Grundsätzliche strategische Leitlinien

Die oben besprochenen strategischen Leitlinien gehen alle von der Grundhaltung aus, sich mit den Stakeholdern aktiv auseinandersetzen zu wollen. Unbequeme Anspruchsgruppen einfach zu ignorieren, führt früher oder später zum Misserfolg. Eine gleichermaßen unzulängliche Vorgangsweise in der Handhabung der Kontakte zu Stakeholdern ist laut Freeman/Harrison/Wicks (2007, S. 125) eine Kommunikation, die sich rein als Public Relation Maßnahme versteht. Es wäre zu oberflächlich, die Beziehung zu den Stakeholdern lediglich durch Werbekampagnen zu pflegen. Öffentlichkeitsarbeit kann ergänzend eingesetzt werden; das Management der Anspruchsgruppen erfordert jedoch eine tiefere Auseinandersetzung mit den Personen und Gruppen, die den Erfolg der Organisation mitbestimmen.

Zu berücksichtigen ist schließlich, dass Stakeholder nicht getrennt voneinander agieren: Eine Maßnahme der NPO betrifft oft mehrere Anspruchsgruppen gleichzeitig. Die Beziehung zu den Leistungsempfängern zum Beispiel hat Auswirkungen auf die Kooperationsbereitschaft der Finanziers, ein guter Draht zu den Medien erleichtert es, Spender für sich zu gewinnen. Der Einfachheit halber kann zu Beginn der Stakeholder-Analyse der Fokus auf die einzelnen Anspruchsgruppen gerichtet werden, um in einem weiteren Schritt die Zusammenhänge zwischen den Gruppen ins Spiel zu bringen. Längerfristig sind Personen und Gruppen übergreifende Strategien gefragt in einem permanenten Bemühen, die Vielfalt der Interessen und Erwartungen auszugleichen.

Abb. 5/5: Stakeholder versus Strategie

STAKEHOLDER-KATEGORIE	STRATEGISCHE LEITLINIEN
Maßgebliche Stakeholder	Prinzipien bzw. Vorgaben ändern
	Gesprächspartner ändern
	Gesprächsinhalte anpassen
Kooperative Stakeholder	Auf bewährte Botschaften setzten
	Bestehende Programme fortführen
	Verknüpfungen zu ausgesuchten Systempartnern der Stakeholder herstellen
Kritische Stakeholder	Sich neu zu positionieren
	Neue bzw. unerwartete Maßnahmen setzen
	Versuchen, die Ziele der Stakeholder zu ändern
	Verständnis zeigen: Den Standpunkt der Kritiker vertreten Beziehungen zu Themen bzw. Systempartnern herstellen, die den Stakeholdern wichtig sind
Indifferente Stakeholder	Aktuelle Strategien überprüfen und Programme evaluieren
	Das bestehende Image ausbauen

Quelle: In Anlehnung an Freeman/Harrison/Wicks 2007, S. 117.

5.4 Stakeholder: Das Wesentliche in Kürze

Stakeholder sind Personen und Gruppen, welche auf das Erreichen der Organisationsziele einen nennenswerten Einfluss ausüben. Ihre Bedeutung für das Management wurde insbesondere von Freeman hervorgehoben, der seine Erfahrungen im Management von Stakeholder in einigen Punkten festhält (Freeman/Harrison/Wicks 2007, S. 60):

– Die Interessen der Stakeholder müssen längerfristig abgestimmt sein.

– Lösungen, welche gleichzeitig die Erwartungen mehrerer Stakeholder erfüllen, sind gefragt.

– Es braucht einen intensiven Austausch mit allen Stakeholdern – nicht nur mit jenen, die uns entsprechen.

– Stakeholder sind reale, komplexe Persönlichkeiten – mit Namen und Gesichtern.

- Auf die regelmäßige Überprüfung und Verbesserung der Prozesse zwischen Organisation und Stakeholdern ist zu achten. Es empfiehlt sich eine dreistufige Vorgehensweise: Erfassung der Stakeholder, Analyse deren Beziehung zur eigenen Organisation, Entwicklung angemessener Strategien.

In Hinblick auf das Kooperationspotential der Stakeholder lassen sich folgende Kategorien bilden: Maßgebliche Stakeholder haben ein großes Potential, die NPO positiv wie negativ zu beeinflussen: entsprechend wichtig ist es für die NPO, diese mächtigen Systempartner für sich zu gewinnen. Kooperative Stakeholder zeigen bereits ein konstruktives Verhalten: Die bestehende freundschaftliche Beziehung muss jedoch gepflegt und gestärkt werden. Kritische Stakeholder sind durch ihre negative Beziehung zur NPO charakterisiert, teils durch die Neupositionierung der NPO, teils durch eine inhaltliche Annäherung ist eine Verbesserung der Beziehungen anzustreben. Indifferente Stakeholder verhalten sich weder kooperativ noch kritisch und üben keinen nennenswerten Einfluss auf die NPO aus: Ihre Interessen sollten besser verstanden werden, um Kooperationsmöglichkeiten zu erkennen und umzusetzen.

6 Wirkungsorientierung im Mittelpunkt

Performance Management erfordert eine grundlegende Neuausrichtung der Organisation: vom Hilfeangebot nach dem Gießkannenprinzip zum systematischen Hinterfragen der Folgen sozialer Dienstleistungen, von der fachlichen Intuition zur wirtschaftlichen Argumentation. Voraussetzung für einen solchen Paradigmenwechsel ist zunächst das Denken in wirkungsorientierten Zielen. Anstatt der lange üblichen Ausrichtung an den Produktionsfaktoren stehen die Ergebnisse sozialer Dienstleistungen im Mittelpunkt der Steuerung. Daran ist anzusetzen, um die Treffsicherheit der NPO zu erhöhen. Der wirkungsorientierten Zielformulierung folgt das Ausarbeiten von so genannten Ursachen-Wirkungsketten. Sie stellen eine Verbindung zwischen den eingesetzten Ressourcen einerseits und den erzielten Wirkungen andererseits her. Ob in der sozialen Arbeit angesichts der vielschichtigen Einflüsse solche Zusammenhänge überhaupt feststellbar sind, ist eine strittige Frage. Ursachen-Wirkungsketten sind zweifelsohne unvollkommene Instrumente. Sie stellen jedoch eine sinnvolle Alternative zu reinen „Black-Box"-Konzepten dar, die darauf verzichten, soziale Interventionen nachvollziehen zu wollen, und Steuerung prinzipiell ablehnen. Trotz aller Einschränkungen, die mit der Erfassung von Wirkungen sozialer Dienstleistungen verbunden sind, können Performance Management Systeme Impulse zur Optimierung des Angebots bzw. zur Weiterentwicklung der NPO liefern.

6.1 Ressourcen- versus wirkungsorientierte Ziele

Das Formulieren präziser Ziele als Voraussetzung für jegliche Steuerung gehört zu den Grundsätzen des Managements. Ziele, wird häufig betont, müssen „smart" sein d.h. folgende Eigenschaften vorweisen:

- Spezifisch: Ziele legen fest, was, wo und wie erreicht werden soll.
- Messbar: Das Erreichen des Zieles ist anhand messbarer Kriterien überprüfbar.
- Akkordiert: Um Ziele zu erreichen, sind Anstrengungen nötig, welche die Akzeptanz der Mitarbeiter voraussetzen. Sie kennen die Ziele und tragen sie mit.
- Realistisch: Die Ziele müssen der Ausgangslage und den vorhandenen Mitteln entsprechen.
- Terminisiert: Jedes Ziel bzw. Teilziel steht in einem Zeitbezug. Es ist klar, wann, was zu erreichen ist.

Aus der Perspektive des Performance Managements kommt eine sechste Vorgabe dazu: die Wirkungsorientierung. Ziele dürfen sich nicht auf die Ebene der eingesetzten Ressourcen beschränken, sondern müssen sich genauso auf die Ergebnisse beziehen. Dies erfordert ein Umdenken, das sich auf die gesamte Ausrichtung des Unternehmens auswirkt: In sämtlichen Phasen der Steuerung, von der Planung bis zur Implementierung, von der Analyse der Abweichungen bis zur Verabschiedung von Verbesserungsmaßnahmen, zählen neben den Inputs insbesondere die erreichten Wirkungen.

Grundsätzlich empfiehlt es sich, in der Formulierung wirkungsorientierter Ziele zwischen der subjektiven bzw. der objektiven Perspektive sowie zwischen individuellen bzw. gesellschaftlichen Ebenen zu differenzieren. An einem Beispiel, der Vermittlung einer Arbeitsstelle etwa, wird deutlich, wie auf individueller Ebene ein und dasselbe Ergebnis je nach Gesichtspunkt sehr unterschiedlich wirken kann. Objektiv gesehen, wie aus der Perspektive des Arbeitsprojektes, ist die erfolgreiche Integration am Arbeitsmarkt eindeutig positiv zu beurteilen; der ehemalige Langzeitarbeitslose jedoch, der plötzlich mit beruflichen Verpflichtungen konfrontiert ist, kann die Veränderung auch negativ erleben. Auf gesellschaftlicher Ebene ist es ähnlich: Jeder Arbeitslose, der in den Arbeitsprozess zurückfindet, trägt zur Senkung der Arbeitslosenquote bei; ob sich jedoch die kollektive Einschätzung der Lage am Arbeitsmarkt entsprechend verbessert, hängt oftmals mehr von der Art der Berichterstattung in den Medien als von harten Fakten ab. Genauso ist es vorstellbar, dass die Wahrnehmung eines Ergebnisses positiver ausfällt, als es objektiv gesehen angemessen wäre.

Die in der Praxis immer wieder feststellbaren Schwierigkeiten im Umgang mit wirkungsorientierten Zielen sind zum einen in einer semantischen Verwirrung begründet, zum anderen – und darin liegt das schwerwiegendere Problem – auf inhaltliche Fragen zurückzuführen.

Was die Terminologie betrifft, werden die eingesetzten Ressourcen einheitlich als Inputs bezeichnet, während sich für die unterschiedlichen Wirkungsebenen je nach wissenschaftlicher Disziplin verschiedene, teils sogar entgegengesetzte Begriffe etabliert haben. Im betriebswirtschaftlichen Diskurs ist es üblich geworden, Auswirkungen auf individueller Ebene objektiven Charakters, d.h. vom Urteil des Leistungsempfängers unabhängig, als „Effect" zu bezeichnen. Das subjektive Pendant dazu wird „Impact" genannt: hier schlägt sich die Einschätzung der von einer Maßnahme Betroffenen nieder. Unter „Outcome" dagegen werden üblicherweise alle Wirkungen zusammengefasst, welche die gesellschaftliche Ebene betreffen, ohne explizit zwischen Fakten einerseits und Einschätzungen andererseits zu differenzieren (vgl. IGC 2008, S. 27). Eine solche Differenzierung wäre jedoch nach Meinung der Autorin durchaus sinnvoll: Die subjektive Komponente ist ein zentraler Bestandteil der Wirkungserfassung, der als solcher ausdrücklich berücksichtigt werden sollte. In diesem Sinne wird hier vorgeschlagen zwischen dem „effektiven Outcome", der eingetretenen gesellschaftlichen Wirkungen also, und dem „empfundenen Outcome", den wahrgenommenen gesellschaftlichen Wirkungen, zu unterscheiden. Abbildung 6/1 fasst die besprochenen Wirkungsdimensionen zusammen.

Zu bemerken ist, dass in pädagogisch-soziologischen Kreisen die Begriffe gerade umgekehrt verwendet werden: „Outcomes" bezeichnen kurzfristige Wirkungen, während langfristige Folgen „Impacts" genannt werden (vgl. Haubrich/Holthusen/Struhkamp 2005, S. 3). Diese Begriffsvielfalt verunsichert zunächst, wenn sich Fachkräfte unterschiedlichen Hintergrunds über Wirkungen austauschen; sie stellt aber kein gravierendes Problem dar, ist man sich des jeweiligen Jargons bewusst.

Abb. 6/1: Die vier grundsätzlichen Wirkungsdimensionen

	INDIVIDUUM	WIRKUNGEBENE	GESELLSCHAFT
OBJEKTIV	Effect		effektives Outcome
SUBJEKTIV	Impact		empfundenes Outcome

Quelle: Eigene Darstellung.

Neben den terminologischen Schwierigkeiten, sich über Wirkungsziele zu verständigen, tauchen bei der Umsetzung von Performance Management-Konzepten vor allem inhaltliche Probleme auf. Man begibt sich nämlich in das extrem vielfältige und methodisch herausfordernde Gebiet der Evaluation. Darunter wird das „systematische und transparente Vorgehen, um einen Gegenstand der sozialen Wirklichkeit auf der Grundlage empirisch gewonnener Informationen zu beschreiben und zu bewerten" verstanden (Haubrich/Holthusen/Struhkamp 2005, S. 1). Im

Vergleich zu sonstigen Formen empirischer Sozialforschung unterscheidet sich Evaluation vor allem durch ihren Bewertungsanspruch. Dadurch kann zum einen die Verbesserung und Weiterentwicklung einer Maßnahme bzw. eines Programms beabsichtigt sein (formative Evaluation) – zum anderen die Entscheidungsgrundlage zur Beendigung bzw. Fortführung einer Intervention erarbeitet werden (summative Evaluation).

Die Evaluation sozialer Angebote ist umso komplexer, je abstrakter die zu erfüllenden Ziele sind. Über die Anzahl der Nächtigungen in einer Notschlafstelle zu urteilen ist einfach. Schwieriger wird es, wenn die Zufriedenheit der Bewohner im Mittelpunkt der Betrachtung steht und eine wahre Herausforderung ist es, sich über den Beitrag der Einrichtung zur Integration Wohnungsloser ein Bild zu machen. An diesem einfachen Beispiel wird deutlich, wie Ziele, deren Abstraktionsgrad niedrig ist (Anzahl der Übernachtungen), im naturwissenschaftlichen Sinne überprüft werden können, andere dagegen (Integration von Wohnungslosen) ein Konstrukt darstellen, für das in der Evaluation zunächst einmal Indikatoren gefunden werden müssen.

Abb. 6/2: Evaluationsebenen

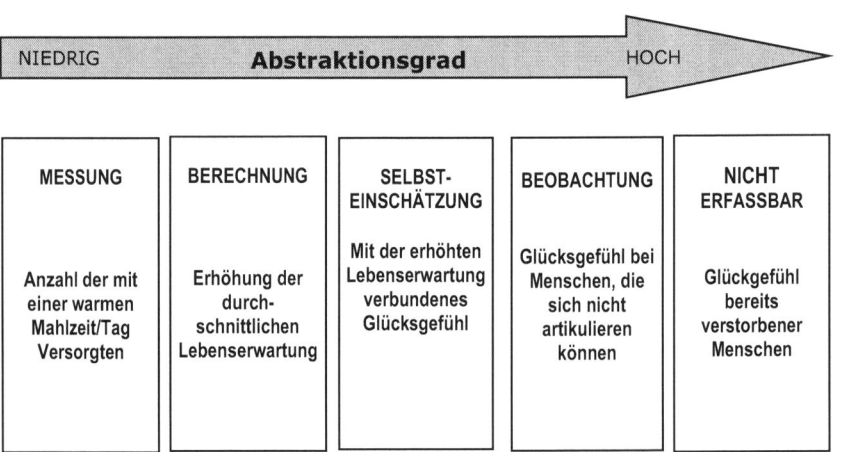

Quelle: Eigene Darstellung.

Die beiden Extremfälle, das Ergebnis einer sozialen Intervention buchstäblich messen zu können auf der einen Seite – oder aber keinerlei Anhaltspunkte für die Beurteilung zu haben auf der anderen –, stecken ein Kontinuum an Möglichkeiten ab, den Erfüllungsgrad von Sachzielen zu beurteilen. Der Erfolg einer Kampagne zur Linderung von Unterernährung bei Schulkindern etwa ist eindeutig an der Anzahl der innerhalb eines gegebenen Zeitraums konsumierten Mahlzeiten abzulesen.

Schwieriger wird es, empirisch exakt festzustellen, inwieweit die Maßnahme die durchschnittliche Lebenserwartung erhöht. Ob diese Entwicklung zu einem größeren Glücksgefühl führt, kann ohne Berücksichtigung der subjektiven Perspektive nicht erfasst werden. Es ist eine Frage der persönlichen Einschätzung – eine Frage, worüber nachgedacht werden kann, sowohl in Kreisen der Adressaten der Maßnahme wie in anderen maßgeblichen Gruppen, um ein Stimmungsbild zu bekommen. Wären die Adressaten nicht in der Lage sich zu artikulieren, etwa aufgrund von körperlichen bzw. geistigen Einschränkungen, müsste auf die Reflexion verzichtet und eine Einschätzung durch Beobachtung versucht werden. Wie in Abbildung 6/2 dargestellt, erhöht sich der Abstraktionsgrad von Mal zu Mal bis hin zur Einsicht, dass Wirkungen fallspezifisch nicht erfasst werden können.

6.2 Ursachen-Wirkungsketten: Auf einen Blick

In den bisherigen Überlegungen zum Übergang von Ressourcen- zu Wirkungszielen haben wir die zeitliche Dimension bewusst außer Acht gelassen, um zunächst Klarheit bezüglich der Begriffe zu schaffen. Für das Performance Management ist jedoch der Ablauf der Zusammenhänge zwischen Inputs, Outputs und Outcomes unter Berücksichtigung eines plausiblen Wirkungspfades von zentraler Bedeutung. Ursachen-Wirkungsketten verbinden durch „Wenn-Dann-Aussagen" die eingesetzten Ressourcen mit den langfristigen gesellschaftlichen Ergebnissen. Im Mittelpunkt steht die Frage, ob und welche Faktoren bzw. Prozesse bei einer bestimmten Zielgruppe unter den bestehenden bzw. anzustrebenden Voraussetzungen zu einem vorgegebenen Zwischenziel führen (Haubrich/Holthusen/Struhkamp 2005, S. 3). Schritt für Schritt wird das Zusammenwirken aller Elemente der sozialen Intervention beschrieben. Wie ein gedankliches Gerüst, so ordnen Ursachen-Wirkungsketten die einzelnen Bausteine einer sozialen Intervention und heben deren Verbindungen hervor.

Das Grundgerüst von Ursachen-Wirkungsketten, wie in Abbildung 6/3 dargestellt, ist einfach: Ausgehend von den „Inputs", welche innerhalb bestimmter Strukturen und Prozesse von der NPO zur Verfügung gestellt werden, entsteht ein mengenmäßiges Ergebnis, das so genannte „Output". Letzteres führt in Wechselwirkung mit den persönlichen Ressourcen des Leistungsempfängers – in Fachkreisen auch als „Income" bezeichnet (vgl. Kap. 11.1.1) – zu einer Reihe von Veränderungen. Die Wirkungen aus der Interaktion zwischen der NPO und dem Leistungsempfänger können sowohl aus einem objektiven wie auch aus einem subjektiven Blickwinkel festgehalten werden und erweitern sich im Zeitverlauf in der Regel von einer individuellen auf eine gesellschaftliche Ebene. Neben den intendierten Wirkungen ist meist auch mit unbeabsichtigten Effekten zu rechnen, deren Intensität und Richtung zunächst nicht bekannt sind.

Abb. 6/3: Das Grundgerüst von Ursachen-Wirkungsketten

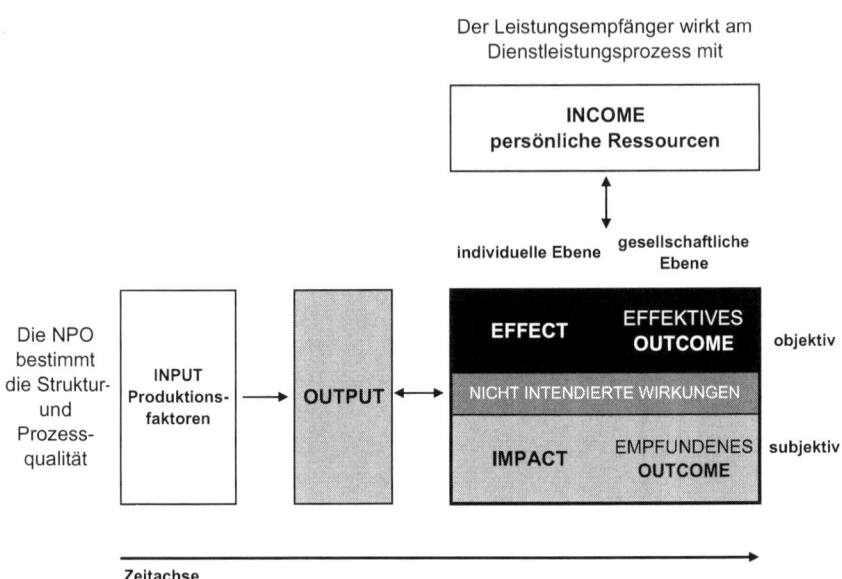

Quelle: Eigene Darstellung.

Je nach Entwicklungsstadium eines sozialen Angebots, ob es sich noch in der Konzeptphase befindet oder aber über Jahre erprobt worden ist, erfüllen Ursachen-Wirkungsketten, auch „Logische Modelle" genannt, unterschiedliche Aufgaben (Owen/Roger 1999, S. 55): In der Konzeption eines sozialen Angebots ermöglichen sie es, die interne Logik des Programms zu verstehen und zu dokumentieren. In einer späteren Phase dienen Ursachen-Wirkungsketten dazu, die Erfüllung kurzfristiger Ziele zu überprüfen. Bei etablierten Programmen schließlich können sie herangezogen werden, um Wirkungen zu evaluieren und Maßnahmen zur Weiterentwicklung des Angebots zu erkennen. Im Detail braucht es viel Hintergrundwissen und Erfahrung, um plausible Ursachen-Wirkungsketten zu erstellen, gepaart mit methodischem Know-how, um die Annahmen allenfalls empirisch zu überprüfen.

80

6.3 Grenzen und Chancen von Ursachen-Wirkungsketten

So sehr Ursachen-Wirkungsketten für das Performance Management eine zentrale Rolle spielen, so stark gehen in Fachkreisen die Meinungen auseinander, inwiefern es in der Praxis überhaupt möglich ist, valide Verknüpfungen abzuleiten. Grundsätzlich können diese Verknüpfungen über drei Vorgehensweisen herbeigeführt werden:

1. Rechentechnische Verknüpfungen bauen auf mathematischen Überlegungen auf, sodass sich nachgelagerte Kennzahlen aus den vorgelagerten Steuerungsgrößen berechnen lassen. Solche Verknüpfungen kommen häufig bei der Bestimmung der Produktivität einer Organisation zur Anwendung, definiert als Verhältnis von Input zu Output. Zwischen Output und Outcome dagegen kann nur sehr selten ein mathematischer Zusammenhang definiert werden, viel öfters sind es sachlogisch-deduktive bzw. empirisch induktive Verknüpfungen, welche den Übergang vom mengenmäßigen Ergebnis der sozialen Arbeit zu einer bestimmten Wirkung beschreiben.

2. Sachlogisch-deduktive Wirkungsketten gehen von der Mission bzw. den strategischen Schwerpunkten der NPO aus und leiten davon auf Grund von unterstellten oder beobachteten Beziehungen den Wirkungspfad ab. Die daraus entstandenen Verknüpfungen stehen jedoch in keinem quantifizierbaren Verhältnis zueinander. Deren Reihenfolge entspringt einer ex-ante sachlich begründeten Rangordnung, die jenseits empirischer Grundlagen festgelegt ist.

3. Eine ex-post Perspektive nehmen dagegen empirisch-induktive Wirkungsketten ein, in dem sie die statistische Auswertung empirisch gewonnener Daten in den Mittelpunkt der Überlegungen stellen. Unter Umständen lassen sich Gesetzmäßigkeiten erkennen, wodurch sich so genannte deterministische Beziehungen (im Unterschied zu „stochastischen", also „zufälligen" Beziehungen) zwischen den Output und Outcome bzw. zwischen den unterschiedlichen Wirkungsdimensionen definieren lassen.

Die Diskussion zwischen Optimisten, die wenn schon keine mathematischen Ableitungen zumindest sachlogische Zusammenhänge für möglich und deren Analyse für sinnvoll erachten, und Skeptikern, die grundsätzlich an Ursachen-Wirkungsketten aufgrund der in der Realität nicht zu behebenden Informationsdefizite zweifeln, gewann in den letzten Jahrzehnten an besonderer Relevanz. Schon Porter (1996) führte durch sein Strategieverständnis in den fachlichen Diskurs den Gedanken ein, dass das Zusammenwirken einzelner Aktivitäten zum Erreichen eines übergeordneten Zieles führen kann. Kaplan und Norton (1997) griffen diesen Gedanken auf und entwickelten ihn in der bekannten Balanced Scorecard weiter. Auf die Herausforderung, konkrete Ursachen-Wirkungsketten abzuleiten, gingen sie jedoch nicht ein und begnügten sich mit der Möglichkeit, Zusammenhänge nachträglich anhand statistischer Analysen zu überprüfen. Diese Vorgehensweise vermeidet vorab das Problem, theoriegeleitete Wirkungsketten bestimmen zu müssen, und verlässt sich auf ein heuristisches Entdeckungsverfahren, bei dem jedoch Fehlschlüsse nicht ausgeschlossen werden können: Dass zwei Variablen statistisch gesehen in einem Zusammenhang zueinander stehen, sichert noch nicht deren Kausalität.

Kritiker der heuristischen Ableitung von Erfolgsfaktoren sprechen sich für eine logisch-deduktive Vorgehensweise aus (vgl. Wurl/Mayer 2000). Dieser liegt der Gedanke zugrunde, Erfahrungswissen von Fachkräften und Entscheidungsträgern anzuzapfen und daraus Erfolgsfaktoren abzuleiten. Die Meinungen der Entscheidungsträger werden meist durch individuelle Befragungen und Fokusgruppen anhand von Rastertechniken zusammengetragen. Subjektive Einschätzungen, entsprechend gewichtet, münden in ein Gesamtergebnis, wobei ein Wirkungsmodell entsteht, das auf das gemeinsame Verständnis aller beteiligten Führungskräfte aufbaut. Bei einem solchen Ansatz ist der Nutzen aus der Analyse von Wirkungszusammenhängen und Erfolgsfaktoren nicht nur im Ergebnis sondern auch im Prozess selbst zu sehen. Die Einbeziehung von Führungskräften in die Entwicklung des Wirkungsmodells bringt implizites Wissen an die Oberfläche, setzt einen Dialog aller Beteiligten über Werte und Prioritäten in Gange und fordert sie auf, einen Konsens zu suchen. Die einzelnen Persönlichkeiten wie die Organisation als Ganzes lernen aus der Vergangenheit und entwickeln ein gemeinsames Verständnis für die zukünftigen Herausforderungen. So gesehen verliert die Forderung nach wissenschaftlich haltbaren Wirkungsketten ihre Bedeutung, ohne jedoch das gesamte Performance Management in Frage zu stellen. Auf den Punkt gebracht: Für die praktische Steuerung von Organisationen sind Ursachen-Wirkungsketten sehr wohl sinnvoll, ungeachtet aller Schwierigkeiten, in der Evaluation von NPOs sämtliche wissenschaftliche Anforderungen erfüllen zu können.

6.4 Praktische Anwendungsformen

Die Verbindung von Wirkungsdimensionen und Stakeholdern wird in der Praxis durch verschiedene Darstellungsformen umgesetzt, die teils stärker auf Übersichtlichkeit mittels Wirkungspfad, teils stärker auf Vollständigkeit mittels Wirkungsmatrix fokussieren.

6.4.1 Der Wirkungspfad

Wirkungspfade bauen auf ein prozessorientiertes Verständnis von Wirkungsdimensionen auf und entwickeln sich entlang einer horizontalen Zeitachse. Der Übergang von Inputs zu Outputs und Outcomes wird anhand einer Wirkungskette dargestellt, die sich von links nach rechts erweitert. Wird zum Beispiel ein Arbeitsprojekt analysiert, steht zu Beginn des Wirkungspfades der Input des Personals, zum Beispiel der Sozialarbeiter, Psychologen, Pädagogen und der anderen Fachkräfte, welche auf die Leistungsempfänger einwirken. Das mengenmäßige Ergebnis ist durch die Beratungs-, Qualifizierungs- und Arbeitsanleitungsstunden dokumentiert, während die vielfältigen Auswirkungen zu unterschiedlichen Zeitpunkten eintreten und sich auf objektiver wie auch subjektiver Ebene niederschlagen.

In Abbildung 6/4 wird zwischen kurz- und mittelfristigem Effect unterschieden, um diesen den meist langfristigen Outcome gegenüberzustellen. Dies geschieht in Anlehnung an die Erfahrungen im anglo-amerikanischen Raum (The Urban Institute 2010), wo die zeitliche Komponente meist explizit hervorgehoben wird. Im Arbeitsprojekt ist kurzfristig zu erwarten, dass finanzielle wie familiäre Fragen geregelt werden, die soziale Kompetenzen der Projektteilnehmer zunehmen und deren Qualifikation erhöht werden kann, was sich möglicherweise auch durch den Abschluss einer Fachausbildung konkretisiert. In weiterer Folge sollte mittelfristig die Integration am Wohnungs- und am Arbeitsmarkt gelingen. Langfristig gesehen kann das Arbeitsprojekt zu einem Rückgang der Arbeitslosigkeit in der Region beitragen. Gleichzeitig wird in besagter Abbildung die Wahrnehmung des Leistungsempfängers bzw. der Gesellschaft berücksichtigt, wie durch die Felder Impact und empfundenes Outcome dargestellt.

Abb. 6/4: Der Wirkungspfad eines Arbeitsprojektes

INPUT AKTIVITÄTEN	OUTPUT	KURZFRISTIGER EFFECT	MITTELFRISTIGER EFFECT	EFFEKTIVES OUTCOME
Sozialarbeiter Beratung	geleistete Beratungsstunden	erfolgreich abgeschlossene Schuldnerberatung; geregelte familäre Verhältnisse	stabile Wohnform	
Psychologen Beratung	geleistete Beratungsstunden	Verbesserte Selbstsicherheit		Rückgang der Arbeitslosigkeit in der Gemeinde
Pädagogen Qualifizierung	geleistete Qualifizierungsstunden; angebotene Qualifizierungskurse	Abschluss eines Trainingsprogramms in Deutsch, Mathematik, PC-Skills und sozialen Kompetenzen	adäquater Arbeitsplatz	
Fachkräfte Anleitung	geleistete Stunden an fachlicher Anleitung	Abschluss einer Fachausbildung		
		Zufriedenheit der Teilnehmer		Vertrauen in wirtschaftl. Stabilität
		IMPACT		EMPFUNDENES OUTCOME

Quelle: Eigene Darstellung.

Der Einfachheit halber werden in der oben genannten Abbildung etwaige unbeabsichtigte Effekte nicht dargestellt; auch die persönlichen Ressourcen seitens der Leistungsempfänger bleiben außer Acht. Selbstverständlich könnten bzw. sollten beide Aspekte in der Ausarbeitung der Ursachen-Wirkungsketten eines konkreten sozialen Programms berücksichtigt werden.

Prozessorientierte Darstellungen wie Wirkungspfade stellen in der Regel den Leistungsempfänger und die ihn betreffenden Wirkungen in den Mittelpunkt des Interesses, während die Perspektiven der übrigen Stakeholder nur marginal thematisiert werden. Der Vorteil liegt in der Übersichtlichkeit der Abläufe, in der Konzentration auf einige wesentliche Wirkungen. Der Weg von Inputs zu Outputs bzw. Outcomes ist klar erkennbar und die entscheidenden Schritte in der Entfaltung der Wirkung unübersehbar, was für die Anwendungsmöglichkeit des Steuerungs- instruments in der Praxis oft entscheidend ist. In diesem Sinne enthält der dritte Teil des Buches (vgl. Kapitel 9) eine Reihe von Wirkungspfaden, welche die Ent- wicklung eigener Modelle erleichtern soll.

Wirkungspfade haben jedoch den Nachteil, sich vor allem auf den Adressaten des sozialen Angebots zu konzentrieren, wodurch der im Performance Manage- ment zentrale Gedanke, mit mehreren Stakeholdern konfrontiert zu sein, verloren geht. Neben den Leistungsempfängern und der Auftragserfüllung wäre insbeson- dere die Perspektive des Personals und der Wirtschaftlichkeit zu berücksichtigen.

6.4.2 Die Wirkungsmatrix

Die Zusammenführung von Wirkungen und Anspruchsgruppen in einer Matrix eignet sich sehr gut, um auf alle möglichen Wirkungsdimensionen bei sämtlichen relevanten Stakeholdern zu achten, wobei „ nicht alle NPOs werden in ihrem Ziel- system alle Zielfelder ausfüllen (müssen), nicht alle Zielfelder werden mit einem identischen Operationalisierungsgrad präzisiert werden (können)" (IGC 2008, S. 35).

In der Praxis birgt die Matrix-orientierte Darstellung allerdings die Gefahr, mit einer Fülle an Informationen konfrontiert zu werden und den Blick für das Ent- scheidende zu verlieren. Es ist aufs Erste nicht ersichtlich, welcher Baustein zu Beginn der Ursachen-Wirkungskette liegt und welcher deren Ende kennzeichnet. Darüber hinaus kommt in dieser Darstellungsform der prozessartige Charakter des Performance Managements, vom Einsatz der Ressourcen bis zum Herbeiführen der Wirkungen, zu kurz. Den Schwächen der Matrixdarstellung, die in ihrer statischen Darstellung bzw. in einer potentiellen Informationsüberflutung liegen, sind jedoch die Stärken der Vollständigkeit gegenüber zu stellen.

Die Wirkungsmatrix eignet sich sehr dazu, einen Wirkungspfad zu ergänzen, indem sie den Horizont über die unmittelbaren Wirkungen, die den Leistungsemp- fänger betreffen, erweitert. Obiges Beispiel des Arbeitsprojektes würde dann wie in Abbildung 6/5 ausgelegt werden. Auf der horizontalen Achse sind die Stake- holder entsprechend ihrer Nähe zur Organisation platziert: Von den primären Sta- keholdern – insbesondere den Mitarbeitern zu den sekundären Anspruchsgruppen – vor allem den Leistungsempfängern und den Käufern der Produkte des Arbeits- projektes – bis zu dem Finanzier, beispielsweise der öffentlichen Hand. Auf der horizontalen Achse dagegen finden sich die bekannten Wirkungsdimensionen wieder, nämlich Output, Effect (kurz- und mittelfristig), Impact sowie das effektive bzw. empfundene Outcome. Diese relativ komplexe Darstellung erleichtert es, Pro und Contra einer Maßnahme im Wissen um die Perspektiven sämtlicher bedeutsamer Stakeholder ausgewogen zu diskutieren.

Abb. 6/5: Die Wirkungsmatrix eines Arbeitsprojektes

	Mitarbeiter	Teilnehmer am Arbeitsprojekt	Abnehmer der Produkte des Arbeitsprojektes	Finanzier
OUTPUT	Gehalt	Beratungs, Qualifizierungs- und Anleitungsstunden	Menge der gekauften Produkte	Anzahl der im Arbeitsprojekt betreuten bzw. beschäftigten Langzeitarbeitslosen
KURZFRISTIGER EFFECT	regelmäßiges Einkommen	Stabilisierung finanzieller und familiärer Aspekte; Stärkung persönlicher und beruflicher Kompetenzen	Nutzen aus dem Produkt	Anzahl der in privater wie in beruflicher Hinsicht gestärkten Personen
MITTELFRISTIGER EFFECT	sicherer Arbeitsplatz, berufliche Erfahrung	Integration am Wohnungs- und Arbeitsmarkt		Anzahl der erfolgreich vermittelten Langzeitarbeitslosen
IMPACT	Zufriedenheit, Motivation	Zufriedenheit, Selbstsicherheit, Lebensfreude	Zufriedenheit, Bindung an das Projekt bzw. an den Träger	Zufriedenheit, Finanzierungsbereitschaft, Identifikation
EFFEKTIVES OUTCOME	Lebensstandard	Senkung der Arbeitslosigkeit in der Region	produktspezifisch	Senkung der Kosten der Arbeitsmarktpolitik
EMPFUNDENES OUTCOME	Attraktivität des Berufsbilds	Vertrauen in die wirtschaftlichen Stabilität	Verständnis für Arbeitsprojekte	Zustimmung der Wähler

Quelle: Eigene Darstellung.

Welche Stakeholder im konkreten Fall in einer Wirkungsmatrix berücksichtigt werden, ist situationsspezifisch und hängt im Wesentlichen von den Ergebnissen der Stakeholderanalyse ab. Im Allgemeinen sollte sich der Schwerpunkt auf einige wenige Anspruchsgruppen beschränken, um die Übersichtlichkeit der Tabelle nicht zu gefährden.

6.5 Die Grundstruktur eines multidimensionalen Steuerungssystems

Während im For-Profit Sektor die Interessen der Eigentümer und Finanziers im Vordergrund stehen, gilt die Aufmerksamkeit im Nonprofit-Bereich auch anderen, wirtschaftlich weniger machtvollen Anspruchsgruppen. Wie bei der Strategie-Entwicklung (vgl. Kapitel 5) so ist auch bei der Wirkungserfassung auf die spezifische Realität sozialer Dienste Rücksicht zu nehmen. Neben der wirtschaftlichen Dimension und dem Grad der Auftragserfüllung sind die Perspektiven der Leistungsempfänger und des Personals ins Kalkül einzubeziehen. Alle vier Dimensionen ergänzen sich gegenseitig und tragen zur einer ausgewogenen Einschätzung des Erfolgs einer sozialen Maßnahme bei.

Punktuell kann es durchaus angebracht sein, einzelne Dimensionen differenzierter zu betrachten. Leistungsempfänger einer Einrichtung für Kinder sind zum Beispiel sowohl die Minderjährigen wie auch deren Erziehungsberechtigten: Die Notwendigkeit zwischen genannten Zielgruppen zu unterscheiden ist offensichtlich. Ähnlich wichtig ist es für NPOs, die intensiv mit Ehrenamtlichen zusammenarbeiten, darauf in der Mitarbeiterdimension explizit einzugehen. Allein auf die Perspektive der Hauptamtlichen zu achten würde bedeuten, einen wesentlichen Bestandteil des Personals zu übersehen. Was die Auftragserfüllung betrifft, ist es sinnvoll, ergänzend zu den offiziellen Vorgaben auch den zwischen den Zeilen formulierten Erwartungen zu berücksichtigen. Wofür ein Entscheidungsträger offiziell eintritt, braucht ihn persönlich nicht sonderlich zu interessieren: Multikulturelle Integration zum Beispiel klingt als Absichtserklärung ganz gut, was jedoch gefragt ist, sind Vorzeigeprojekte, die der eigenen Öffentlichkeitsarbeit dienen. In Hinblick auf die Finanziers ist stark von Sponsoren und Spendern abhängigen NPOs angeraten, diese in der Wirkungsanalyse neben der Öffentlichen Hand ausdrücklich zu berücksichtigen. Private Finanziers haben oft ganz andere Vorstellungen darüber, wie ihre Ressourcen eingesetzt werden sollen, als Politiker bzw. Beamte.

Ein soziales Angebot, das sich zwar wirtschaftlich lohnt, bei den Mitarbeitern jedoch auf Skepsis stößt, ist ebenso kritisch zu hinterfragen, wie eines, welches das Fachziel zwar erfüllt, von den Leistungsempfängern jedoch wenig geschätzt wird. Solche Widersprüche sind typisch für soziale Dienste. Ihnen liegt das Dilemma zugrunde, so unterschiedliche Anforderungen erfüllen zu müssen wie Formalziele einzuhalten, Leistungsempfänger und Mitarbeiter zufriedenzustellen und die eigenen bzw. übertragenen Sachziele zu erfüllen. Die gleichzeitige Betrachtung der für eine NPO wichtigsten Dimensionen ermöglicht es, auf einer sachlichen und fundierten Ebene, Konflikte wie auch Synergien zwischen Teilzielen anzusprechen. Die Analyse der Wirkungen ersetzt bzw. ergänzt die reine Intuition. Darin liegt das große Potential der multidimensionalen Steuerung im sozialen Bereich.

Abb. 6/6: Die Grundstruktur eines multidimensionalen Steuerungssystems

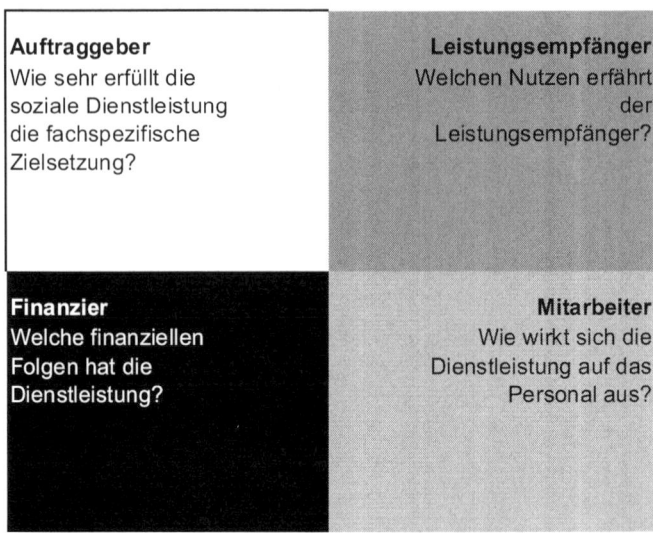

Auftraggeber	Leistungsempfänger
Wie sehr erfüllt die soziale Dienstleistung die fachspezifische Zielsetzung?	Welchen Nutzen erfährt der Leistungsempfänger?
Finanzier Welche finanziellen Folgen hat die Dienstleistung?	**Mitarbeiter** Wie wirkt sich die Dienstleistung auf das Personal aus?

Quelle: Bono 2006, S. 161.

6.6 Wirkungsorientierung: Das Wesentliche in Kürze

Performance Management erfordert ein neues Verständnis darüber, was maßgeblich ist: In jeder Phase des Steuerungskreislaufes zählen neben den eingesetzten Ressourcen vor allem die erreichten Wirkungen, wobei im Detail mehrere Begriffe zur Anwendung kommen. Auf individueller Ebene bezeichnen „Effect" objektiv einschätzbare Auswirkungen, während „Impact" das Urteil der von einer Maßnahme Betroffenen abbildet. Auf ähnliche Weise lässt sich auf gesellschaftlicher Ebene zwischen „effektivem Outcome" und „empfundenem Outcome" unterscheiden, je nachdem ob, Fakten oder Meinungen den Ausschlag geben. Mehr noch als terminologische Schwierigkeiten, rufen Wirkungsziele jedoch inhaltliche Fragen hervor, die mit dem extrem vielfältigen und methodisch herausfordernden Gebiet der Evaluation im Zusammenhang stehen. Die Evaluation sozialer Interventionen ist umso komplexer, je abstrakter die angestrebten Ziele sind – bis hin zur Einsicht, dass Wirkungen punktuell nicht erfasst werden können.

Der Übergang von Ressourcen zu Wirkungen wird durch „Ursachen-Wirkungsketten", auch „Logische Modelle" genannt, beschrieben. Inwieweit es unter realen Rahmenbedingungen überhaupt möglich ist, valide Verknüpfungen abzuleiten, ist ein sehr kontroverses Thema. In Fachkreisen gehen die Meinungen stark auseinander. In der Praxis zeigt sich, dass der Nutzen von Wirkungsanalysen nicht nur im Ergebnis zu suchen ist. Der Prozess selbst ist ebenso wertvoll, indem er den Dialog unter den Fachkräften und einen Lernprozess in Gang setzt.

Die Darstellung von Wirkungszusammenhängen kann grundsätzlich durch Wirkungspfade bzw. durch Wirkungsmatrixen erfolgen. Pfade heben stärker die Dynamik des Wirkungsprozesses hervor, während Matrixen die Vielfältigkeit der Stakeholderperspektiven betonen. Im Einzelfall liefert die Stakeholderanalyse Anhaltspunkte darüber, welche Stakeholder zu berücksichtigen sind und welche Darstellungsform sich besser dazu eignet, Ursachen-Wirkungszusammenhänge zu verdeutlichen. Grundsätzlich empfiehlt es sich, sich an den vier Wirkungsperspektiven „Auftragserfüllung", „Leistungsempfänger", „Mitarbeiter" und „Wirtschaftlichkeit" zu orientieren.

7 Die Rolle der Mitarbeiter

Die Identifikation jedes Mitarbeiters mit dem Performance Gedanken und seine erfolgreiche Integration in den Prozess der Steuerung sind wesentliche Aspekte für die nachhaltige Umsetzung des Performance Managements in einer Organisation. „Effizienz und Effektivität sind zwar Schlüssel für ein erfolgreiches Unternehmen. Sie müssen aber von Menschen realisiert werden, die von Haus aus keine Roboter sind. Menschen haben das Bedürfnis, als Person anerkannt zu werden, nicht nur als Leistungsträger", bringt der deutsche Theologe und Unternehmensberater Ulrich Hemel die Perspektive der Mitarbeiter auf den Punkt (Hemel 2005, S. 128). Doch in der Entwicklung und Implementierung von Performance Management-Kreisläufen kommt oft technischen Aspekten die größte Aufmerksamkeit zu, während das Personal, der für den Erfolg maßgebliche Faktor, gerne übersehen wird. Es darf somit nicht verwundern, dass in der Umsetzung von Steuerungssystemen Reibungsverluste entstehen und theoretisch gut durchdachte Ansätze in der Praxis an der Motivation der Mitarbeiter scheitern. Performance Management auf organisationaler Ebene und individuelle Leistungssteuerung sind eben zwei voneinander untrennbare Seiten einer Medaille: In der Schnittstelle von System und Mensch liegt der Schlüssel zum Erfolg.

7.1 Personalmanagement in Nonprofit-Organisationen

Grundsätzlich steht das Personalmanagement im Nonprofit-Sektor schon allein wegen der vielfältigen Gruppen, die in Nonprofit-Organisationen miteinander und teils nebeneinander arbeiten, vor besonderen Herausforderungen. Hinzu kommt der Einfluss der strategischen Ausrichtung der Organisation auf das Personal: Um ihre Mission zu erreichen, wirkt die NPO aus dem Hintergrund sehr unterschiedlicher Strategien auf ihr Umfeld ein. Fährt sie einen konfrontativen Kurs, sind die Rahmenbedingungen für die Mitarbeiter ganz andere als etwa in einem Nonprofit-Unternehmen, das Kooperationen sucht und seine Erfolgsstrategie darauf aufbaut.

7.1.1 Die Besonderheiten des Personalmanagements in NPOs

Das Personal einer NPO ist in der Regel durch seine sehr heterogene Zusammensetzung charakterisiert. Während der Vorstand meist durch ehrenamtliche, auf bestimmte Jahre gewählte Personen besetzt ist, wird die Geschäftsführung einem hauptamtlichen, in der Regel betriebswirtschaftlich qualifizierten Mitarbeiter anvertraut. Schon auf dieser Ebene prallen oft unterschiedliche Kulturen und Erwartungen aufeinander: Auf der einen Seite werden Visionen verfolgt und die positive Entwicklung der Organisation in den Mittelpunkt gestellt; persönliche Einsatzbereitschaft gilt für Ehrenamtliche als Selbstverständlichkeit. Auf der anderen Seite stehen das Alltagsgeschäft und persönliche Kalküle im Vordergrund: Geschäftsführer wie Hauptamtliche sehen neben der emotionalen Bindung zur NPO insbesondere ihren Arbeitsplatz. Zivildienstleistende stellen eine weitere Personalgruppe dar, deren Position sich gewissermaßen zwischen angestellten Mitarbeitern einerseits und Freiwilligen andererseits befindet. Weder so gewissenhaft für die Stelle ausgesucht und hinsichtlich der persönlichen Qualifikationen dafür geeignet wie die hauptamtlichen Kollegen noch von so hoher intrinsischer Motivation getragen wie freiwillige Mitarbeiter, kommt Zivildienstleistenden eine Zwitterstellung zu.

Neben der vielseitigen Motivation der Mitarbeiter unterscheiden sich NPOs von erwerbswirtschaftlichen Unternehmen durch ihre besondere Mentalität (Drost 2007, S. 4): NPOs sind vom Beamtentum stark geprägt; in deren Werthierarchie gehen Beständigkeit vor Innovation und Arbeitsplatzsicherheit vor Mitarbeiterförderung . Diese Haltung schlägt sich in Tarifsystemen nieder, die der Leistungsmessung und -förderung wenig Spielraum lassen. Die Aufstiegsmöglichkeiten in NPOs sind primär von Alters- bzw. Personalkategorien bestimmt, während leistungsbezogene Vergütungen die Ausnahme darstellen. So genannte „Career-based" Modelle (OECD 2005, S. 164 ff.) sind von spezifischen Eingangsvoraussetzungen und dem Senioritätsprinzip gekennzeichnet; individuelle Faktoren wie Leistung bleiben meist unberücksichtigt. Im Gegensatz dazu überwiegen in Forprofit-Unternehmen „Position-based" Vergütungssysteme, in denen Mitarbeiter gezielt für eine bestimmte Funktion ausgewählt und ihrer Leistung entsprechend entlohnt werden. Dienstjahre und Alter spielen in der Vergütung eine untergeordnete Rolle, im Vordergrund steht die Persönlichkeit jedes einzelnen Mitarbeiters.

7.1.2 Strategische Ausrichtung versus Personalmanagement

Die strategische Ausrichtung der NPO prägt das Personalmanagement nicht unerheblich und setzt Rahmenbedingungen, welche die Entwicklung von Performance Management-Prozessen fördern bzw. hindern. Grundsätzlich sind neben der Konfrontation und der Kooperation die Strategie der Schadensbegrenzung und jene der konkurrierenden Ergänzung als typische Handlungsmuster einer NPO zu erkennen (Simsa 2001, S. 288 f.).

Konfrontative NPOs erreichen Einflussnahme mittels Protest und Kritik, die sehr häufig über die Mobilisierung der Öffentlichkeit artikuliert werden. Um die Kosten der Auseinandersetzung zu vermeiden, werden ihre Forderungen unter Umständen erfüllt. Organisationen, die sich für die Menschrechte einsetzen, handeln oft nach diesem Schema. Sie suchen die Konfrontation und üben Druck aus, um ihre Anliegen durchzusetzen. Auf der Ebene der Personalpolitik sehen sich NPOs vor allem mit drei Herausforderungen konfrontiert (ebenda, S. 30): Erstens müssen berufliche Entwicklungsmöglichkeiten, die über den Aktionismus hinaus gehen, sichergestellt werden. Mitarbeiter beginnen meist relativ jung sich in der NPO zu engagieren, angesprochen von der Protestlinie der Organisation. Die Gefahr einer hohen Fluktuation und entsprechender Reibungsverluste ist jedoch hoch, wenn nicht rechtzeitig an Tätigkeitsfelder für ältere Mitarbeiter gedacht wird. Zweitens ist bei der Personalauswahl, -beurteilung und -entwicklung darauf zu achten, dass neben konfrontativen Charakteren auch kompromissfähige Persönlichkeiten geschätzt und gefördert werden. Die Anschlussfähigkeit an das Umfeld sichert das längerfristige Überleben der Organisation. Sie setzt einen weniger ideologisch geprägten Ansatz, als von vielen Aktivisten vertreten, und eine gerade für die Gegner der Organisationen verständliche Sprache voraus.

Drittens, darf die Bedeutung von weniger spektakulären Aufgabenbereichen, als in der Öffentlichkeit hoch wirksame Aktionen zu setzen, nicht unterschätzt werden. Führung, Verwaltung oder die Pflege der Kontakte zu Mitgliedern, Spendern und Ehrenamtlichen tragen ebenfalls zur Wirksamkeit der Organisation bei. Um diese Tätigkeiten im Rahmen eines Steuerungskreislaufes adäquat zu berücksichtigen, ist es unumgänglich, sich der meist tabuisierten Frage, was alles als Leistung zählt, zu stellen.

Im Gegensatz dazu streben es kooperative NPOs an, ihre Mission durch Interessensabstimmung mit den Systempartnern zu erreichen. Gerade im sozialen Bereich ist das Zusammenwirken von Staat und NPOs eine sehr verbreitete Strategie, um soziale Ziele zu erfüllen. Am Beispiel von Altenheimen, die häufig durch Private in Strukturen der Gemeinde geführt werden, lässt sich die „Win-win"-Situation klar erkennen: Die öffentliche Hand sichert notwendige soziale Angebote, während die NPO ihre Ziele über die konkrete Erbringung der Leistung erreicht. Für das Personalmanagement bedeutet die inhaltliche Nähe der NPO zu anderen Organisationen, sich der Frage der eigenen Identität stellen zu müssen. Der interne Zusammenhalt kann durch Leitbildprozesse und andere Maßnahmen der Organisationsentwicklung gefördert werden, um immer wieder das Besondere am eigenen Nonprofit-Unternehmen hervorzuheben. Eine kooperative Einflussstrategie wirkt sich auch auf die Auswahl des Personals aus: Es ist unter Umständen sinnvoll, gezielt für einen heterogenen Mitarbeiter-Stab zu sorgen, um dadurch auf die jeweiligen Kulturmuster der unterschiedlichen Systempartner entsprechend eingehen zu können. In Hinblick auf das Performance Management ist auf potentielle Abhängigkeiten von den wichtigsten Systempartnern zu achten, wodurch es zu sich widersprechenden Teilzielen kommen kann. Eine klare Zielhierarchie sichert die Leistungsmöglichkeit der Mitarbeiter.

Schadensbegrenzung verfolgen NPOs, die in erster Linie darauf abzielen, die negativen Effekte der Handlungen Dritter zu begrenzen. Best-practice Beispiele dafür sind das Rote Kreuz und Ärzte ohne Grenzen, welche Gesundheitsversorgung leisten, ohne den Anspruch zu erheben, sich gesellschaftspolitisch einbringen zu wollen. Entsprechend hoch ist die Belastung der Mitarbeiter, die mit Leid und Not konfrontiert sind, ohne jedoch strukturell auch nur ansatzweise etwas ändern zu können. Burn-out und Motivationsverlust sind Gefahren, mit denen die Personalpolitik zu rechnen hat (Eckardstein 2007, S. 294). Für die Mitarbeiter braucht es einerseits Entlastungsmöglichkeiten, wie etwa großzügige Weiterbildungsprogramme sowie Coach- und Supervisionsangebote, um sich auf kognitiver und emotionaler Ebene regelmäßig zu stärken. Andererseits sind Rückzugsoptionen von sehr belastenden Aufgabenbereichen zu weniger exponierten Stellen anzubieten, um Abstand von den überwältigenden Problemen zu gewinnen. In Hinblick auf das Performance Management impliziert eine Strategie der Schadensbegrenzung mehr denn je die Notwendigkeit, Ursachen-Wirkungsketten und Erfolge zu thematisieren und potentiell frustrierten Mitarbeitern den Wert ihrer Arbeit vor Augen zu führen. Problematisch dabei ist die Tendenz, dass die belastenden Arbeitsinhalte auf die Stimmung in der Organisation überschwappen: Die grundsätzliche Haltung der NPO, auf Schadensbegrenzung zu fokussieren und Konflikte vermeiden zu wollen, hemmt häufig die Entwicklung von Performance Management-Ansätzen. Steuerungsprozesse, welche immer auch das Austragen von Meinungsunterschieden und den Ausgleich von Interessen beinhalten, finden in einer Unternehmenskultur, die es gewohnt ist, selbst behauptendes Verhalten abzulehnen, keinen Nährboden.

Die vierte und letzte Strategie, um als NPO einen Einfluss auf das Umfeld zu nehmen, besteht in der Bereitstellung von Angeboten in Bereichen, in denen auch Forprofit-Unternehmen bzw. staatliche Einrichtungen tätig sind. Bildung und Pflege sind typische Tätigkeitsfelder. Im Unterschied zu kooperierenden Organisationen, welche grundsätzlich auf Zusammenarbeit ausgelegt sind, bringen sich NPOs dieser Kategorie am Markt ein, um Alternativen zu bieten bzw. Angebotslücken zu schließen. So genannte konkurrierende Nonprofit-Unternehmen (Simsa 2001, S. 34) begeben sich in die spannungsgeladene Situation, sowohl den Qualitätsstandards des spezifischen Tätigkeitsfeldes zu genügen als auch mit den NPO-typischen Rahmenbedingungen zu Recht zu kommen. Dieses Spannungsverhältnis bekommen besonders Mitarbeiter zu spüren: Sie haben genauso professionell zu arbeiten wie ihre Kollegen in erwerbswirtschaftlichen Unternehmen, werden aber in der Regel weniger gut bezahlt. Gleiches gilt für Ehrenamtliche: Innerhalb der NPO verrichten sie meist Tätigkeiten, die in den Konkurrenzunternehmen von Hauptamtlichen erbracht werden. Für sie stellt sich erst recht die Frage, warum sie ihre Arbeitsleistung verschenken sollen. Unter solchen Umständen kommt Instrumenten der Leistungsanerkennung und -förderung eine entscheidende Bedeutung zu.

7.2 Theoretischer Hintergrund zu Motivation und Leistung

Mitarbeiter für den Steuerungsprozess zu interessieren und ihre Kooperationsbereitschaft zu wecken, ist die Grundlage einer erfolgreichen Implementierung eines Performance Management Systems (Günther/Grüning 2002, S. 9). Die Herausforderung besteht darin, zwischen der strategischen Ebene der Organisation einerseits und der individuellen Ebene des Mitarbeiters andererseits eine Brücke zu schlagen. Idealerweise kommt es zu einer Übereinstimmung der Unternehmensziele mit den persönlichen Anliegen des Einzelnen.

Verschiedene verhaltenstheoretische Ansätze versuchen, einen Beitrag zum Verständnis des menschlichen Leistungsverhaltens zu erbringen. Folgender Überblick über die wichtigsten Verhaltenstheorien soll aufzeigen, welche Erkenntnisse aus diesem Forschungsbereich für die Entwicklung und Umsetzung von Performance Management Systemen gewonnen werden können.

7.2.1 Einige ausgesuchte Theorien

Prinzipiell lassen sich Verhaltenstheorien in zwei Strömungen teilen: Inhaltstheorien und Prozesstheorien (Cambell/Dunnette/Lawler/Weick 1970, S. 342 ff.). Während sich Inhaltstheorien mit der Frage auseinandersetzen, was einen Menschen zu bestimmten Handlungen bewegt und warum er so vorgeht, fokussieren Prozesstheorien darauf, wie das menschliche Verhalten beeinflusst und gelenkt werden kann.

Unter den Inhaltstheorien zählen die Ansätze von Maslow und Herzberg zu den bekannteren. Sie alle stellen die Beweggründe für das Verhalten eines Individuums in den Mittelpunkt ihrer Analyse.

Maslows „Bedürfnistheorie" ist das Ergebnis seiner klinischen Erfahrungen, in denen er feststellte, wie Menschen beginnend mit grundlegenden, physiologischen Bedürfnissen wie Essen und Trinken immer komplexere Bedürfnisse zu befriedigen wünschen bis hin zur Selbstverwirklichung. Eine entscheidende Rolle in Maslows Ansatz spielt der Gedanke, dass lediglich unbefriedigte Bedürfnisse die Motivation fördern, während jene, die gestillt wurden, nicht mehr als Anreiz zur Leistung dienen. Es entsteht somit eine Bedürfnishierarchie, an deren unteren Stufen sich so genannte Mangelbedürfnisse befinden während auf der oberen Stufe Wachstumsbedürfnisse angesiedelt sind. Das Stillen von Mangelbedürfnissen, namentlich physiologische, Sicherheits-, Zugehörigkeits- und Wertschätzungsbedürfnisse, lässt deren Intensität abnehmen. Wachstumsbedürfnisse dagegen werden durch ihre Befriedigung stärker: umso mehr auf sie eingegangen wird, je größer ist deren Bedeutung (Maslow 1973). Wenn auch empirisch nie überprüft, liegt die Stärke der Bedürfnistheorie gerade in ihrer Anwendbarkeit. Die Überschaubarkeit des Modells erlaubt es, wie in Abbildung 7/1 dargestellt, bei der praktischen Gestaltung der Arbeitsbedingungen auf die Elemente der Mitarbeitermotivation einzugehen.

In den Grundannahmen ähnlich aufgebaut wie Maslows Ansatz ist die „Zwei-Faktoren-Theorie" von Herzberg, die ebenfalls zwischen Defizitmotiven und Wachstumsmotiven unterscheidet (Herzberg/Mausner/Snyderman 1959).

Die Defizitmotive, die Herzberg als Hygienefaktoren bezeichnet, können lediglich auf die Unzufriedenheit einwirken. Dazu zählen etwa die Unternehmenspolitik und -organisation, die Arbeitsinhalte, die Beziehung zu Kollegen und Vorgesetzten und die Entlohnung. Diese Faktoren bestimmen die Rahmenbedingungen, unter denen die Arbeit stattfindet. Sie werden als Voraussetzungen für das Vermeiden von Unzufriedenheit gesehen, so wie durch Hygiene Krankheiten vorgebeugt werden können. Es ist jedoch nicht möglich, durch Hygienefaktoren Zufriedenheit zu fördern. Dazu dienen die Wachstumsmotive, die so genannten Motivatoren, wie insbesondere die eigentliche Arbeitsleistung, die Anerkennung und die damit verbundene Verantwortung. Sie stellen die eigentlichen Arbeitsinhalte ins Zentrum der Betrachtung und setzten am inneren Antrieb des Mitarbeiters an. Wenn auch Herzbergs Ansatz methodisch gesehen Kritik geerntet hat, ist es sein Verdienst, in der Diskussion rund um die Motivation von Mitarbeitern die Aufmerksamkeit weg vom Arbeitsumfeld hin zu den Arbeitsinhalten gelenkt zu haben. Für das Unternehmen lässt sich der Rückschluss ziehen, dass in der Leistungsförderung das Hauptaugenmerk auf die Motivatoren zu setzen ist und diese etwa durch Erweiterung des Tätigkeitsspektrums gestärkt werden können.

Abb. 7/1: Von den Bedürfnissen zur Förderung der Mitarbeitermotivation

Bedürfnishierarchie nach Maslow	Elemente der Mitarbeitermotivation

WACHSTUMS-BEDÜRFNISSE

SELBSTVERWIRKLICHUNG	flexible Arbeitszeit
	eigenständiges Arbeiten
	Mitsprache
	Weiterbildung
	Aufgabenvielfalt

MANGELBEDÜRFNISSE

WERTSCHÄTZUNG	Erfolgsbeteiligung
	Aufstiegschancen
	Vergabe von Statussymbolen
	Lob
	umfassende Informationen
	Delegieren von Kompetenzen
ZUGEHÖRIGKEIT	Kommunikationsmittel
	Teamarbeit
	betriebliche Feier und Ausflüge
	gutes Verhältnis zum Vorgesetzten
	Betriebszeitung
SICHERHEIT	Sicherer Arbeitsplatz
	Betriebsvorsorge
	Vertrauen in die Zukunft des Unternehmens
	Berechenbares Verhalten des Vorgesetzten
	klare Abläufe und Strukturen
PHYSIOLOGISCHE BEDÜRFNISSE	Gehalt
	freiwillige Leistungen
	materielle Gestaltung des Arbeitsplatzes
	Kantine/ Betriebskindergarten/ Sportverein
	finanzielle Begünstigungen

Quelle: Erweitert nach Freund/Knoblauch/Eisele 2003, S. 141.

96

Während die Ansätze von Maslow und Herzberg auf die Wurzel der Mitarbeitermotivation eingehen, beschäftigen sich Prozesstheorien mit den Faktoren, die ein bestimmtes Verhalten wecken, fördern und erhalten. Im Folgenden sollen die „Valenz-Instrumentalität-Erwartungs"-Theorie von Vroom sowie die Zieltheorie von Locke kurz dargestellt werden.

Im Mittelpunkt der Theorie von Vroom (1964) ist die Annahme, dass Menschen ihr Verhalten so bestimmen, dass der erwartete Nutzen maximiert wird. Drei Elemente spielen in diesem Kontext eine Rolle: Erstens, die aus einem Ergebnis erwartete Zufriedenheit (Valenz) im Gegensatz zur tatsächlich erzielten Zufriedenheit. Zweitens, das Mittel-Zweck-Denken des Individuums, auch als Instrumentalität bezeichnet, im Rahmen dessen die eigenen Handlungen als Mittel gesehen werden, um bestimmte Ziele zu erreichen. Drittens, die Erwartungen des Einzelnen betreffend die Erreichbarkeit eines gewissen Ergebnisses durch die eigenen Anstrengungen. Die darauf aufbauende „Valenz-Instrumentalität-Erwartungs"-Theorie bringt somit in die Diskussion rund um das menschliche Verhalten eine bisher noch nicht beachtete Komponente mit ins Spiel, nämlich die individuelle Einschätzung des Nutzens. Der Mitarbeiter antizipiert die Ergebnisse seiner Handlungen sowie den damit verbundenen Nutzen und richtet sein Verhalten entsprechend aus. Beide Aspekte, Erwartung wie Valenz, bestimmen die Anstrengungen des Individuums; ist ein Element negativ, so kann das andere es nicht ausgleichen.

So vielfältig die bisherigen Ansätze auch waren, die Rolle von Zielen wurde nicht berücksichtigt. Es ist der Verdienst von Locke (1968) diese in seiner Theorie bewusst in den Mittelpunkt gestellt zu haben. Locke setzt einen Kontrapunkt zu den Ansätzen, nach denen der Mensch allein auf die Maximierung seines Nutzens ausgerichtet sei, und betont die Bedeutung, Ziele zu formulieren und zu vereinbaren. Die „Zieltheorie" baut auf die Annahme auf, dass ein Mitarbeiter eine Leistung umso besser erbringen wird, je klarer und anspruchsvoller die Ziele sind. Dabei müssen einige Voraussetzungen erfüllt werden: Der Schwierigkeitsgrad der Ziele ist zwar anspruchsvoll aber realistisch und von den Mitarbeitern akzeptiert; das Erreichen der Ziele ist mit Belohnungen verbunden; das Personal erhält regelmäßige Rückmeldungen über den Grad der Zielerfüllung. Sind genannte Rahmenbedingungen gegeben, dann führen klar formulierte, herausfordernde Ziele in Kombination mit einem hohen Selbstvertrauen des Mitarbeiters zur erwünschten Motivation. Wird eine hohe Leistung entsprechend belohnt, löst dies beim Mitarbeiter eine ausgeprägte Zufriedenheit aus, die wiederum seine zukünftige Leistungsbereitschaft sichert. Lockes Theorie konnte empirisch mehrmals überprüft werden und gilt daher im Bereich der Organisationspsychologie als ein sehr glaubwürdiger Ansatz zur Erklärung der Motivation von Mitarbeitern (Kirchler 2008, S. 364 ff.).

Über die letzten Jahrzehnte sind weitere Konzepte der Leistungsmotivation entwickelt worden, die zwar einen wertvollen Beitrag zur wissenschaftlichen Diskussion leisten, jedoch Praktikern nur bedingt neue Handlungsempfehlungen liefern. Auf der Grundlage der Erkenntnisse der verschiedenen Inhalts- und Prozesstheorien greifen Wagner und Grawert (1993) eine für die Praxis wesentliche Fragestellung auf: Wie sollen unter dem Gesichtspunkt der Motivationsförderung Sozialleistungen eines Unternehmens am effektivsten gestaltet werden? Die Wissenschaftler kommen zum Schluss, dass sich die Attraktivität von Sozialleistungen ständig verändert. Freiwillige Leistungen des Unternehmens wie die betriebliche Altersvorsorge, Weiterbildungsangebote, finanzielle Beteiligungsmodelle oder flexible Arbeitszeiten werden unterschiedlich stark geschätzt. Ein Anreizsystem sollte entsprechend flexibel gestaltet werden, um individuellen Vorstellungen Rechnung zu tragen. Wagner und Grawert plädieren in ihrem „Sozialleistungsmanagement-Konzept" (ebenda) für ein breites Angebot, aus dem der Mitarbeiter aussucht und sich seine individuelle Lösung zusammenstellen kann. Ähnlich bedeutsam für die Motivation der Mitarbeiter ist es, sie in die Entwicklung des Anreizsystems einzubinden, um dessen Akzeptanz zu fördern.

7.2.2 Konsequenzen für das Performance Management

Jeder der besprochenen Ansätze gibt Hinweise über die Beweggründe bzw. die Beeinflussungsmöglichkeiten menschlichen Verhaltens, woraus entscheidende Impulse für das Performance Management abgeleitet werden können. Abbildung 7/2 bietet einen Überblick.

Erstens gilt es, an der Annahme festzuhalten, dass nur unbefriedigte Bedürfnisse Leistungsanreize bieten, wobei Aspekte des Arbeitsumfeldes eine untergeordnete Rolle spielen, während individuelle Bedürfnisse im Vordergrund stehen. Zweitens dürfte die Erwartungshaltung des Mitarbeiters einen Einfluss auf seine Leistungsbereitschaft ausüben. Nutzen wirkt nur dann motivierend, wenn er subjektiv gesehen auch erreichbar ist. Drittens ist auf klare, von den Mitarbeitern akzeptierte Ziele zu achten: Sie liefern einen Anhaltspunkt, der für die Leistungsbereitschaft von wesentlicher Bedeutung ist. Und schließlich soll das Anreizsystem des Unternehmens nach Möglichkeit individuelle Präferenzen zulassen. Ein flexibles Belohnungssystem erlaubt es den Mitarbeitern, den größten Nutzen zu ziehen.

Abb. 7/2: Ausgesuchte Theorien zu Motivation und Leistung

Vertreter	Zentrale Aussagen	Implikationen
Maslow: Bedürfnistheorie	Bedürfnishierarchie: Sobald Bedürfnisse einer Ebene befriedigt sind, wird das nächsthöhere Bedürfnis relevant.	Nur unbefriedigte Bedürfnisse bieten Leistungsanreize.
Herzberg: Zwei-Faktoren-Theorie	Hygienefaktoren (Arbeitsumfeld) verhindern nur Unzufriedenheit, Motivatoren (d.h. auf die individuellen Bedürfnisse ausgerichtet) schaffen Zufriedenheit.	Motivationsfördernde Maßnahmen sollten v.a. auf die individuellen Bedürfnisse als auf das Arbeitsumfeld ausgerichtet sein.
Vroom: VIE-Theorie	Das eigene Verhalten richtet sich nach der Maximierung des eigenen Nutzens.	Die Anstrengungen einer Person hängen von der Valenz des Ergebnisses und den Erwarungen, dass das Ergebnis eintritt, ab.
Locke: Zieltheorie	Anspruchsniveau und Zielklarheit bestimmen die Einsatzbereitschaft	Ziele sind Ausgangspunkt menschlichen Handelns. Akzeptanz, Identifikation und Klarheit von Zielen sind für die Motivation ausschlaggebend. Regelmäßiges Feedback ist wichtig.
Wagner/ Grawert: Sozialleistungsmanagement-Konzept	Nachvollziehbarkeit und Transparenz, Partezipation der Mitarbeiter und intensive Kommunikation sind entscheidend.	Belohnungsauswahl durch individuelle Präferenzen: "Cafeteria-System" ist ratsam.

Quelle: Eigene Darstellung.

Hinsichtlich der grundlegenden Bedeutung der Interaktion zwischen Individuum und Situation sei auf Rosenstiel (1975) hingewiesen. Die Leistungsfähigkeit des Mitarbeiters, in Form des individuellen sowie persönlichen Könnens stößt in der Organisation auf bestimmte Gegebenheiten, wodurch er mehr oder weniger zur Leistungsbereitschaft aktiviert wird. Arbeitsumfeld und Aufgabenstellung sind die wichtigsten befähigenden Aspekte seitens der Organisation. Sie bestimmen in Kombination mit den Anreizen und Sanktionen als Verkörperung des sozialen Dürfens und Sollen das Verhalten des Einzelnen.

Auch in der Beurteilung der Ergebnisse beeinflusst das Umfeld die Wahrnehmung des Mitarbeiters und ob er sie als eine Belohnung oder eine Bestrafung erlebt. Aus dem Vergleich von erwartetem und erreichtem Ergebnis leitet sich der Zufriedenheitsgrad ab, welcher auf die Leistungsbereitschaft zurückwirkt und somit den Kreislauf schließt.

Abb. 7/3: Determinanten organisationalen Verhaltens

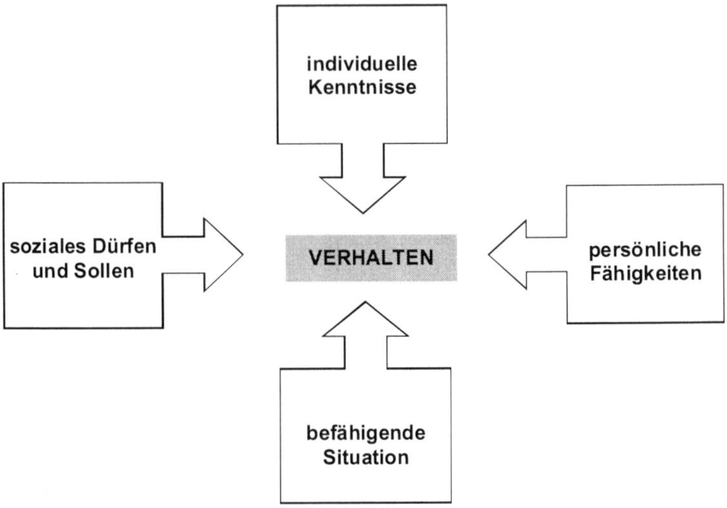

Quelle: In Anlehnung an Rosenstiel 2003, S. 55.

Obiges Schema liefert einen einprägsamen Überblick über die Determinanten des individuellen Verhaltens. Für das Performance Management bedeutet es, gleichzeitig zwei Ebenen berücksichtigen zu müssen: Die Fähigkeiten und die Motivation des Mitarbeiters einerseits und ein förderndes und bejahendes Umfeld andererseits. Auch hochmotivierte Mitarbeiter brauchen günstige Rahmenbedingungen, damit ihre Leistungsstärke zur Geltung kommt.

7.3 Performance Management aus der Perspektive der Mitarbeiter

Die Beurteilung von Mitarbeitern, in Fachkreisen als „Performance Appraisal" bezeichnet, ist ein häufig diskutierter Aspekt des Personalmanagements: Die Befür-

100

worter heben vor allem die damit verbundene Kommunikationsfunktion hervor und begrüßen die Selektion ausgesuchter Mitarbeiter; für sie stellen Mitarbeiterbeurteilungssysteme einen unerlässlichen Bestandteil der Personalentwicklung dar. Die Kritiker dagegen sehen darin eine unnötige Bürokratisierung und befürchten eine Belastung der Beziehung zwischen Vorgesetzten und Mitarbeitern (Helmig/ Michalski/Lauper 2008, S. 60).

Wie sich Performance Management Systeme auf die Mitarbeiter auswirken und deren Motivation beeinflussen ist ein selten behandeltes Thema. Auch in erwerbswirtschaftlichen Unternehmen ist die Problemstellung erst in jüngster Zeit erkannt und ansatzweise untersucht worden. In einer Studie über die Rolle des „Faktors Mensch" für Performance Management Systeme geht Pleier (2008) vor allem zwei Fragen nach: Erstens, welche personenbezogene Steuerungsinstrumente werden eingesetzt, welches Ziel wird dabei verfolgt und welche Probleme ergeben sich? Und Zweitens, welche Auswirkungen haben genannte Instrumente auf die Motivation und die Zufriedenheit der Mitarbeiter? Zwar stehen im Mittelpunkt der Untersuchung 30 ausgesprochen große Forprofit-Unternehmen Deutschlands, die Ergebnisse liefern aber in Ermangelung bereichsspezifischer Studien auch für Steuerungsprozesse im Nonprofit-Sektor wichtige Impulse.

In Hinblick auf die erste Fragestellung kristallisierte sich aus den Gesprächen mit zahlreichen Personalverantwortlichen heraus, dass Leistungsvereinbarungen, Zielformulierungen und Anreizsysteme insbesondere der Operationalisierung strategischer Ziele sowie der Leistungstransparenz dienen. Beides wird laut Befragten auch weitgehend erreicht, wobei auf die Verknüpfungen mit anderen Managementinstrumenten wie Budgetierung und Planung bzw. auf weitere Maßnahmen der Personalentwicklung zu achten ist. Darüberhinaus waren sich die Personalverantwortlichen einig, dass die bessere Einbindung der Mitarbeiter in die Entwicklung und Anwendung des Steuerungssystems erhebliche Leistungssteigerungen sicherstellen könnte. In 45 % der Fälle war die Verzögerungen in der Umsetzung von Steuerungssystemen auf die Skepsis der Mitarbeiter zurückzuführen, oder anders formuliert, fast die Hälfte der Unternehmen hat die Anwenderseite unterschätzt und sich vornehmlich auf die technischen Aspekten der Steuerung konzentriert (Pleier 2008, S. 66 ff.).

Was die Auswirkungen des Performance Managements auf die Zufriedenheit und die Motivation des Personals betrifft, zeigte die Untersuchung von Pleier (ebenda), dass der Einsatz von Performance Management-Instrumenten grundsätzlich Anstrengung und Leistung fördert. Besonders positiv wird das Steuerungssystem von leitenden Angestellten, Mitarbeitern mittleren und höheren Alters sowie von Angestellten aus technischen Bereichen beurteilt; Frauen zeigen sich Performance Mangement-Instrumenten gegenüber tendenziell skeptischer als Männer. Klare, erreichbare Ziele fördern die Leistungsbereitschaft, während die subjektive Belohnungsgerechtigkeit einen wesentlichen Einfluss auf die Zufriedenheit der Mitarbeiter ausübt. Die Ergebnisse der Befragung weisen auch darauf hin, welch hoher Stellenwert der Kommunikation bzw. der Einbindung der Mitarbeiter zukommt. Rund 44 % der Mitarbeiter sieht in der Verbesserung des Dialogs mit den Vorgesetzten einen wesentlichen Aspekt zur Steigerung der Zufriedenheit des Personals mit dem Steuerungsprozess. Auch eine stärkere Beteiligung der Mitarbeiter wird häufig erwünscht – zum Teil durch eine höhere Eigenverantwortung beim Einsatz von Performance Management, zum Teil durch das Mitwirken an der Fortentwicklung des Steuerungssystems (Pleier 2008, S. 209 ff.).

Zusammenfassend lassen sich zwei Aspekte festhalten, die aus der Perspektive der Mitarbeiter bei der Entwicklung und insbesondere bei der Implementierung eines Performance Management Systems zu beachten sind: Eine gekonnte Formulierung und Vereinbarung von Zielen sowie eine regelmäßige und sensible Kommunikation zwischen Leitung und Teammitgliedern.

Konkret gelten in Hinblick auf den Themenbereich „Ziele" folgende Empfehlungen:

- realistische, konkrete Ziele motivieren mehr als reine „Do your best"-Ziele;
- die Kombination von Individual- und Gruppenzielen ist wichtig: Individualziele fördern die Leistungsbereitschaft, während Gruppenziele den Zusammenhang im Team stärken;
- persönliche Vorstellungen, Bedürfnisse und Erwartungen der Mitarbeiter sind bei der Vereinbarung von Zielen zu berücksichtigen;
- und: Ziele sollten vertikal wie auch horizontal abgestimmt werden.

Was dagegen die Kommunikation und die Einbindung des Personals betrifft, lassen sich folgende Schlussfolgerungen ziehen:

- Führungskräfte sollten für steuerungsrelevante Themen mehr Zeit haben bzw. mehr Sensibilität für die Anliegen der Mitarbeiter zeigen;
- innerhalb einer Organisation ist auf die Vereinheitlichung der Performance Management Instrumente sowie auf einen anonymisierten, allgemeinen Zugang zu den Ergebnissen zu achten;
- oft wünschen sich Mitarbeiter eine engere Einbindung in die Entwicklung und Umsetzung des Steuerungssystems;
- neben den jährlichen Mitarbeitergesprächen schätzen es die Mitarbeiter, regelmäßig Rückmeldungen zu erhalten – auch in der Form so genannter 360-Grad Feedbacks, in denen neben der Beurteilung durch den Vorgesetzten und der Selbsteinschätzung auch die Rückmeldungen der Kollegen bzw. der Kunden und Lieferanten dazu kommen.

7.4 Leistungsorientierte Vergütung

Die Herausforderung, individuelles Handeln in Übereinstimmung mit den Organisationszielen zu bringen, wird oft als das „organisationales Dilemma" bezeichnet (Davenport/Gardiner 2007, S. 303). Vergütungssysteme stellen dabei ein wesentliches Bindeglied zwischen Organisation und Personal dar, indem durch entsprechende Anreize versucht wird, Mitarbeiter zu binden und zu steuern. Der Vergütungshöhe, insbesondere aber auch dem Vergütungssystem kommt somit eine strategisch entscheidende Rolle zu. Unter erwerbswirtschaftlichen Unternehmen ist leistungsorientierte Vergütung ein gängiger Weg, um Mitarbeitern einen sehr konkreten Anreiz zu bieten, sich im Sinne der Organisationsziele einzusetzen. Ob Provision, Bonus, Prämie oder Optionen – das Grundprinzip bleibt dasselbe: Ein variabler Lohnanteil wird auf Basis einer Bezugsgröße vereinbart, deren Höhe im Voraus nicht bekannt ist und wovon angenommen wird, dass sie vom Mitarbeiter beeinflusst werden kann. Leistungsorientierte Vergütungssysteme gehen davon aus, dass Mitarbeiter motiviert werden müssen – eine Auffassung, die in Bezug auf NPOs durchaus umstritten ist.

7.4.1 Leistungsvergütung versus Motivation

Die Einführung von Leistungsvergütungen wird in der Praxis meist damit begründet, die Motivation des Personals fördern zu wollen, wenn auch über diese Annahme im wissenschaftlichen Diskurs die Meinungen auseinandergehen (Bernhard 2007, S. 412). Kritiker gehen davon aus, dass Leistungsvergütungen zu einer Verdrängung der Motivation durch externe Anreize führt, während Befürworter einen positiven Effekt zu erkennen meinen.

Eine nähere Betrachtung der Problemstellung, ob leistungsorientierte Vergütung wirkt, zeigt, dass die Frage nur unter Berücksichtigung der konkreten Vorgangsweise beantwortet werden kann. Es kommt nämlich auf die Ausgestaltung des Vergütungssystems an, inwieweit motivationsfördernde Effekte ausgelöst werden (Ebenda). Während monetäre Anreize eine untergeordnete Rolle spielen, beeinflussen Leistungsvergütungssysteme die Motivation der Mitarbeiter vor allem indirekt über folgende drei Faktoren:

- Erstens, die Zielorientierung: Durch die Leistungsvergütung verbessert sich die Zielformulierung: Ziele sind für das Personal nachvollziehbar und haben eine hohe Akzeptanz.
- Zweitens, das Feedback: Häufige und fokussierte Rückmeldungen bestärken Mitarbeiter in ihrem Autonomieempfinden und erleichtern es ihnen, auf dem erwünschten Erfolgspfad zu bleiben.

– Drittens, leistungsförderliche Gruppennormen: Die Ausrichtung der Spielregeln im Teams auf die Organisationsziele fördern die Leistungserbringung auf individueller Ebene.

Auf diese Zusammenhänge zwischen der Ausgestaltung der Leistungsvergütung und der Mitarbeitermotivation ist zu achten, soll die Übereinstimmung von organisationalen und individuellen Zielen gefördert werden. Der Kommunikation kommt eine entscheidende Rolle zu - sowohl in der Zielfindung wie auch in der Mitteilung der Ergebnisse. Während der Leistungsvergütung an sich in der Regel eine zu hohe Bedeutung zukommt, als es in Hinblick auf die Motivation der Mitarbeiter angemessen wäre, wird die soziale Würdigung der Leistung häufig unterschätzt.

7.4.2 Leistungsvergütung in NPOs

Im NPO-Sektor ist das Thema Vergütung zwiespältig: Auf der einen Seite stehen Nonprofit-Unternehmen anders als ihre erwerbswirtschaftlichen Gegenparts unter dem Druck, dass das Vergütungsschema mit den eigenen Sachzielen im Einklang steht. Vor der Öffentlichkeit und den Geldgebern müssen sie ihre Entscheidungen rechtfertigen und bei der Entlohnung der Mitarbeiter sparsam mit Mitteln umgehen. Auf der anderen Seite ist das Thema Vergütung ein Tabu: In der Außendarstellung besitzen Fragen über die Höhe und Gestaltung der Arbeitsabgeltung einen geringen Stellenwert (Brandl et al. 2006, S. 357). Von Mitarbeitern wird die unausgesprochene Bereitschaft erwartet, ihre Arbeitskraft primär aus nicht monetären Gründen zur Verfügung zu stellen.

In der Praxis finden leistungsorientierte Vergütungssysteme in NPOs relativ wenig Anklang. In vielen Nonprofit-Organisationen werden zwar Überlegungen angestellt, leistungsabhängige Belohnungssysteme einzuführen, doch ohne die notwendige Konsequenz (Brandl et al. 2006, S. 370 ff.). Gründe dafür können in der Entwicklungsdynamik der Organisation liegen: Insbesondere bei relativ jungen NPOs, die sich noch in einer Pionierphase befinden, charakterisiert durch sich stark entwickelnde Strukturen und Abläufe und wenig festgelegte Standards, ist auch das Vergütungssystem von Ad-hoc-Entscheidungen bestimmt. In diesem Entwicklungsstadium ist die Organisation von einigen wenigen Persönlichkeiten geprägt, die einer systematischen Leistungsförderung wenig Raum bietet. Jedoch stellen leistungsorientierte Vergütungssysteme auch in reiferen NPOs eine Ausnahme dar. Viele Führungskräfte erkennen zwar die Notwendigkeit einer stärker betriebswirtschaftlichen Ausrichtung ihrer Organisation, sie stoßen aber auf Widerstand (Jäger/ Beyes 2007, S, 3f.). Dies liegt zum einen an den Entscheidungsträgern selbst, die sich oft gegen die Einführung von Management-Instrumenten wehren mit dem Argument, sie seien zu aufwendig. Zum anderen ist es auf die Komplexität zurückzuführen, im Hinblick auf die Erfüllung von Sachzielen Ergebnisse zu erfassen, zu bewerten und dem einzelnen Mitarbeiter zuzuordnen. „In Nonprofit-Organisationen scheint der Erfolg tendenziell allen zugeschrieben zu werden" (ebenda, S. 4). Unter solchen Rahmenbedingungen ist Leistungsbewertung oftmals mehr ein Aushandlungsprozess als ein das Ergebnis objektiver Kriterien und eindeutiger Ursachen-Wirkungsketten (Jäger/Beyes 2007, S. 5). Auch fällt es schwer, leistungsschwache Mitarbeiter zu entlassen. Dies wird als Gegensatz zu den humanistischen Zielen der Organisation gesehen.

Leistungsvergütung in NPOs ist ein zweischneidiges Schwert: Auf der einen Seite ist es naheliegend, Vergütungssysteme wie in Forprofit-Unternehmen einsetzen zu wollen, um die Leistungsbereitschaft des Personals zu fördern. Auf der anderen Seite besteht die Vermutung, eine solche Vorgangsweise würde die intrinsische Motivation der NPO-Mitarbeiter ins Wanken bringen. Indem leistungsorientierte Vergütung suggeriert, das Personal müsse zur Leistung animiert werden, könnten bereits motivierte Mitarbeiter die eigene Wertorientierung in Frage gestellt sehen und erst recht Freude und Interesse an der Arbeit verlieren.

7.5 Die besondere Stellung der Ehrenamtlichen

Ehrenamtliche Mitarbeiter erbringen eine beachtliche Arbeitsleistung (Badelt/More-Hollerweger 2007, S. 508). Zugleich sind sie wesentliche Multiplikatoren, um die Anliegen der NPO in die Bevölkerung zu tragen. Engagement entsteht aus einer Überzeugung heraus, aus einer Begeisterung für die Sache bzw. für die Nonprofit-Organisation, die Ehrenamtliche auch in ihrem Alltag vermitteln. Durch sie werden Brücken zwischen der Gesellschaft einerseits und den sozial ausgegrenzten Menschen andererseits geschlagen. Ein Nonprofit-Sektor ohne Ehrenamtliche wäre nicht nur finanziell undenkbar; er wäre insbesondere gesellschaftlich nicht glaubwürdig.

Die Auswahl der Ehrenamtlichen, die Einführung in die Arbeit und die Festlegung der Tätigkeitsbereiche bei gleichzeitigem Fehlen formaler Verpflichtungen stellt das Management von NPOs vor großen Herausforderungen. Ehrenamtlichen kommt zwar in vielen Organisationen einen entscheidende Rolle zu; sie zu steuern erfordert jedoch mehr noch als bei hauptamtlichen Mitarbeitern ein gekonntes Austarieren unterschiedlicher Interessen. „Ich bin mir nicht sicher, ob wir Ehrenamtliche tatsächlich managen oder führen. Was ich mir gern vorstelle ist, dass wir Systeme gestalten, wodurch sie sich selbst managen können", meinte Drucker in einem Interview (zitiert nach Jäger/Beyes 2007, S. 66).

7.5.1 Hintergründe der ehrenamtlichen Arbeit

Ehrenamtliche Arbeit kennt viele Erscheinungsformen: Von der sporadischen Aushilfe bis zur regelmäßigen Verpflichtung, vom strukturierten Einsatz in einer Organisation zur spontanen Nachbarschaftshilfe. Im Wesentlichen jedoch lässt sich ehrenamtliche Arbeit auf einige Merkmale reduzieren: Sie wird ohne gesetzliche Verpflichtung erbracht und wird finanziell nicht honoriert; sie findet außerhalb des eigenen Haushalts statt, entweder in einer Organisation eingebettet oder als direkte Leistung zwischen Ehrenamtlichem und Unterstütztem (More-Hollerweger/Heimgartner 2009, S. 1). Grenzfälle sind Arbeitsleistungen die deutlich geringer entlohnt werden, als es am Arbeitsmarkt üblich ist. Dies trifft häufig auf qualifizierte Arbeitskräfte zu, die bereit sind in NPOs zu arbeiten, auch wenn sie in erwerbswirtschaftlichen Unternehmen mit viel höheren Gehältern rechnen könnten.

Prinzipiell geht man von drei möglichen Gründen für ehrenamtliches Engagement aus (Badelt/More-Hollerweger 2007, S. 513 f.):

- Altruismus: Die Steigerung des Wohlbefindens anderer bzw. das Erreichen für wichtig gehaltener gesellschaftlicher Veränderungen motiviert zu handeln;
- Eigenwert: Die mit der ehrenamtlichen Arbeit verbundene soziale Integration bzw. Anerkennung wird vom Ehrenamtlichen geschätzt und gebraucht;
- Tauschverhalten: Wenn auch nicht finanziell, so erhält der Mitarbeiter u.a. in Form von Einfluss und Informationsvorsprung eine Gegenleistung.

In der Praxis zeigt sich, dass für Ehrenamtliche neben „anderen helfen zu wollen" vor allem „Spaß zu haben" wesentliche Beweggründe darstellen, was ein Überschwappen der in der westlichen Gesellschaft sich verbreitenden Individualisierungstendenzen verstanden werden kann (Mayerhofer 2001, S. 266). Als Pendant dazu werden unter den Argumenten gegen das Engagement besonders häufig Zeitmangel aufgrund familiärer Verpflichtungen und „niemals gefragt worden zu sein" genannt (More-Hollerweger/Heimgartner 2009, S. 8).

In Hinblick auf die Art der Tätigkeit lassen sich drei Ebenen erkennen, um Ehrenamtliche – meist an der Seite von Hauptamtlichen – einzusetzen (Eckardstein/ Mayerhofer 2001, S. 233). Erstens, werden Ehrenamtlichen häufig Hilfstätigkeiten anvertraut, um die Arbeit der bezahlten Mitarbeiter zu ergänzen. In Summe stehen mehr Kapazitäten zur Verfügung, wodurch in der Regel eine höhere Qualität erreicht werden kann. Zweitens können Ehrenamtliche an Stelle von Hauptamtlichen eingesetzt werden, zum Beispiel am Wochenende oder während der Urlaubszeit. Den Kompetenzen der ehrenamtlichen Mitarbeiter sowie deren Weiterbildung kommt in diesem Fall eine tragende Bedeutung zu. Drittens sind in einigen NPOs ausschließlich unbezahlte Arbeitskräfte mit und für den Leistungsempfänger im Einsatz, während sich Hauptamtliche auf Verwaltungs- und Koordinationstätig-

keiten beschränken. Diese Unterscheidung in ergänzende, gleichwertige und aus-
schließliche Tätigkeiten der Ehrenamtlichen erleichtert es, die Hintergründe des
Personalmanagements von NPOs, die sich auf Ehrenamtliche stützen, besser zu
verstehen.

7.5.2 Ehrenamt und Steuerung

Die bisherigen Überlegungen zur Leistungsbereitschaft von Mitarbeitern in NPOs
und die entsprechende Betonung der intrinsischen Motivation vieler Hauptamtli-
cher treffen erst recht auf Ehrenamtliche zu, die ihre Zeit und Ihr Können der Organisation von vornherein unentgeltlich zur Verfügung stellen. Weil Ehrenamtliche der Sache zuliebe handeln, haben externe Reize kaum einen Einfluss auf die
Motivation. Die Begeisterung der Ehrenamtlichen kann jedoch leicht verloren gehen, wodurch ihre Einbindung in ein Performance Management System eine besondere Herausforderung darstellt. „Ehrenamtliche sind nicht einfach zu führen.
Sie haben immer eine gute Intention und es ist schwierig, ihnen zu sagen, was sie
tun sollen. Als erstes muss ich immer sagen: Danke", beschreibt ein NPO-Manager
seine Erfahrungen (Jäger/Beyes 2007, S. 66). Bevor überhaupt ein Wunsch ausgesprochen werden kann, gilt es den Ehrenamtlichen anerkennend und dankend anzusprechen – und zwar unabhängig von deren Leistung.

Wenn nicht explizit über Anweisungen so doch indirekt über Anerkennung und
Kommunikation sind auch Ehrenamtliche auf die Organisationsziele hin zu lenken.
Während autoritäres Führungsverhalten für die Steuerung dieser Kategorie von
Mitarbeitern kontraproduktiv ist, bewährt sich in der Praxis allein durch die Intensität der Kommunikation Zustimmung bzw. Ablehnung zu signalisieren. Dadurch
werden vor allem jene Ehrenamtlichen angesprochen, deren Stärken und Interessen
mit dem Organisationsziel übereinstimmen. Zurückhaltung wird somit „zu einer
subtilen Form der Kritik" (Ebenda, S. 6).

In Hinblick auf das Performance Management ist es erforderlich, wie auch bei
Hauptamtlichen so auch im Umgang mit Ehrenamtlichen individuelle und organisatorische Ziele zumindest teilweise in Übereinstimmung zu bringen. Dabei stehen
dem Personalmanagement grundsätzlich zwei entgegengesetzte Wege offen
(Eckardstein/Mayerhofer 2001, S. 233 ff.): Zum einen werden zwischen Haupt-
und Ehrenamtlichen in der Handhabung des Personals einfach keine Unterschiede
gemacht. Spannungen, die allein durch das einheitliche Personalmanagement nicht
per se behoben sind, werden beklagt bzw. negiert – jedoch nicht an den Wurzeln
angegangen. Zum anderen entscheiden sich NPOs für differenzierte Managemen-
tansätze, um den unterschiedlichen Mitarbeiterkategorien besser gerecht zu werden. Diese segmentierende Personalpolitik ist durch Dulden der Unterschiede zwi-

schen Mitarbeitern bzw. teils durch Einbinden, teils durch Trennen der Ehren- und Hauptamtlichen charakterisiert.

Durch die Zusammenführung genannter Ausrichtung des Managements von Ehrenamtlichen mit den zwei grundsätzlichen Ausprägungen der Personalführung – pragmatischer versus systematischer Ansatz – kristallieren sich vier mögliche Strategien der Steuerung von ehrenamtlichen Mitarbeitern heraus (ebenda, S. 234 ff.), die in der Abbildung 7/4 zusammengefasst sind.

Eine egalisierende Strategie ist durch die Merkmale der Nicht-Segmentierung der Mitarbeiter und der systematisch betriebenen Personalpolitik charakterisiert. Ehrenamtliche genießen in der Organisation großes Ansehen; für ihre Einführung in die Arbeit und ihre Weiterbildung wird ähnlich viel investiert wie für Hauptamtliche. Etwaige Unterschiede zwischen den Mitarbeitern werden zwar wahrgenommen aber nicht weiter bearbeitet, in der Überzeugung, dass Kontrolle und Leistung durch die Integration der Ehrenamtlichen in das Team am besten zu erreichen sind. Im Mittelpunkt der Personalpolitik steht die Entwicklung der Gesamtorganisation, die als Ergebnis des Zusammenwirkens aller Mitarbeiter verstanden wird. Unter diesem Gesichtspunkt ist auch die Steuerung zu sehen, die sehr stark auf die Qualifizierung des Faktors Mensch setzt.

Eine harmonisierende Strategie dagegen wird von NPOs betrieben, die Haupt- und Ehrenamtliche ebenfalls auf gleicher Augenhöhe sehen, jedoch eine weniger durchdachte und standardisierte Personalpolitik verfolgen. Der Zusammenhalt zwischen den Mitarbeitern stellt das oberste Prinzip dar; sie sollen Teil der „Familie" sein. Diffuse Ziele, personenzentrierte Strukturen und intuitive Entscheidungen erschweren es sehr zu steuern. Oft herrscht zwischen Mitarbeitern und Nonprofit-Unternehmen stillschweigend die Übereinstimmung, über die Schwächen des anderen hinweg zu sehen. Die Organisation verzichtet auf kritische Rückmeldungen; die Ehrenamtlichen verzeihen im Gegenzug Defizite in den Abläufen bzw. in den Strukturen der NPO. Die Gefahr des Stillstandes ist groß. Unter solchen Rahmenbedingungen ist der Spielraum für organisationales Lernen als Eckpfeiler des Performance Managements stark eingeschränkt.

Abb. 7/4: **Management von Ehrenamtlichen und Konsequenzen für die Steuerung**

nein	SEGMENTIERUNG DES PERSONALS	ja

systematisch

Die Personalpolitik fokussiert auf die Entwicklung der Gesamtorganisation. Aus diesem Blickwinkel wird auch gesteuert. Unterschiede zwischen Mitarbeitern werden wahrgenommen aber gezielt nicht bearbeitet.

Die Ausrichtung des Personalmanagements ist eindeutig, nachvollziehbar und an die Ziele der NPO gekoppelt. Ehrenamtliche werden aus gesellschaftspolitischen wie finanziellen Gründen gefördert.

PERSONALMANAGEMENT

egalisierend   **differenzierend**

Im Mittelpunkt der Personalpolitik steht das Zusammengehörigkeitsgefühl der Mitarbeiter. Gesteuert wird informell und inkohärent. Segmentierung wird aus dem Prinzip, niemanden ausschließen zu wollen, abgelehnt.

Steuern wird durch ad-hoc Entscheidungen der Personalpolitik erschwert. Die Sementierung der Mitarbeiter erfolgt insbesondere aus Kostengründen; es wird intuitiv und stark personenbezogen vorgegangen.

harmonisierend   **selektierend**

pragmatisch

Quelle: Eigene Darstellung.

Gänzlich anders verhält es sich im Falle einer differenzierenden Strategie: Zum einen werden Unterschiede zwischen Ehrenamtlichen und Hauptamtlichen wahrgenommen und in der Personalpolitik berücksichtigt. Zum anderen handelt die NPO auch im Umgang mit Mitarbeitern auf eine systematische Art und Weise. In Hinblick auf Ehrenamtliche zählen zwei Aspekte: Sie sollen sowohl dem Image der Organisation dienen als auch das Einsparen von Ressourcen fördern. Dabei geht die NPO strukturiert und zielgerichtet vor: Wie von Hauptamtlichen, so wird auch von Ehrenamtlichen das Einhalten von Standards erwartet. Dafür können sie damit rechnen, in ihren individuellen Präferenzen wahrgenommen und entsprechend qualifiziert zu werden. Dieses Verständnis, Qualität zu erwarten und als Gegenzug individuelle Förderung zu bieten, entspricht sehr dem Gedanken des

Performance Managements. In solchen Organisationen sind die Voraussetzungen für die Entwicklung von Steuerungssystemen besonders günstig.

NPOs, die eine selektierende Strategie verfolgen, unterscheiden ebenfalls zwischen den verschiedenen Mitarbeitern. Ihre Personalpolitik ist allerdings weniger entwickelt als bei differenzierenden Organisationen; viele Entscheidungen werden ad hoc getroffen. Das Interesse des Nonprofit-Unternehmens, Ehrenamtliche einzusetzen, ist insbesondere auf finanzielle Gründe zurückzuführen. Über Auswahl und Einsatz von Mitarbeitern wird in Ermangelung eines erprobten Konzeptes fallweise entschieden. Zu steuern fällt schwer, da Strukturen und Abläufe wenig standardisiert sind und viele Managementfragen intuitiv beantwortet werden. Von diesen Einschränkungen ist auch das Performance Management betroffen.

Gewiss sind im Alltag die Grenzen zwischen genannten Strategien fließend: Für die Entwicklung und Umsetzung des Performance Managements ist es jedoch wichtig, sich über die Haltung der eigenen Organisation Ehrenamtlichen gegenüber im Klaren zu sein. Ehrenamtliche stellen ein beachtliches Potential dar, dessen Steuerbarkeit je nach organisationalem Umfeld mehr begünstigt bzw. erschwert wird.

7.5 Mitarbeiter: Das Wesentliche in Kürze

Die Performance einer Organisation ist eng mit der Leistungsfähigkeit und Leistungsbereitschaft der Mitarbeiter verbunden: Sie entscheiden letztendlich über die Qualität ihres Einsatzes und bestimmen den Unternehmenserfolg – auch im sozialen Bereich. Der Einfluss der Mitarbeiter beginnt bei der Formulierung mehr oder weniger ambitionierter Ziele und reicht bis zur Umsetzung derselben und der Interpretation der Ergebnisse.

Das Personalmanagement steht vor der Aufgabe, die individuellen Anliegen mit den Zielen der Organisation in Einklang zu bringen. Aus verhaltenstheoretischer Sicht scheinen vier Faktoren für die Leistung der Mitarbeiters maßgeblich zu sein: persönliche Fähigkeiten, individuelle Kenntnisse, eine befähigendes Umfeld sowie die soziale Erwünschtheit. Empirische Arbeiten weisen darauf hin, dass bei der Entwicklung und insbesondere bei der Implementierung eines Performance Management-Systems vor allem auf die Aspekte „Zielformulierung" und „Kommunikation" zu achten ist. Der leistungsorientierten Vergütung wird dagegen meist eine zu hohe Bedeutung beigemessen, als es in Hinblick auf die Motivation der Mitarbeiter angemessen wäre. Insbesondere bei NPOs ist dieses Thema sehr umstritten. Häufig gilt die Annahme, die Mitarbeiter würden ihre Arbeitskraft primär aus nicht finanziellen Gründen zur Verfügung stellen. Unter diesen Umständen wird befürchtet, dass eine an den Leistungen ausgerichtete Vergütung die intrinsische Motivation des Personals verdrängen könnte.

Die intrinsische Motivation ist bei ehrenamtlichen Mitarbeitern besonders hoch, was innerhalb des Performance Managements ausdrücklich zu berücksichtigen ist. Während ein autoritärer Führungsstil kontraproduktiv sein dürfte, bewährt sich in der Praxis allein durch die Intensität der Kommunikation Zustimmung bzw. Ablehnung zu signalisieren und dadurch den Ehrenamtlichen wesentliche Leistungsanreize zu liefern.

8 Die Rolle der Leistungsempfänger

Angesichts des zunehmenden Erfolgsdrucks, welcher sich unter NPOs verbreitet, ist es aus der Sicht des Performance Management eine Notwendigkeit, sich nach den Präferenzen der Nachfrage zu orientieren. Kundenorientierung impliziert, dass die Erwartungen und Ansprüche der Abnehmer der Leistung bekannt sind und in die Entwicklung bzw. in die Umsetzung des Angebots einfließen. In der Praxis sozialer Dienste jedoch stößt Kundenorientierung auf zwei Problembereiche. Zum einen ist es ein terminologisches Problem, das mit der Vielfalt der Akteure zu tun hat, die in die Leistungen der NPO Erwartungen setzen. Der Begriff „Kunde" verliert dadurch an Eindeutigkeit. Zum anderen ist es ein inhaltliches Problem, welches in Zusammenhang mit der Erteilung und der Umsetzung eines Auftrages steht.

8.1 Kunde: Ein Begriff mit vielen Facetten

Der Begriff „Kunde" ist bei einer genaueren Betrachtung der unterschiedlichen Stakeholder, die an den Produkten bzw. an den Dienstleistungen einer NPO interessiert sind, ungeeignet. Im Gegensatz zur herkömmlichen Situation im erwerbswirtschaftlichen Sektor ist nämlich im sozialen Bereich der Auftraggeber und Finanzier eines Angebots meist nicht mit dem Leistungsempfänger identisch. Nicht nur die fehlende Übereinstimmung ist problematisch, besonders die grundsätzlich unterschiedlichen Ausgangssituationen stellen die Angemessenheit eines einheitlichen Begriffs in Frage. Eine Gemeinde, vertreten durch die politisch Verantwortlichen, welche zum Beispiel einen Treffpunkt für Wohnungslose in Auftrag gibt und die Kosten übernimmt, ist in einer ganz anderen Position als jene Menschen, welche die Einrichtung tagtäglich aufsuchen. Letztere sind mit den Kosten bis auf einen etwaigen Selbstbehalt kaum konfrontiert, die Inhalte des Angebots treffen sie aber unmittelbar. Nicht nur also, dass im sozialen Bereich die Nachfrageseite eine Unterscheidung zwischen Erteilung des Auftrags (meist mit der Übernahme der Kosten identisch) und Beanspruchung der Leistung impliziert; die Stellung sowie die Gestaltungsmöglichkeiten der unterschiedlichen Akteure sind selten miteinander vergleichbar. Die einheitliche Bezeichnung „Kunde" geht an der Realität sozialer Dienste vorbei; im Folgenden soll zwischen Auftraggeber auf der einen Seite und Leistungsempfänger auf der anderen Seite gesprochen werden.

Abbildung 8/1 fasst das Spannungsverhältnis zwischen genannten Akteuren und der NPO zusammen. Die Nonprofit-Organisation ist durch ihre Mission geprägt, die – sehr allgemein formuliert – darauf abzielt, Lebensumstände von Menschen zu stabilisieren bzw. zu verbessern. Dazu kommen wirtschaftliche und rechtliche Rahmenbedingungen, welche die Handlungsmöglichkeiten des Personals stark beeinflussen. Die Mitarbeiter der NPO verfolgen aber auch ihre eigenen Ziele, die sich vor allem auf einen sicheren und interessanten Arbeitsplatz beziehen. Auf Organisationsebene bedeutet dies ein Streben des Nonprofit-Unternehmens nach Einfluss und Wachstum.

Abb. 8/1: **Die NPO im Spannungsverhältnis zwischen Auftraggeber und Leistungsempfänger**

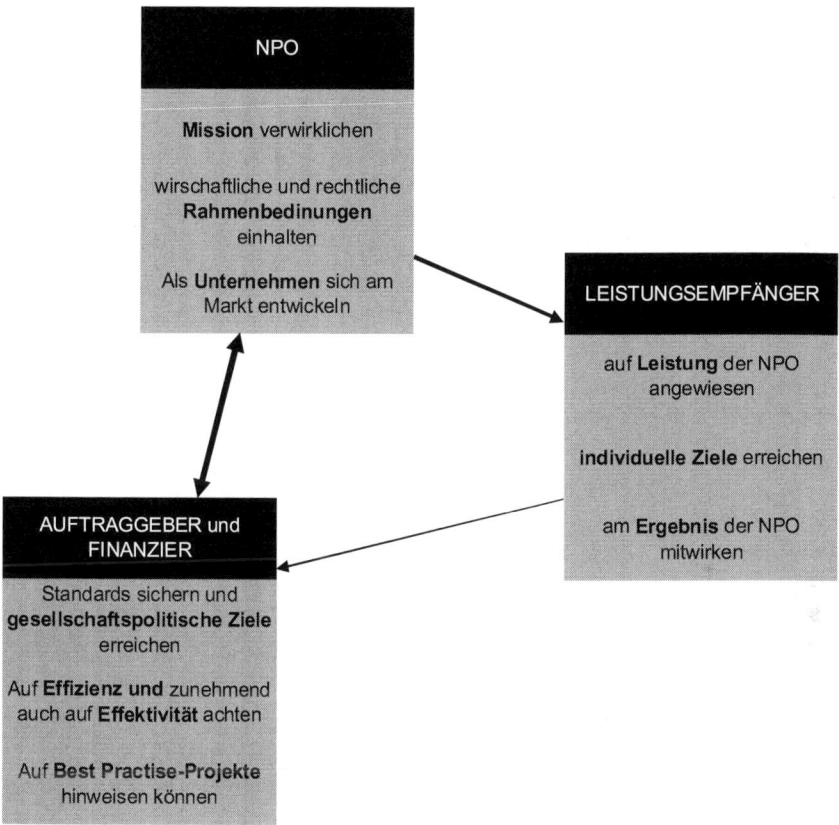

Quelle: Eigene Darstellung.

Die Beziehung zwischen NPO und dem Auftraggeber bzw. dem Kostenträger ist in finanzieller und teils auch in institutioneller Hinsicht besonders eng. Sie stimmen die Inhalte des sozialen Angebots miteinander ab und treffen Vereinbarungen über

Strukturen, Abläufen sowie Ressourcen. Im Interesse des Auftraggebers liegt es, die von ihm vorgegebenen, meist gesellschaftspolitischen Ziele effizient zu erreichen. Zunehmend wird auch auf die Effektivität geachtet, wobei Best Practice-Projekte nicht zuletzt zur Sicherung der eigenen Legitimation besonders willkommen sind.

Der Austausch mit dem Leistungsempfänger ist zwar mindestens so intensiv wie mit dem Auftraggeber, jedoch in Hinblick auf die gesellschaftspolitische Position der Beteiligten weniger ausgewogen. Die NPO verfügt über die Macht, auf Problemlagen aufmerksam zu machen und Lösungsansätze zu entwickeln, während die unmittelbar davon Betroffenen selten direkt zu Wort kommen. Noch dazu sind die Abnehmer sozialer Dienstleistungen meist auf das Angebot der NPO angewiesen: Zum einen weil sie sich in einer Ausnahmesituation befinden, zum anderen weil ihnen selten mehrere Alternativen geboten werden.

Durch die Differenzierung der Bezeichnung „Kunde" in Auftraggeber und Leistungsempfänger werden auch andere Begriffe, die in der Unternehmensführung üblich sind für den NPO-Sektor schlüssig. Kundenbindung zum Beispiel, als Strategie die Nachfrage unabhängig vom Bedarf zum Konsum zu bewegen, ist für soziale Dienste ganz anders als für kommerzielle Wirtschaftsbetreibe auszulegen. An die NPO zu binden ist nämlich nicht der Leistungsempfänger, wie es der Logik gewinnorientierter Unternehmen entsprechen würde, sondern der Auftraggeber, der als langfristiger, stabiler Finanzpartner gewonnen werden soll. Im Gegensatz dazu ist es meist das erklärte Ziel der NPO, den unmittelbaren Betroffenen eines Angebots in seiner Eigenständigkeit zu stärken, rasch weiterzuvermitteln bzw. in die Selbständigkeit zu entlassen.

8.2 Kundenorientierung in der sozialen Arbeit

Kundenorientierung im sozialen Bereich ist aber nicht nur mit semantischen Problemen verbunden. Auch und gerade in Hinblick auf die inhaltliche Ausrichtung der Kundenbeziehung stoßen NPOs auf Schwierigkeiten, die im Wesentlichen auf die Erteilung und Umsetzung eines Auftrags zurückzuführen sind. Wie der Begriff „Kunde" im Kontext sozialer Angebote eine Präzisierung erfordert, so gehört auch die allgemeine Vorgabe der „Kundenorientierung" in Hinblick auf die Gegebenheiten des sozialen Sektors überprüft und angepasst.

8.2.1 Zu den Rahmenbedingungen der Leistungserstellung

Während bei Forprofit-Unternehmen der Auftrag typischerweise von Individuen bzw. von Organisationen erteilt wird, sind soziale Angebote meist von demokratisch gewählten Kollektiven gewollt bzw. von ihnen zu verantworten. Vor allem wenn die Gruppe, die den Auftrag erteilt besonders groß bzw. heterogen ist, kann die Entscheidungsfindung in einen langwierigen Prozess münden. Die Festlegung der Leistungsdetails in der Planungsphase wie auch die Umsetzung des Vorhabens und die Überprüfung desselben sind meist wesentlich aufwändiger, wenn Kollektive daran beteiligt werden. Denken wir an die Versorgung von Flüchtlingen im Auftrag der öffentlichen Hand. Was gestern politisch noch vertretbar war, kann morgen schon ganz anders interpretiert werden. Änderungen in der öffentlichen Meinung oder bevorstehende Wahlen schlagen sich bekanntlich auf die Finanzierungsbereitschaft der Politiker nieder. Die NPO, welche die Versorgungsleistungen anbietet, ist in Hinblick auf die längerfristige Ausrichtung des Auftragsgebers einer permanenten Unsicherheit ausgesetzt. Umfang und Inhalt des Angebots können sich aus politischen Kalkülen überraschend ändern bzw. über einen längeren Zeitraum offen bleiben. Kundenorientierung im Sinne von Nähe zum Auftraggeber ist unter solchen Umständen entsprechend eingeschränkt.

Die Erstellung der sozialen Leistung ist ebenfalls durch Aspekte charakterisiert, welche eine Kundenorientierung im traditionellen betriebswirtschaftlichen Verständnis erschweren. Wie bereits im Zusammenhang mit dem grundsätzlichen Spannungsverhältnis Auftraggeber, NPO, Leistungsempfänger besprochen, übernimmt die Nonprofit-Organisation eine vermittelnde Stellung zwischen sehr unterschiedlichen Nachfragern ein. Mit der einen Partei hat die Organisation zu klären, was und mit welchen Mitteln bei der anderen Partei zu erreichen ist, wobei gerade diese Interaktion für den Erfolg der Gesamtleistung entscheidend ist. Diese als „nicht schlüssige" Absatzleistungen bezeichnete Konstellation haben gravierende Folgen für die Steuerbarkeit des Angebots (Bumbacher 2003, S. 389). Erstens können Ziele und Erwartungen von Auftraggeber und Leistungsempfänger miteinander konkurrieren und die NPO vor einer spannungsgeladenen Frage stellen: Wem ist die Priorität einzuräumen – dem Finanzier, um die Ressourcen für die Umsetzung des Angebots zu sichern, oder dem von der Leistung unmittelbar Betroffenen, um dessen Kooperationsbereitschaft zu erreichen? Zweitens, und unabhängig von potentiellen Zielkonflikten, ist bei nicht schlüssigen Absatzbeziehungen immer mit einer Zeitverzögerung zwischen Beschlussfassung, Umsetzung der Maßnahme und Rückmeldung an den Auftraggeber zu rechnen. Kommunikation, Kontrolle und etwaige Anpassungen des Angebots gestalten sich schwerer. Drittens, entfällt der Preis als unmittelbares Regulativ von Angebot und Nachfrage. Menge und Inhalte werden vorab bestimmt – oftmals unabhängig vom aktuellen

Bedarf. Die NPO ist mir der Aufgabe konfrontiert, das Kontingent zu verwalten. Werden dabei vor allem positive Anreize gesendet, um beim Empfänger derselben ein gewisses Verhalten zu festigen bzw. erreichen, ist ein Nachfrageüberschuss wahrscheinlich. Stehen dagegen negative Anreize im Vordergrund, ist mit einer ablehnenden Haltung des Leistungsempfängers zu rechnen. Diese Haltung muss das Nonprofit-Unternehmen auf andere Weise ausgleichen, will es das Vertrauen des Leistungsempfängers gewinnen und zugleich die mit dem Finanzier getroffenen Vereinbarungen erfüllen.

In der Praxis ist die Ausgestaltung des Beziehungsgeflechts Auftraggeber, NPO, Leistungsempfänger eine Frage der jeweiligen Macht. Ist der Auftraggeber in einer besonders einflussreichen Position, weil er etwa über Wissen oder Mittel verfügt, wird sich die NPO danach richten müssen. Um jedoch das Interesse des Leistungsempfängers nicht auf das Spiel zu setzen, sollte wenigstens eines seiner wesentlichen Bedürfnisse angesprochen werden. Wenn im umgekehrten Fall die Schlüsselrolle den unmittelbaren Abnehmern der Leistung zukommt, weil sie zum Beispiel den Rückhalt der Öffentlichkeit genießen, wie es oft bei Senioren der Fall ist, dann bewährt es sich, die Vorgaben des Auftraggebers auf das Wesentliche zu beschränken. Sind die wichtigsten Eckdaten festgelegt, kann der übrige Spielraum dazu genutzt werden, um die Details des Angebots den Präferenzen der Leistungsempfänger entsprechend auszuarbeiten. Verfügen schließlich beide Seiten, Auftraggeber wie Leistungsempfänger, über eine starke Machtposition und verfolgen dabei sehr unterschiedliche Ziele, dann kommt der NPO im Ausgleich der Interessen eine entscheidende Rolle zu. Am besten unter der Beteiligung aller Akteure ist am runden Tisch eine Lösung auszuhandeln, mit der sich alle identifizieren können. Ein solcher Prozess bietet den Vorteil, dass sich dank der intensiven Auseinandersetzung mit der Sichtweise der anderen Seite, deren Bedürfnisse und Anliegen vertraut werden. Als Nachteil jedoch ist der damit verbundene Aufwand zu sehen. Auf schnelle Entscheidungen muss verzichtet werden. Darüber hinaus verliert die NPO durch die direkte Kommunikation zwischen Auftraggeber und Leistungsempfänger den Informationsvorsprung, der ihr üblicherweise in Verhandlungen zukommt.

8.2.2 Grundsätzliche Ausprägungen der Kundenorientierung

Durch die Zusammenführung beider Perspektiven, jene des Auftraggebers (Individuum versus Kollektiv) einerseits, und jene des Leistungsempfängers (Auftraggeber versus Dritten) andererseits, gewinnt man einen Überblick über die vier grundsätzlichen Ausprägungen der Kundenorientierung im Nonprofit-Bereich (Bono 2010b).

- Unbeschränkte Kundenorientierung ist unter NPOs relativ selten möglich. Sie setzt voraus, dass der Auftraggeber und Kostenträger sowie der Nutznießer ein und dieselbe Person bzw. Institution sind, so wie es meist im erwerbswirtschaftlichen Sektor der Fall ist. Interessenskonflikte sind keine zu befürchten und auch die Entscheidungsfindung in Hinblick auf die erwünschte Leistung gestaltet sich einfach. Trifft dies zu, kann und soll die NPO nach den üblichen Marketingstrategien der Kundenorientierung und -bindung handeln, um ihre Position am Markt weiter auszubauen. Arbeitsprojekte sind hierfür ein gutes Beispiel. In einer Tischlerei etwa, die als Sprungbrett zur beruflichen Integration von Langzeitarbeitslosen dient, werden Produkte und Dienstleistungen an Private bzw. an Institutionen verkauft, die sich in ihrem Kaufverhalten nicht anders verhalten, als Kunden von Wirtschaftsbetrieben. Der Betrieb profiliert sich über Preis und Qualität; Kundenorientierung ist nicht nur möglich, sondern unbedingt notwendig, um im Wettbewerb mit herkömmlichen Tischlereien mithalten zu können.
- Bedingte Kundenorientierung liegt dagegen vor, wenn auf der Seite des Auftraggebers und Finanziers ein Kollektiv steht. Die Komplexität der Entscheidungsprozesse erschwert es, im Detail auf die Erwartungen des Kunden einzugehen bzw. auf Änderungswünsche rasch zu reagieren. Das Beispiel der Tischlerei ist auch in diesem Fall zutreffend; als Nachfragender tritt jedoch die Gemeinde auf, deren Konsumverhalten auch von politischen Überlegungen bestimmt ist. Unter solchen Rahmenbedingungen ist Kundenorientierung zwar weiterhin sehr wichtig aber nicht ohne Weiteres umzusetzen, da sich die Entscheidungen des Kunden den üblichen Kaufmustern entziehen.

Sind der Auftraggeber und Finanzier des Angebots sowie der davon Betroffene unterschiedliche Akteure, ist eine differenzierte Kundenorientierung gefragt. Diese beruht auf der expliziten Unterscheidung der Interessen der angebotserteilenden Stelle einerseits und des Leistungsempfängers andererseits. Kundenorientierung bedeutet in diesem Fall nicht nur, sich auf die Erwartungen der unterschiedlichen Verhandlungspartner einzulassen. Sie äußert sich auch in der Bereitschaft, zwischen diesen Partnern zu vermitteln und sich für einen Ausgleich der Interessen einzusetzen. Man stelle sich ein Jugendzentrum vor: Die Eltern, welche die Kosten der kulturellen Aktivitäten tragen, erwarten sich, dass in der Einrichtung gewisse Spielregeln, wie etwa ein eingeschränkter Zugang zum Internet, gelten. Die Jugendlichen dagegen wünschen sich Freiräume und Rückzugsmöglichkeit. Es liegt in der Verhandlungskunst und im fachlichen Fingerspitzengefühl der NPO ein Angebot zu entwickeln, das den Erwartungen beider Seiten wenigstens zum Teil entspricht.

Abb. 8/2: Grundsätzliche Gestaltungsmöglichkeiten der Kundenorientierung

	LEISTUNGSEMPFÄNGER	
	Auftraggeber und Finanzier keine Interessenskonflikte	**Dritte** Interessenskonflikte möglich
Individuum bzw. Institution Eindeutige Präferenzen	**UNBESCHRÄNKTE KUNDENORIENTIERUNG** Entscheidungsträger, Zahler und Nutznießer der Leistung stimmen überein - wie typischerweise im Marketing angenommen: Kundenorientierung lässt sich gut umsetzen.	**DIFFERENZIERTES KUNDENVERSTÄNDNIS** Auftraggeber und Finanzier ist nicht der unmittelbare Nutznießer der Leistung sondern ein Dritter: Kundenorientierung erfordert ein Austarieren von Interessen.
Kollektiv Vielfältige Präferenzen	**BEDINGTE KUNDENORIENTIERUNG** Ein Kollektiv erschwert es i.d.R., sich über die Leistungsmekmale zu einigen: Kundenorientierung ist unter der Bedingung, dass eindeutige Ansprechpersonen vorhanden sind, möglich.	**STARK EINGESCHRÄNKTE KUNDENORIENTIERUNG** Das Kollektiv einerseits und die etwaigen Interessenkonflikte andererseits schränken die Möglichkeiten der NPO, kundenorientiert zu handeln, faktisch stark ein.

(Zeilenbeschriftung: AUFTRAGGEBER UND FINANZIER)

Quelle: Bono 2010b.

Noch komplexer wird Kundenorientierung, wenn ein Kollektiv einen Auftrag zugunsten eines Dritten erteilt. Sich an den Erwartungen der jeweiligen Partei zu orientieren ist faktisch nur eingeschränkt möglich. Die NPO steht nämlich vor einer zweifachen Herausforderung: Zum einen muss sie die Präferenzen im Hinblick auf die Ziele und Inhalte des gewünschten Angebots klären – ein Prozess, der je nach Organisationsgrad des Kollektivs sehr ressourcenintensiv sein kann. Zum anderen hat die NPO zwischen Auftraggeber und Adressaten zu vermitteln, welche ebenfalls nicht immer leicht ist. Wird etwa das Jugendzentrum, um beim obigen Beispiel zu bleiben, von einer Pfarrgemeinde geführt, ist zunächst im Pfarrgemeinderat ein Konsens zu finden, was durch diese Einrichtung erreicht werden soll und welche

Rahmenbedingungen gelten. In weiterer Folge ist dieses Konzept mit den Jugendlichen bzw. mit deren Leitern abzustimmen, damit das Jugendzentrum auch angenommen und von jungen Menschen gerne aufgesucht wird. Aus der Perspektive der NPO ist eine solche Konstellation die schwierigste, was Kundenorientierung betrifft.

8.3 Meilensteine in der Kundenorientierung

Marktähnliche Rahmenbedingungen mit schlüssigen Geschäftsbeziehungen zwischen Auftraggeber, Finanzier und Leistungsempfänger, unter denen eine unbeschränkte Ausrichtung an die Erwartungen der Kunden möglich ist, stellen im Nonprofit-Sektor – wie oben analysiert – eher die Ausnahme als die Regel dar. Dadurch besteht die latente Gefahr, dass die Präferenzen der Kunden von den sozialen Diensten selbst definiert werden. Wenn auch in den Leitbildern von NPOs das Wohl hilfsbedürftiger Menschen in den Mittelpunkt gestellt wird, dürfen die Interessen der Unternehmen nicht unüberprüft als übereinstimmend mit den Anliegen der Auftraggeber bzw. der Leistungsempfänger gesehen werden. Gerade Letztere sind aufgrund ihrer schwachen Machtposition gefährdet, überhört zu werden.

Kritische Stimmen sehen in der Spezialisierung und Professionalisierung der NPOs nicht nur den Vorteil, im sozialen Bereich Bedarfslagen und Lösungsmöglichkeiten besser zu verstehen. Sie fürchten um die Mitsprache der Betroffenen und um die Einschränkung derer Selbstbestimmung (Knocke 2004, S. 137). In Verbänden, Fachkreisen und Gremien organisiert neigt das Expertenwesen dazu, sich in oligarchischen Strukturen zurückzuziehen und sich einem Diskurs mit den Leistungsempfängern zu entziehen. Durch den öffentlichen Druck, insbesondere von Seiten der Finanziers, Angebote in ihrer Wirksamkeit zu dokumentieren und die Forderung der Leistungsempfänger, an Entscheidungsprozessen beteiligt zu werden, relativiert sich allmählich der Machtvorsprung sozialer Dienste. Neben dem Fachwissen, das durch die Ausbildung bzw. die Funktion in der NPO begründet wird, gewinnt das Erfahrungswissen der hilfesuchenden Menschen zunehmend an Bedeutung (Gaster 2004, S. 328).

Prinzipiell besteht Kundenorientierung aus drei Bausteinen: Erstens, das Verhalten der Leistungsempfänger verstehen; zweitens deren Zufriedenheit erfassen und drittens das Angebot den Erwartungen der Nachfrage entsprechend weiterzuentwickeln (Homburg/Werner 1998, S. 23 ff.).

Abb. 8/3: Bausteine der Kundenorientierung

PHASEN	BAUSTEINE
1) Verstehen	Analyse der LeistungsempfängerInnen – aktuelle wie ehemalige
	Analyse der Nicht-LeistungsempfängerInnen, insbesondere der potentiellen Kundschaft
	Einschätzung der zukünftigen Bedürfnisse
2) Messen	u.a.
	Messung der Zufriedenheit
	Erarbeitung von Zufriedenheitsprofilen
	Benchmarking
3) Verändern	Management der LeistungsempfängerInnen
	Verbesserung des Angebots
	Management der Organisation

Quelle: Bono 2006, S. 52.

8.3.1 Verstehen

Ausgangspunkt für die Ausrichtung des Angebots nach den Bedürfnissen und Erwartungen der Leistungsempfänger ist immer deren Analyse nach demographischen, sozioökonomischen, psychologischen und verhaltensbezogenen Kriterien (vgl. Bruhn 2005, S. 186 ff.).

Demographische Merkmale wie Alter, Geschlecht und Familienstand lassen sich relativ leicht erheben und werden häufig als Anhaltspunkte für eine erste Einteilung der Zielgruppe herangezogen. Dazu zählen auch geographische Aspekte wie die Verteilung der Leistungsempfänger im urbanen bzw. im ländlichen Raum, welche angesichts der im Kapitel 3.2 besprochenen Nicht-Transportfähigkeit sozialer Dienstleistungen die Standortfrage der NPO entscheidend beeinflusst.

Sozioökonomische Kriterien beschreiben die gesellschaftliche Stellung einer Person. Dem Einkommen und der damit verbundenen Kaufkraft kommt neben Beruf und Bildung die größte Bedeutung zu. Sie alle bestimmen den Grad der finanziellen Absicherung eines Individuums, welche für die Nachfrage nach sozialen Dienstleistungen maßgeblich ist.

Psychologische Aspekte umfassen die Motive, die Einstellungen sowie die Interessen und Aktivitäten der Zielgruppe. Insbesondere Motive und Einstellungen sind zwar empirisch schwer erfassbar, sie haben aber einen hohen Aussagewert im Hinblick auf die Nachfrage nach sozialen Angeboten. Die Bereitschaft zur häuslichen Betreuung von Angehörigen zum Beispiel ist stark von den eigenen, individuellen Lebensentwürfen geprägt. Während weniger wohlhabende Menschen, die sich vom Modernisierungsprozess unserer Gesellschaft distanzieren, eine hohe Bereitschaft zeigen, ihre Angehörigen selbst zu pflegen, fragen besser Verdienende eher nach Plätzen in Pflegeheimen bzw. nach professioneller Unterstützung durch Dritte (Blinkert/Klie 2000).

Die vierte und letzte Kategorie an Kriterien für die Analyse der Kunden bilden Verhaltensaspekte, d.h. die Muster wonach Leistungen nachgefragt werden. Den Dienstleistungssektor allgemein betrachtet entscheiden vier Faktoren über das Kaufverhalten (Meffert/Bruhn 2003, S. 147 f.): Die Leistung selbst, der Ort der Leistungserstellung, die Kommunikation und der Preis. Der letzte Faktor spielt allerdings im sozialen Sektor eine untergeordnete Rolle, da meist der Großteil der Kosten nicht vom Empfänger der Leistung selbst getragen wird. Besonders relevant dagegen sind der Leistungsort und die Kommunikation, die beide oft mehr als die Inhalte der Leistung über deren Nachfrage entscheiden.

Aus der Untersuchung der Leistungsempfänger – aktueller wie potentieller, können Hinweise über den zukünftigen Bedarf abgeleitet werden. Zu berücksichtigen ist jedoch, dass das Angebot an sozialen Dienstleistungen dem gesellschaftspolitischen Einfluss unterliegt: Während es Forprofit-Unternehmen mit Kunden zu tun haben, die ein selbstbestimmtes Konsumverhalten an den Tag legen, sind NPOs mit Bedarfslagen konfrontiert, die je nach Werthaltung der Gesellschaft mehr oder weniger stark wahrgenommen werden und sich in einen entsprechend großen Angebot niederschlagen.

8.3.2 Messen

Nach dem Verstehen der Nachfragestruktur und deren Entwicklung setzt Kundenorientierung mit der Analyse der Zufriedenheit der Leistungsabnehmer fort. Dabei sind Befragungen eine sehr häufige Erhebungsmethode. In der Praxis sind repräsentative Stichproben jedoch selten zu erreichen sind, wodurch die Verallgemeinerung der Ergebnisse nur bedingt möglich ist. Werden etwa die Bewohner einer stationären Einrichtung bei einer Hausversammlung eingeladen, ihre Meinung mittels Fragebogen zurückzumelden, ist davon auszugehen, dass sich vor allem besonders zufriedene oder aber verärgerte Personen melden werden. Vermutlich reicht für indifferente Bewohner die Motivation nicht aus, um sich an der Erhebung zu beteiligen. Darüber hinaus besteht die Gefahr, dass sich die Mitarbeiter durch die Rückmeldungen der Bewohner unter Druck gesetzt fühlen und in die Versuchung kommen, auf die Antworten der Befragten Einfluss zu nehmen. Ungeachtet dieser Schwierigkeiten können auch nicht repräsentative Befragungen Impulse zur Verbesserung der Leistung liefern. Sie gewähren einen Einblick in die Stärken und Schwächen der Organisation aus der Perspektive der Zielgruppen und ermöglichen es, Anregungen zur Weiterentwicklung des Angebots zu sammeln.

Zu beachten ist, dass bei Dienstleistungen nicht nur die objektive Qualität sondern auch die individuelle Wahrnehmung derselben die Zufriedenheit der Leistungsempfänger beeinflussen (Kebbel 2000, S. 173 ff.). Insbesondere wirken sich Zusatzleistungen wie etwa Aufbewahrungsmöglichkeiten in Obdachlosenzentren oder Kinderbetreuungsangebote in Arbeitsprojekten positiv auf das Qualitätsempfinden aus. Zu heterogene und in der Qualität nicht vergleichbare Zusatzleistungen allerdings verunsichern Leistungsempfänger und verschlechtern das Gesamturteil. Das Kernangebot muss für die Zielgruppe erkennbar bleiben. Auch die emotionale Beteiligung der Leistungsempfänger, das so genannte „Involvement", begünstigt die Zufriedenheit. Schon allein deswegen empfiehlt es sich, nach Wegen zu suchen, um Leistungsempfängern in den Prozess der Leistungserstellung einzubinden und sie quasi als Produktionspartner aufzuwerten, wie in den letzten Abschnitten dieses Kapitels argumentiert wird. Ergänzend zum Involvement ist auf den Informationsbedarf des Leistungsempfängers einzugehen. Während Unsicherheiten über die zu erwartende Leistung Missstimmung begünstigen, schlägt sich das Gefühl gut informiert zu sein positiv auf die Gesamtzufriedenheit nieder – ein Aspekt, der übrigens nicht nur in Hinblick auf die Leistungsempfänger relevant ist, sondern insbesondere auch bei der Gestaltung der Beziehung zu den Finanziers eine wesentliche Rolle spielt.

8.3.3 Verändern

Der dritte und letzte Baustein eines Kundenorientierungskonzeptes besteht aus der Anpassung und Weiterentwicklung des Angebots den Erkenntnissen der vorangegangenen Analysen entsprechend. Dabei geht es um folgende drei Handlungsbereiche:

- Erstens die Nähe zu den Abnehmern der Leistung zu sichern;
- zweitens deren Einbindung in den Dienstleistungsprozess zu fördern;
- drittens die Organisationskultur nach den Erwartungen der Kunden auszurichten.

In diesem Zusammenhang ist Kundenintegration in den letzten zwanzig Jahren zu einem Hauptthema des Dienstleistungsmanagements geworden. Zuletzt wird argumentiert, Kunden nicht nur aktiv in den Leistungserstellungsprozess zu integrieren, sondern ihnen als Partner im Wertschöpfungsprozess auf gleicher Augenhöhe zu begegnen (Vargo/Lusch 2008, S. 1 ff.). Im Nonprofit-Sektor ist das Thema weniger erforscht, faktisch aber gehört Kundenintegration zum Alltag vieler Organisationen. In einer Studie über Schweizer NPOs gaben nahezu zwei Drittel der befragten Geschäftsführer an, Leistungsempfänger teilweise in den Dienstleistungsprozess zu integrieren; in einem Drittel der Fälle ging die Einbindung soweit, dass von einer partnerschaftlichen Wertschöpfung gesprochen werden kann (Helmig/Michalski/Thaler 2009, S. 474).

8.4 Kunden als Partner im Dienstleistungsprozess

Im Allgemeinen wird unter Kundenintegration das Einbinden des Leistungsabnehmers, des so genannten externen Faktors, in den betrieblichen Prozess der Leistungserstellung verstanden, welches zwei Formen annehmen kann: Zum einen die Mitsprache des Kunden bei der Präzisierung des Bedarfs bzw. der Leistungsmerkmale; zum anderen dessen Beteiligung bei der Realisierung der Leistung.

Abb. 8/4: Formen der Kundenintegration im NPO-Sektor

	Leistungsempfänger	Interessensvertretungen	Bürger
Strategische Planung und Konzeption	Partner in Planungs- und Entscheidungsgremien	Entwickeln Vorschläge; sind in Kommissionen auf lokaler/nationaler Ebene vertreten	Vertreten in Planungs- und Entscheidungsgremien die Interessen der Bürger, der Nicht-Adressaten bzw. der ehemaligen Leistungsempfänger.
Entwicklung und Evaluation von Angeboten	Bringen sich durch Befragungen und anderen Feedback-Verfahren ein; sind an Pilotprojekten beteiligt.	Wirken in Arbeitsgruppen mit; pflegen die Kontakte zu anderen Verbänden; entwickeln Leitbilder und Standards	Sichern die Vielfalt der Gesichtspunkte und bringen die Interessen derjenigen ein, die (derzeit) kein Gebrauch vom Angebot machen
Tagtägliche Erbringung der Dienstleistung	Wirken an Hausversammlungen und Ähnlichem mit; werden als Ko-Produzenten eingebungen	Vertreten die Interessen des Einzelnen in der Einrichtung; vermitteln bei Konflikten zwischen Leistungsanbietern und Leistungsempfängern	Überprüfung der Qualität der Dienstleistung sowie der Einhaltung von Gleichheits- und Gerechtigkeitsgrundsätzen.

Quelle: Bono 2006, S. 57 nach Gaster 2004, S. 334.

8.4.1 Voraussetzungen für eine gelungene Kundenintegration

Die Wahrnehmung der Kunden als Verbündete impliziert ein neues Führungsverständnis, das weniger auf Kontrolle, dafür mehr auf Kommunikation setzt, und für kritisches Hinterfragen der eigenen Konzepte offen ist. Dies erfordert ein Umdenken auf mehreren Ebenen:

- Die Potentiale des hilfsbedürftigen Menschen erkennen und in den Hilfsplänen berücksichtigen;
- die Eigenverantwortlichkeit des Leistungsempfängers respektieren und ihn als Partner gewinnen wollen;
- präventive Maßnahmen in den Vordergrund stellen;
- Organisationsstrukturen überprüfen und auf das Zusammenwirken unterschiedlicher Angebote achten.

Kundenintegration in der sozialen Arbeit zu fördern stärkt nicht nur das Selbsthilfepotential der Leistungsempfänger, sondern kann auch zu einer finanziellen Entlastung der NPO führen. Durch das Prinzip „mit dem Kunden" anstatt „für den

Kunden" sind in der Regel sowohl eine höhere Zufriedenheit der Betroffenen als auch inhaltlich sinnvolle Sparmöglichkeiten zu erreichen.

Neben den vielen Chancen, die sich durch den Grundgedanken „Hilfe zur Selbsthilfe" erschließen, sind jedoch auch die Grenzen der Kundenintegration zu bedenken (Bono 2006, S. 58), die im Wesentlichen vier Aspekte betreffen. Einschränkungen in der Kundenintegration sind zunächst auf technische Barrieren zurückzuführen wie etwa Sicherheitsvorkehrungen im Informationsmanagement der Organisation, wodurch Dritte prinzipiell aus dem System ausgeschlossen werden. Während zum Beispiel in einer Wohngemeinschaft der Einkauf von Lebensmitteln in einem Supermarkt leicht den Bewohnern überlassen werden kann, wirft die Online-Bestellung derselben komplexere organisatorische Fragen auf. Der Zugang zur EDV ist ein heikles Thema, das in den meisten Unternehmen restriktiv geregelt ist. Expertise und Kompetenzen sind nicht nur in technischen Belangen gefragt. Auch in anderen Bereichen stellen Know-how und Erfahrung Voraussetzungen dar, die Leistungsempfänger möglicherweise nicht erfüllen. Als zusätzliche Schwierigkeit in der Beteiligung der Leistungsempfänger am betrieblichen Prozess der NPO sind die Erwartungen und Ansprüche zu sehen, die durch den partnerschaftlichen Umgang erweckt werden. Um das Beispiel der Wohngemeinschaft noch einmal aufzugreifen: Überträgt etwa die Einrichtung die Verantwortung für die Gartenpflege den Bewohnern, werden diese den Garten wahrscheinlich auch aktiver benutzen wollen – unter Umständen in einer Form, die für die Organisation nicht mehr vertretbar ist. Eine sehr klare Grenze der Kundenintegration stellt schließlich die Integrationsverweigerung dar. Gerade in Bereichen sozialer Arbeit, in denen Maßnahmen primär vom Auftraggeber gewollt sind, ist ein emotionaler Rückzug des Leistungsempfängers eine häufige Antwort. In solchen Fällen liegt es an der NPO, genügend Anreize zu bieten – ob Anerkennung, Begünstigungen oder finanzielle Entschädigung –, um die Motivation der Leistungsempfänger zu wecken und sie zu einer kooperativen Haltung zu bewegen.

8.4.2 Kundenintegration in der NPO-Praxis

So heterogen die Strukturen und die Tätigkeitsbereiche von Nonprofit-Organisationen im Alltag sind, so vielfältig sind auch die Möglichkeiten Kundenintegration in die Praxis umzusetzen. Fünf in Wechselwirkung zueinander stehende Gestaltungsebenen bieten sich hierfür an: Die NPO selbst, der Prozess der Leistungserstellung, das Angebot – ob ein Produkt oder eine Dienstleistung–, der Leistungsempfänger und die Schnittstelle, d.h. der reale oder virtuelle Ort, an dem die Interaktion zwischen Produzenten und Ko-Produzenten stattfindet.

Abb. 8/5: Gestaltungsebenen der Einbindung von Kunden

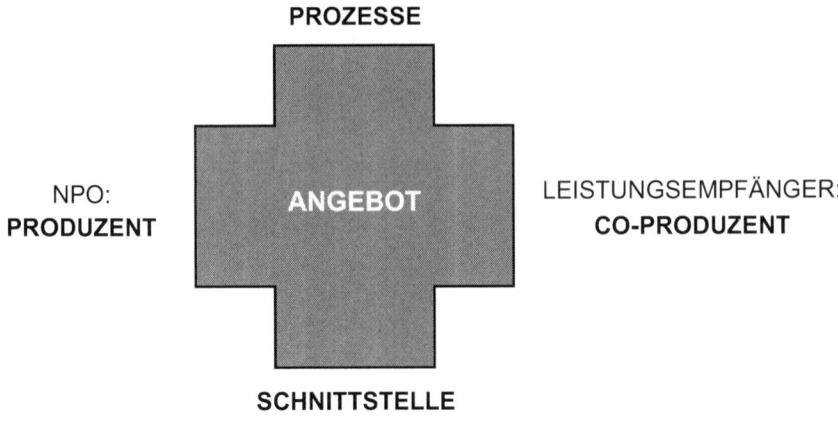

Quelle: Eigene Darstellung.

Werden systematisch alle relevanten Aspekte überprüft, lässt sich das Zusammenwirken von NPO und Leistungsempfängern auf jeder Gestaltungsebene fördern.

In Hinblick auf die NPO in ihrer Rolle als Produzentin stellen sich insbesondere folgende Fragen (Bono 2006, 69 f.):

– Stimmt die Entscheidung, Ko-Produktion zu fördern, mit der allgemeinen strategischen Ausrichtung der Organisation überein?
– Welche Einschränkungen sind in Sicherheits- und Qualitätsstandards begründet?
– Ermöglicht es die Ko-Produktion der NPO, sich verstärkt auf ihre Kernkompetenzen zu konzentrieren?
– Zum einen: welche Ressourcen beansprucht Ko-Produktion? Zum anderen: welche Einsparungsmöglichkeiten ergeben sich?

In Hinblick auf den Prozess der Leistungserstellung:

– In welchen Phasen der Leistungserstellung ist die Wertschöpfung durch die NPO gering und dadurch ein Mitwirken der Leistungsempfänger besonders sinnvoll?
– Welche Phasen der Leistungserstellung sind dagegen besonders kritisch?
– Wie können die an der Ko-Produktion beteiligten Person unterstützt und gefördert werden?
– Welche Anreize erleichtern es, dass Mitarbeiter wie Leistungsempfänger bzgl. ihrer Zusammenarbeit Verbesserungsvorschläge einbringen?

In Hinblick auf das Produkt bzw. die Dienstleistung:

- Bei welchen Angeboten hat sich Ko-Produktion bisher bewährt?
- Bei welchen nicht? Warum?
- Welche Formen der Ko-Produktion bieten die Mitbewerber an?
- Werden neue Angebote auch unter dem Gesichtspunkt der Ko-Produktion konzipiert?
- Wie wird das Mitwirken der Leistungsempfänger honoriert?

In Hinblick auf den Leistungsempfänger als Ko-Produzenten:

- Wie erfahren Leistungsempfänger von den angebotenen Ko-Produktionsmöglichkeiten?
- Beherrschen sie die notwendigen Fähigkeiten bzw. verfügen sie über das erforderliche Wissen? Wie wird es ihnen vermittelt?
- Welche Leistungsempfänger zeigen Interesse an der Ko-Produktion?
- Welche nicht? Warum?
- Welche Leistungsempfänger sollten dagegen von einer Ko-Produktion ausgeschlossen werden?

In Hinblick auf die Schnittstelle als Ort der Interaktion zwischen Produzenten und Ko-Produzenten:

- Welche Leistungsempfänger, effektive wie potentielle, spricht die Schnittstelle an? Auf wen dagegen wirkt die Schnittstelle abweisend?
- Wie wird die Benutzerfreundlichkeit der Schnittstelle gefördert? Wie wird sie überprüft?
- Wie sehr erleichtert es die Ausstattung der Schnittstelle zusammenzuarbeiten?
- Wie wird die Interaktion zwischen der NPO und der Zielgruppe gefördert?

8.5 Leistungsempfänger: Das Wesentliche in Kürze

Der Begriff „Kunde" umfasst im sozialen Sektor mehrere in ihrer Stellung nicht vergleichbare Stakeholder: Sowohl der Auftraggeber, meist mit dem Finanzier identisch, wie auch der Leistungsempfänger bestimmen das Angebot der NPO und sind davon betroffen, wenn auch aus sehr unterschiedlichen Perspektiven. Im Alltag sozialer Dienste ist Kundenorientierung oft nur beschränkt umsetzbar. Besonders eingeschränkt ist die Möglichkeit, sich nach dem Leistungsabnehmer auszurichten, wenn die NPO mit einem Kollektiv konfrontiert ist, das für Dritte eine Leistung in Auftrag gibt. Dies trifft zum Beispiel auf eine Gemeinde zu, die ein Jugendzentrum errichten lassen möchte. Zum einen herrschen in einem Kollektiv meist vielseitige Präferenzen, die erst abgewogen und auf einen gemeinsamen

Nenner gebracht werden müssen. Zum anderen ist es grundsätzlich problematisch, wenn sich der Auftraggeber vom unmittelbaren Leistungsempfänger unterscheidet, da es zu Interessenskonflikten kommen kann.

Kundenorientierung baut auf drei Stufen auf: Die Analyse der nachfragenden Seite, das Messen der Kundenzufriedenheit und die Weiterentwicklung des Angebots. Besondere Bedeutung kommt dabei der Kundenintegration zu, d.h. dem Einbinden des Leistungsabnehmers in den Prozess der Leistungserstellung. Es wirkt motivierend und ermöglicht es oft, Mittel einzusparen bzw. auf die Kerngeschäfte der NPO zu verlegen.

Teil III
Ein Werkzeugkasten für die Praxis

*„Nicht alles, was zählt, kann gezählt werden
und nicht alles, was gezählt werden kann,
zählt."*

Albert Einstein

In der Praxis kennt Performance Management unzählige Umsetzungsformen, die so vielfältig sind wie die unterschiedlichen Erscheinungsformen und Tätigkeitsbereiche von NPOs. Kein Buch, auch nicht dieses, liefert das passgenau Steuerungskonzept für eine konkrete Organisation. Dieses Konzept und insbesondere die Implementierung desselben, kann nur von der NPO selbst erarbeitet werden. Aus diesem Grund soll an dieser Stelle ergänzend zu den vielen Informationen und Anregungen der vorangegangenen Abschnitte ein Überblick über denkbare Wirkungsketten bzw. über mögliche Kennzahlen geboten werden. Es liegt in der Verantwortung jedes Entscheidungsträgers und nicht zuletzt in seiner Kreativität, aus den Beispielen jene herauszufiltern, die auf seine Organisation zutreffen und die Kennzahlen so anzupassen bzw. weiterzuentwickeln, dass sie der Steuerung der NPO tatsächlich dienen.

Die Beispiele der nächsten Seiten bauen in vielerlei Hinsicht auf der Arbeit der US-amerikanischen Organisationen „The Urban Institute" (2010) und „The Center for What Works" (2010) auf, welche sich im letzten Jahrzehnt intensiv mit der Herausforderung auseinandergesetzt haben, praxisrelevante Steuerungsinstrumente für NPOs zu entwickeln. Es ist der Verdienst genannter Institutionen, im Wissen um alle methodischen Einschränkungen, die in der Praxis unvermeidbar sind, einen Rahmen für die Analyse der Wirkungen sozialer Arbeit vorgeschlagen zu haben. Im Detail sind sowohl die Wirkungsketten wie auch die Klassifikation der Wirkungen von der Autorin weiterentwickelt, verändert und durch viele Inputs aus der eigenen Forschungs- und Beratungstätigkeit bereichert worden. Das Ergebnis ist als permanentes „work in progress" weder abgeschlossen noch vollständig: Es möge jedoch an einer konkreten Umsetzung des Performance Managements interessierten NPOs eine Orientierungshilfe bieten, die jenseits theoretischer Diskussionen Antworten sucht und findet.

9 Ausgesuchte Ursachen-Wirkungsketten

Im Folgenden wird eine Reihe von Wirkungsketten präsentiert, die sehr unterschiedliche Bereiche der Arbeit von NPOs, die auf soziale Ziele ausgerichtet sind, abdeckt. Es versteht sich, dass die aufgezeigten Zusammenhänge zwischen Ressourcen und Wirkungen Möglichkeiten beschreiben und keineswegs den einzig denkbaren Weg postulieren. Die Wirkungsketten sind bewusst vereinfacht dargestellt, um den Einstieg in das Thema zu erleichtern. Die Intention der Autorin ist es, den Ausgangspunkt für eine Diskussion zu bieten, die letztlich jede Einrichtung für sich genommen zu führen hat: Was tun wir und welche Wirkungen erwarten wir uns daraus?

Zu Beginn werden die Wirkungsbeziehungen einer niederschwelligen Einrichtung analysiert. Das Krisenzentrum bietet jederzeit lebensgrundsätzliche Unterstützung. Der Zugang ist unbürokratisch und der Aufenthalt auf eine kurze Zeit beschränkt. Dies spiegelt sich im „Effect", in der objektiven Wirkung wider: Im Mittelpunkt stehen die Befriedigung der Grundbedürfnisse und die Entwicklung eines Maßnahmenpaketes für den in Not geratenen Menschen. Es folgt das Beispiel einer höherschwelligen Wohnform: Im Gegensatz zum Krisenzentrum finden das Ansuchen um einen Wohnplatz und das Beziehen der Wohneinheit zu unterschiedlichen Zeitpunkten statt, was sich in die Evaluation der Maßnahme entsprechend niederschlägt.

Neben der unmittelbaren Unterstützung der Zielgruppe, worauf sich oben geschilderte Fälle bezogen haben, verfolgen NPOs häufig auch die Ziele, Positives zu fördern, Negativem vorzubeugen und Lobbying zu betreiben. Die Wirkungskette des Gesundheitsförderungsprogramms zeigt auf, wie über Qualifizierungsmaßnahmen unter Umständen die erwünschte Änderung des Verhaltens erreicht werden kann, wobei selbstverständlich andere Einflüsse auch eine Rolle spielen. Ergänzend dazu, geht das Beispiel „Lobbying" darauf ein, wie Veränderungen zugunsten einer Zielgruppe auch ohne unmittelbares Einwirken auf die Gruppe möglicherweise erreicht werden können.

Das letzte Beispiel bezieht sich auf eine besondere Zielgruppe: Kinder- und Jugendliche. Im Rahmen der Schulsozialarbeit erfahren sie Unterstützung in schulischen Belangen und in der Klärung allfälliger Probleme. Besonders hervorzuheben ist hier die Rolle der Eltern, die auf der Ebene des „Impact", der subjektiven Zufriedenheit neben den unmittelbaren Leistungsempfängern, mit zu berücksichtigen sind. Eine ähnliche Stellung käme in Einrichtungen der Altenbetreuung Verwandten zu.

Der Zeitpunkt für die Berechnung der Kennzahlen ist programmspezifisch; es ist durchaus denkbar, einige bzw. mehrere Steuerungsgrößen im Rahmen einer Erhebung, zum Beispiel einer und derselben Befragung, zu erfassen. Bei zeitlich extensiven Angeboten empfiehlt es sich, die Zufriedenheit der Leistungsempfänger zu mehreren Zeitpunkten abzufragen, um deren Entwicklung im Verlauf der sozialen Maßnahme verfolgen zu können. Für Steuerungszwecke ebenfalls interessant ist die Analyse jener Teilmenge der Zielgruppe, die, aus welchem Grund auch immer, vom Angebot nicht erreicht worden ist.

9.1 Krisenzentrum

Programmziel:
Das Programm zielt durch das Bereitstellen von Übernachtungsmöglichkeiten und grundsätzlichen Beratungsleistungen auf die kurzfristige Stabilisierung von Menschen in akuter Not ab.
Beispiele:
Notschlafstelle, Frauenhäuser usw.

Abb. 9/1: Wirkungspfad Krisenzentrum

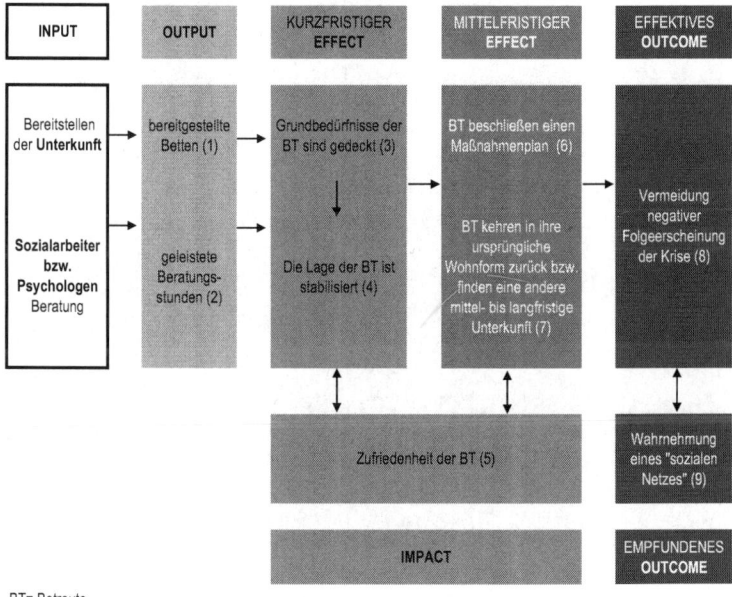

BT= Betreute

Quelle: Eigene Darstellung.

Abb. 9/2: Ausgesuchte Kennzahlen Krisenzentrum

Nr.	Kennzahlen	Quelle
1	1.1 Anzahl Betten 1.2 Anzahl BT (eventuell nach persönlichen Merkmalen gegliedert) 1.3 Verhältniszahl: BT/Summe Betten	interne Aufzeichnungen
2	2.1 Anzahl Beratungsstunden 2.2 Verhältniszahl: Beratungsstunden/BT 2.3 Verhältniszahl: Beratungsstunden/Mitarbeiter	interne Aufzeichnungen
3	3.1 Anzahl Leistungen (z.B. Mahlzeiten, Waschvorgänge usw.) 3.2 Verhältniszahl: Leistungen/BT	interne Aufzeichnungen
4	4.1 Anzahl BT, deren Lage sich hinsichtlich Gesundheit, Familie, Wohnen usw. stabilisiert hat. 4.2 Verhältniszahl: BT, deren Lage stabil geworden ist/Summe BT.	interne Aufzeichnungen
5	5.1 Anzahl zufriedener BT 5.2 Verhältniszahl: Zufriedene BT/Summe BT	Befragung der BT am Ende des Aufenthaltes
6	6.1 Anzahl BT, die vor ihrem x-ten Aufenthaltstag in der Einrichtung einen Maßnahmenplan beschließen. 6.2 Verhältniszahl: BT mit Maßnahmenplan/Summe BT	interne Aufzeichnungen
7	7.1 Anzahl BT, die in ihre ursprüngliche Wohnform zurückkehren bzw. eine andere mittel- bis langfristige Unterkunft finden. 7.2 Verhältniszahl: erfolgreiche BT/Summe BT, die Maßnahmenplan beschlossen haben 7.3 Verhältniszahl: erfolgreiche BT/Summe BT	interne Aufzeichnungen
8	8.1.Anzahl Obdachloser auf offener Straße im Einzugsgebiet 8.2 Anzahl Fälle familiärer Gewalt im Einzugsgebiet usw.	Aufzeichnungen Dritter
9	9.1 Anzahl zufriedener Befragter 9.2 Verhältniszahl: zufriedener Befragter/Summe der Befragten	Befragung ehemaliger BT bzw. Befragung der Öffentlichkeit

9.2 Betreutes Wohnen

Programmziel:
Das Programm zielt durch die Bereitstellung vorübergehender Wohnmöglichkeiten und einschlägiger Beratung auf ein nachhaltiges selbständiges Wohnen ab.
Beispiele:
Betreute Wohngemeinschaften und ähnliche Wohnformen für Wohnungslose, aus der Haft Entlassene usw.

Abb. 9/3: Wirkungspfad Betreutes Wohnen

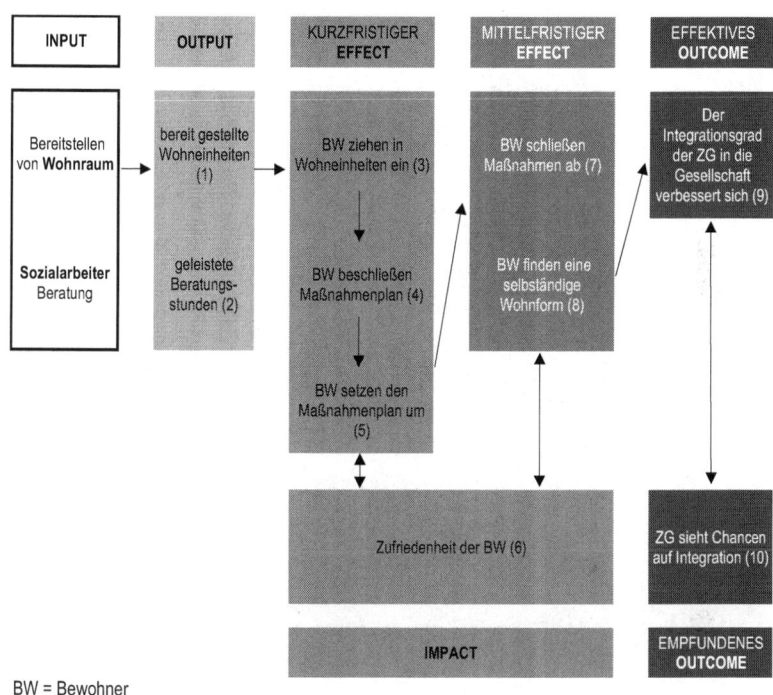

BW = Bewohner
ZG = Zielgruppe

Quelle: Eigene Darstellung.

Abb. 9/4: Ausgesuchte Kennzahlen Betreutes Wohnen

Nr.	Kennzahlen	Quelle
1	1.1 Anzahl Wohneinheiten (eventuell nach Kategorien gegliedert) 1.2 Anzahl BW (eventuell nach persönlichen Merkmalen gegliedert) 1.3 Verhältniszahl: BW/Summe Wohneinheiten	interne Aufzeichnungen
2	2.1 Anzahl Beratungsstunden 2.2 Verhältniszahl: Beratungsstunden/BW 2.3 Verhältniszahl: Beratungsstunden/Mitarbeiter	interne Aufzeichnungen
3	3.1 Anzahl Personen, die in das Programm aufgenommen wurden (eventuell nach Merkmalen der aufgenommenen Personen gegliedert) 3.2 Verhältniszahl: Anzahl neuer BW/Anzahl Ansuchen 3.3 Durchschnittliche Bearbeitungszeit	interne Aufzeichnungen
4	4.1 Anzahl BW, die vor ihrer x-ten Woche in der Einrichtung einen Maßnahmenplan beschließen. 4.2 Verhältniszahl: BW mit Maßnahmenplan/Summe BW	interne Aufzeichnungen
5	5.1 Anzahl BW, die Maßnahmenplan umsetzen 5.2 Verhältniszahl: BW, die Maßnahmenplan umsetzen/Summe BW	interne Aufzeichnungen
6	6.1 Anzahl zufriedener BW 6.2 Verhältniszahl: Zufriedene BW/Summe BW	Befragung der BW zu Beginn, im Verlauf und am Ende des Aufenthaltes
7	7.1 Anzahl BW, die den Maßnahmeplan abschließen 7.2 Verhältniszahl: erfolgreiche BW/Summe BW, die Maßnahmenplan beschlossen haben 7.3 Verhältniszahl: erfolgreiche BW/Summe BW	interne Aufzeichnungen
8	8.1 Anzahl BW, die eine selbstständige Wohnform gefunden haben 8.2 Verhältniszahl: Anzahl selbständig Wohnende/Summe BW	interne Aufzeichnungen Aufzeichnungen Dritter
9	9.1. Nachhaltigkeit des selbständigen Wohnens 9.2 Lebensumstände der Zielgruppe im Einzugsgebiet	Befragung, der BW bzw. von Experten; externe Aufzeichnungen
10	10.1 Anzahl zufriedener BW 10.2 Verhältniszahl: Zufriedene BW/Summe BW	Befragung der ZG

9.3 Gesundheitsförderung

Programmziel:
Das Programm zielt auf die Förderung der Gesundheit und der Lebensqualität durch Bildungs- und Sensibilisierungsmaßnahmen ab.
Beispiele:
Stress-Management, Rauchprävention, Förderung gesunder Ernährungsgewohnheiten, Gewichtskontrolle bzw. -reduktion, HIV-Prävention, usw.

Abb. 9/5: Wirkungspfad Gesundheitsförderung

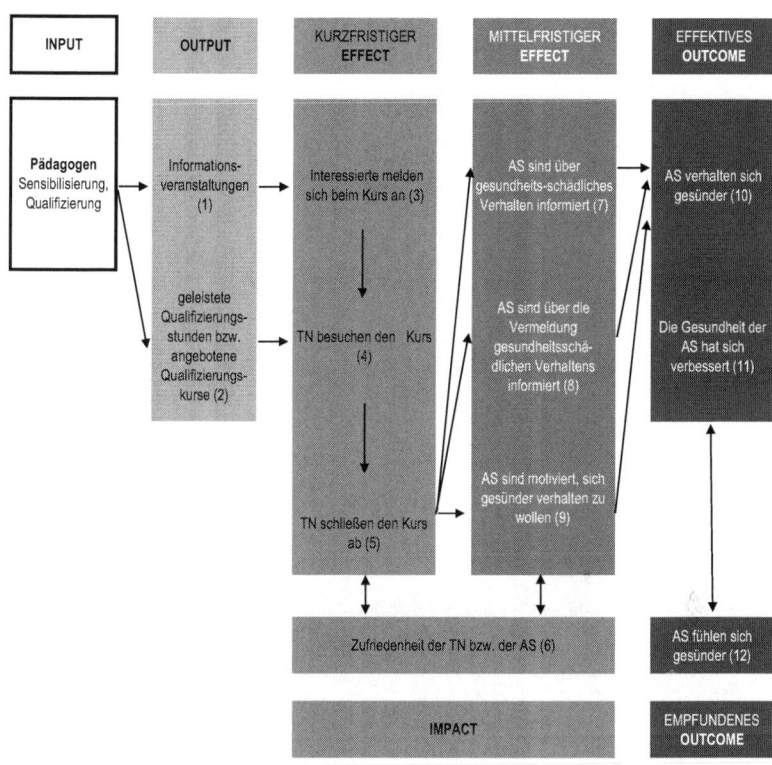

TN= Teilnehmer
AS= Absolventen

Quelle: Eigene Darstellung.

Abb. 9/6: Ausgesuchte Kennzahlen Gesundheitsförderung

Nr.	Kennzahlen	Quelle
1	1.1 Anzahl Informationsveranstaltungen eventuell gegliedert nach Veranstaltungsart, usw. 1.2 Anzahl der erreichten Personen	interne Aufzeichnungen
2	2.1 Anzahl Qualifizierungsstunden bzw. -kurse eventuell nach den Merkmalen der Kurse gegliedert	interne Aufzeichnungen
3	3.1 Anzahl Anmeldungen (eventuell nach persönlichen Merkmalen gegliedert) 3.2 Verhältniszahl: Anmeldungen/Anwesende an Informationsveranstaltung	interne Aufzeichnungen
4	4.1 Anzahl TN (eventuell nach persönlichen Merkmalen gegliedert) 4.2 Verhältniszahl: TN/Anmeldungen	interne Aufzeichnungen
5	5.1 Anzahl Absolventen 5.2 Verhältniszahl: Absolventen/TN	interne Aufzeichnungen
6	6.1 Anzahl zufriedener TN bzw. AS 6.2 Verhältniszahl: Zufriedene TN/Summe TN 6.3 Verhältniszahl: Zufriedene AS/Summe AS	Befragung der TN bzw. der AS zu Beginn, im Verlauf und am Ende des Programms
7	7.1 Anzahl AS, die über die Folgen gesundheitsschädlichen Verhaltens informiert sind. 7.2 Verhältniszahl: informierte AS/Summe AS	Test zu Beginn und am Ende des Programms
8	8.1 Anzahl AS, die über die Vermeidung gesundheitsschädlichen Verhaltens informiert sind. 8.2 Verhältniszahl: informierte AS/Summe AS	Test zu Beginn und am Ende des Programms
9	9.1 Anzahl AS, die motiviert sind, sich gesünder verhalten zu wollen. 9.2 Verhältniszahl: motivierte AS/Summe AS	Befragung der TN zu Beginn und am Ende des Programms
10	10.1 Anzahl AS, die sich nach Programmabschluss gesundheitsbewusster verhalten 10.2 Verhältniszahl: gesundheitsbewusstere AS/Summe AS	Befragung der AS, eventuell auch ihrer Angehörigen
11	11.1 Anzahl AS, deren Gesundheitszustand sich verbessert hat. 11.2 Verhältniszahl: gesündere AS/Summe AS	Gesundheitstest
12	12.1 Anzahl AS, die sich gesünder fühlen 12.2 Verhältniszahl: sich gesünder fühlende AS/Summe AS	Befragung der AS

9.4 Lobbying

Programmziel:
Das Programm zielt durch Informationsvermittlung, Sensibilisierung und Förderung politisch unterstützender Rahmenbedingungen auf die Verbesserung der Lebensumstände der Zielgruppe ab.
Beispiele:
Schutz der Menschenrechte, Umweltschutz, Förderung der Anliegen von Asylanten usw.

Abb. 9/7: Wirkungspfad Lobbying

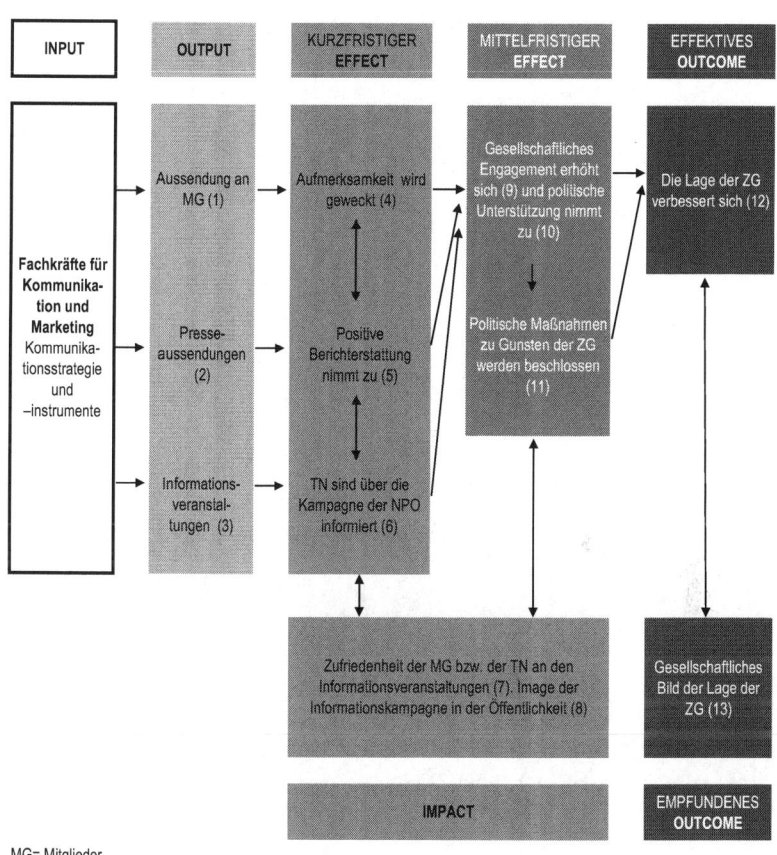

MG= Mitglieder
TN= Teilnehmer
ZG= Zielgruppe

Quelle: Eigene Darstellung.

Abb. 9/8: Ausgesuchte Kennzahlen Lobbying

Nr.	Kennzahlen	Quelle
1	1.1 Anzahl Aussendungen	interne Aufzeichnungen
2	2.1 Anzahl Presseaussendungen bzw. -konferenzen	interne Aufzeichnungen
3	3.1 Anzahl und Art der Informationsveranstaltung 3.2 Anzahl Teilnehmer an Informationsveranstaltung	interne Aufzeichnungen
4	4.1 Anzahl der MG, die sich an der Kampagne beteiligen (Zeit- oder Geldspende) 4.2 Verhältniszahl: Sich beteiligende MG/Anzahl Aussendungen	interne Aufzeichnungen
5	5.1 Anzahl Meldungen in den Medien (eventuell nach Fernsehen, Radio, Print-Medien und Online-Meldungen gegliedert)	Medienspiegel
6	6.1 Anzahl TN, die über die Kampagne der NPO informiert sind 6.2 Verhältniszahl: informierte TN/Summe TN	Befragung der TN bzw. Test
7	7.1 Anzahl zufriedener MG bzw. TN 7.2 Verhältniszahl: Zufriedene MG/Summe MG 7.3 Verhältniszahl: Zufriedene TN/Summe TN	Befragung der MB bzw. der TN
8	8.1 Bekanntheit der Informationskampagne in der Öffentlichkeit 8.2 Urteil der Öffentlichkeit	Befragung der Öffentlichkeit, Analyse der medialen Berichterstattung
9	9.1 Anzahl der Personen, die sich an der Kampagne beteiligen (Zeit- oder Geldspende) 9.2 Anzahl der Organisationen, die als Kooperationspartner gewonnen wurden	interne Aufzeichnungen
10	10.1 Anzahl der Politiker, die sich öffentlich zur Unterstützung der ZG bekennen.	interne Aufzeichnungen
11	11.1 Anzahl der beschlossenen politischen Maßnahmen zu Gunsten der ZG	interne Aufzeichnungen
12	12.1 Anzahl Personen aus der ZG, deren Lebensumstände sich verbessert haben. 12.2 Verhältniszahl: Personen, deren Lebensumstände sich verbessert haben/Summe Personen der ZG	Befragung der ZG bzw. von Experten, Aufzeichnungen Dritter
13	13.1 Einschätzung der Öffentlichkeit	Befragung der Öffentlichkeit

9.5 Schulsozialarbeit

Programmziel:
Das Programm zielt auf die Förderung der sozialen Kompetenzen und des schulischen Erfolges von Kindern und Jugendlichen durch Krisenintervention, Beratung, pädagogische Aktivitäten und Elternbildung.
Beispiele:
Schülerberatung, Konfliktprävention usw. an den unterschiedlichsten Schulen

Abb. 9/9: Wirkungspfad Schulsozialarbeit

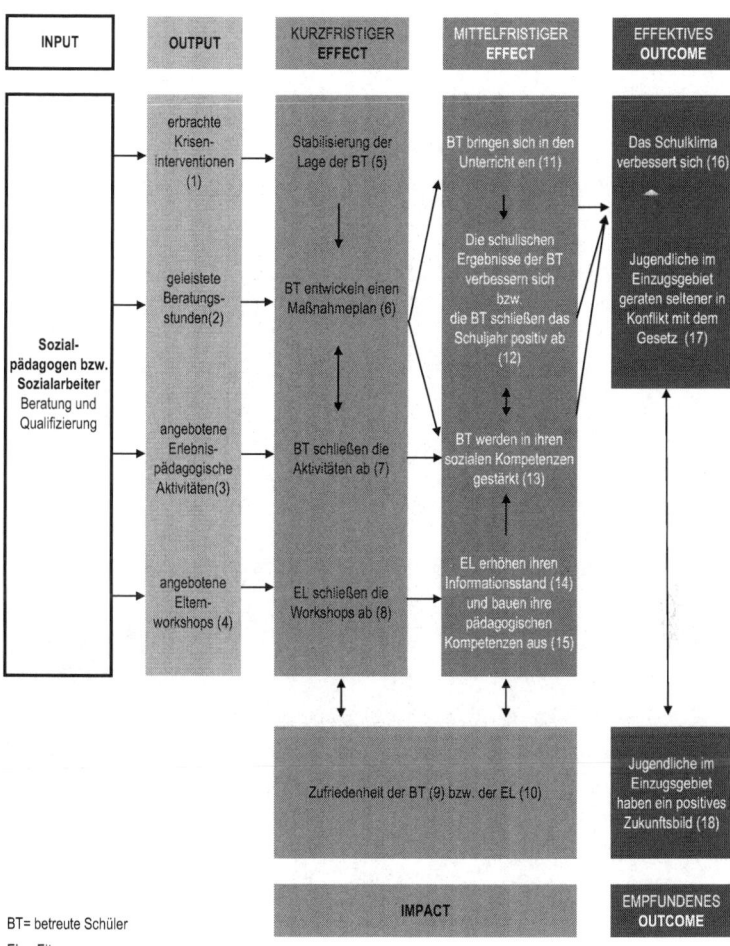

BT= betreute Schüler
EL = Eltern

Quelle: Eigene Darstellung.

Abb. 9/10: Ausgesuchte Kennzahlen Schulsozialarbeit

Nr.	Kennzahlen	Quelle
1 2 3	1.1 & 2.1 & 3.1 Anzahl Teilnehmer (eventuell nach persönlichen Merkmalen gegliedert) 1.2. & 2.2 & 3.2 Verhältnis: Personalkosten/geleistete Stunden bzw. geleistete Einheit (Krisenintervention-, Beratung-, Aktivitäten)	interne Aufzeichnungen
4	4.1 Anzahl EL pro Workshop bzw. in Summe (eventuell nach Merkmalen der EL bzw. der Workshops gegliedert)	interne Aufzeichnungen
5	5.1 Anzahl BT, deren Lage sich hinsichtlich Schule und Familie stabilisiert hat. 5.1. Verhältniszahl: BT, deren Lage stabil geworden ist/Summe BT	interne Aufzeichnungen
6	6.1 Anzahl BT, die vor ihrem x-ten Betreuungstag einen Maßnahmenplan beschließen. 6.2 Verhältniszahl: BT mit Maßnahmenplan/Summe BT	interne Aufzeichnungen
7 8	7.1 & 8.1 Anzahl BT bzw. EL die Programm abschließen (eventuell nach persönlichen Merkmalen gegliedert) 7.2 & 8.2 Verhältniszahl: BT bzw. EL, die Programm abschließen/Summe BT bzw. EL	interne Aufzeichnungen
9 10	9.1 & 10.1 Anzahl zufriedener BT bzw. EL 9.2 & 10.2 Verhältniszahl: zufriedene BT bzw. EL/Summe BT bzw. EL	Befragung der BT bzw. der EL
11	11.1 Anzahl im Unterricht aktiver BT 11.2 Verhältniszahl: Anzahl im Unterricht aktiver BT/Summe BT	Befragung der BT bzw. der EL
12	12.1 Notendurchschnitt vor und am Ende der Intervention 12.2 Anzahl positiver Schulabschlüsse 12.3 Verhältniszahl: positive Schulabschlüsse/Summe BT	Aufzeichnungen der BT bzw. der Schule

13	13.1 Anzahl in den sozialen Kompetenzen gestärkter BT	Befragung der BT sowie der Lehrer und Eltern
	13.2 Verhältniszahl: gestärkte BT/Summe BT	
14	14.1 Anzahl informierter EL	Test zu Beginn und am Ende des Workshops
	14.2 Verhältniszahl: informierte EL/Summe EL, die Workshop abgeschlossen haben	
15	15.1 Anzahl kompetenterer EL	Befragung der EL
	15.2 Verhältniszahl: Kompetenterer EL/Summe EL, die Workshop abgeschlossen haben	
16	16.1 Anzahl akuter Konflikte in der Schule	Aufzeichnung der Schule bzgl. akuter Konflikte
	16.2 Index im Zeitverlauf	
	16.3 Qualität des Schulklimas	Befragung der Schüler und Lehrer
17	17.1 Anzahl straffälliger Jugendlicher	Aufzeichnungen Dritter
	17.2 Index im Zeitverlauf	
18	18.1 Anzahl positiv gestimmter Jugendliche	Befragung (Selbsteinschätzung der Jugendlichen)
	18.2 Verhältniszahl: positiv gestimmte Jugendliche/Summe Zielgruppe	

10 Wirkungskennzahlen: Eine praxisorientierte Übersicht

In Anlehnung an die Überlegungen des Kapitels 6 baut die hier vorgeschlagene Übersicht der Wirkungskennzahlen auf folgenden vier Dimensionen auf: die Auftragserfüllung in ihren vielfältigen Ausprägungen; die Leistungsempfänger, der die Ergebnisse maßgeblich mitbestimmt; die Mitarbeiter, unterteilt in Haupt- und Ehrenamtliche; die Wirtschaftlichkeit, welche alle Kennzahlen finanziellen Charakters zusammenfasst.

Es ist kein Zufall, dass die Erfüllung des Auftrages an erster Stelle genannt wird. Mehr noch als die übrigen Wirkungsdimensionen drückt sich das Proprium sozialer Arbeit in den Veränderungen aus, die bei den Menschen und im gesellschaftspolitischen Umfeld erreicht werden sollen. In der Analyse der fachspezifischen Ziele liegt die größte Herausforderung für das Performance Management von NPOs. Deren Erfüllungsgrad ist meist von vielen Faktoren bestimmt, sodass es verlockend ist, alle Einflüsse – auch jene der NPO – in einer „Black Box" zu verstecken und sich der Verantwortung für das eigene Handeln zu entziehen mit dem Argument, soziale Arbeit sei nicht steuerbar. Im Gegensatz dazu wird hier die Meinung vertreten, dass es Ansatzpunkte gibt, um die Effektivität der NPOs wenn nicht immer zu messen, dann wenigstens einzuschätzen. Dazu werden mehrere Möglichkeiten aufgezeigt.

Eng mit der Auftragserfüllung verbunden ist die Perspektive der Leistungsempfänger. Beide Dimensionen ergänzen einander, wie schon unter dem Aspekt der Objektivität versus Subjektivität von Wirkungen (vgl. Kap.6.1) besprochen wurde: Das eine sind die Fakten, die durch die bzw. nach der sozialen Intervention erreicht werden; das andere ist die Einschätzung der Betroffenen. Im Idealfall sind auf beiden Ebenen die jeweiligen Ziele erfüllt; im Alltag jedoch sind Widersprüche keine Seltenheit. Um den in der Praxis entscheidenden Wechselwirkungen zwischen der Erfüllung des Auftrages und der Einschätzung des Leistungsempfängers Rechnung zu tragen, bilden die Kennzahlen zu den genannten Perspektiven im Folgenden eine Einheit. Dabei kann nicht oft genug betont werden, dass die vorgeschlagenen Steuerungsgrößen keinen Anspruch auf Vollständigkeit erheben. Sie liefern lediglich mögliche Anhaltspunkte für eine pragmatische Umsetzung des Performance Managements im Dienste sozialer Ziele.

Es folgt die Dimension der Mitarbeiter, bildlich gesprochen des eigentlichen Motors eines Unternehmens. Gerade im Dienstleistungsbereich, zu dem soziale Dienste großteils gehören, ist das Zusammenwirken von Mitarbeitern und Leistungsempfängern für den Erfolg der Organisation von entscheidender Bedeutung.

In Hinblick auf das Performance Management ist eine Unterscheidung zwischen hauptamtlichem und ehrenamtlichem Personal notwendig, da grundsätzlich verschiedene Steuerungsmöglichkeiten vorliegen. Bewusst an letzter Stelle wird auf wirtschaftliche Kennzahlen eingegangen. Nicht dass finanzielle Aspekte für NPOs unwichtig wären, im Gegenteil. Sie stellen jedoch ein Thema dar, zu dem sich eine Fülle an Fachbüchern finden lässt. Monetäre Steuerungsgrößen sind seit Jahrzehnten im Mittelpunkt der Aufmerksamkeit von Betriebswirten. Um den Rahmen dieser Publikation nicht zu sprengen, wird in den letzten Seiten des Kapitels lediglich auf die wichtigsten wirtschaftlichen Kennzahlen hingewiesen.

10.1 Kennzahlen zu Auftragserfüllung und Leistungsempfängern

Wie zwei Seiten einer Münze so ergänzen sich gegenseitig die Kennzahlen zu Auftragserfüllung und jene zu den Leistungsempfängern. Wie wir in den vorangegangenen Wirkungsketten gesehen haben, kann jedes Ergebnis objektiv wie auch subjektiv erfasst werden. In Anbetracht der in der Praxis fließenden Grenzen zwischen „Effect" und „Outcome" einerseits und „Impact" andererseits (im Folgenden kursiv gesetzt) sind die wichtigsten Wirkungskennzahlen zu diesen Kategorien in den nächsten Seiten bewusst thematisch zusammengefasst. Es sei daran erinnert, dass jede Steuerungsgröße in absoluten sowie in relativen Werten dargestellt werden kann, letztere sind meist aussagekräftiger, und nahezu zu jeder objektiven Kennzahl kann das subjektive Pendant erfragt werden. Über die Zweckmäßigkeit ist im Einzelfall zu entscheiden

10.1.1 Angebotspräsenz und Teilnahme

Spannweite

Bedarfsdeckungsquote: (Teilnehmer am Programm/Bedarf) x 100
eventuell nach inhaltlichen Kategorien gegliedert

Informationsquote: (Informierte Personen/kontaktierte Personen) x 100

Anmeldungsquote: (Anzahl Anmeldungen/kontaktierte Personen) x 100

Teilnehmerquote: (Teilnehmer/Anzahl Anmeldungen) x 100
zu Beginn, in regelmäßigen Abständen bzw. am Ende des Programms

Reputation/Ruf

Medienpräsenz:	Anzahl positiver Medienberichte
Kooperationen:	Anzahl Kooperationsabkommen
Image:	Einschätzung der Leistungsempfänger bzw. anderer relevanter Stakeholder
Identifikationsquote:	(Mitglieder, die Zeit-, Geld- oder Sachleistungen spenden/Mitglieder in Summe) x 100
Identifikationsquote:	*Selbsteinschätzung der Mitglieder*

Auslastung

Auslastungsquote:	(beanspruchte Einheiten/verfügbare Einheiten) x 100 z.B. Plätze, Betten, Stunden, usw.
Abonnementquote:	(Anzahl Einheiten aus Abonnements/Anzahl Einheiten in Summe) x 100

Bindung (sofern vom Programmkonzept vorgesehen)

Verlängerungsquote:	(Teilnehmer, die den Bezug des Angebots verlängern/ Teilnehmer in Summe) x 100 z.B. bei Essenslieferungen, Serviceleistungen im Garten und Haushalt oder Pflegeleistungen
Beteiligungsquote:	(aktiv mitwirkende Teilnehmer/Teilnehmer in Summe) x 100 z.B. in Hinblick auf Ko-Produktionsangebote, vgl. Kap. 8.4.2
Zuwachsquote Mitglieder, Partner usw.	(Anzahl der neu gewonnenen Mitglieder/Mitglieder in Summe) x 100

10.1.2 Erfolg

im Allgemeinen

Abschlussquote: (Teilnehmer, die eine Programmeinheit erfolgreich abgeschlossen haben/Teilnehmer in Summe) x 100

Fortsetzungsquote: (Teilnehmer, die sich für die nächst höhere Programmeinheit anmeldet haben/Summe der Teilnehmer, die das Programm abgeschlossen haben) x 100

Durchschnittliche Verweilzeit: (Verweilzeit aller Teilnehmer in einer bestimmten Programmeinheit/Anzahl der Teilnehmer)

Wiederholungsquote: (Teilnehmer, welche die Programmeinheit wiederholen/Teilnehmer in Summe) x 100

Zielerfüllungsquote: (Teilnehmer, die das Programmziel erreich haben/ Teilnehmer in Summe) x 100.

Nachhaltigkeitsquote: (erfolgreiche Teilnehmer, die das Programmziel nach einer bestimmten Zeit weiterhin erfüllen/erfolgreiche Teilnehmer in Summe) x 100. (die Zeitspanne ist programmspezifisch festzulegen)

Zielerfüllungs- und Nach- *Selbsteinschätzung der Leistungsempfänger*
haltigkeitsquote:

Entwicklungsindex: Rückgang der vom Programm angesprochenen Probleme in der Zielgruppe. (Im Zeitvergleich, im geographischen Vergleich usw.)

Fokus: Wissen und Qualifikation

Quote der bestandenen Prüfungen: (bestandene Prüfungen/Anzahl der Prüfungen) x 100

Zunahme an Wissen und Kompetenzen: Vergleich der Testergebnisse zu Beginn und am Ende des Programms

Zunahme an Wissen : *Selbsteinschätzung der Leistungsempfänger und Kompetenzen*

Qualifikationsquote:	(Absolventen, die sich für eine bestimmte Aufgabe qualifiziert haben/Absolventen in Summe) x 100
Qualifikationsquote:	*Selbsteinschätzung der Leistungsempfänger*

Fokus: Einstellung und Verhalten

Sensibilisierungsquote:	(Anzahl der Personen, die Interesse an bzw. Verständnis für ein Thema zeigen/Größe der Zielgruppe) x 100
Verhaltensänderungsquote:	(Teilnehmer, deren Verhalten sich den Zielen entsprechend geändert hat/Teilnehmer in Summe) x 100
Verhaltensänderungsquote:	*Selbsteinschätzung der Leistungsempfänger*

Fokus: Gesellschaftlicher Status

Beziehungsqualität:	(Teilnehmer, deren Beziehungsqualität sich verbessert hat (Vergleich zu Beginn und am Ende des Programms)/Teilnehmer in Summe) x 100
Beziehungsqualität:	*Selbsteinschätzung der Leistungsempfänger*
Arbeitsquote:	(Teilnehmer, die einer regelmäßigen Arbeit nachgehen/Teilnehmer in Summe) x 100
Quote selbstständiges Wohnen:	(Teilnehmer, die selbständig wohnen/Teilnehmer in Summe) x 100
Quote Sozialer Aufstieg:	in finanzieller Hinsicht: (Teilnehmer, die ihre wirtschaftliche Lage verbessern konnten/Teilnehmer in Summe) x 100 im Hinblick auf den Wohnraum: (Teilnehmer, die in ein Stadtviertel höherer Lebensqualität gezogen sind/Teilnehmer in Summe) x 100
Quote sozialer Aufstieg:	*Selbsteinschätzung der Leistungsempfänger*

Fokus: Gesundheit

Rückgang gesundheitlicher Probleme:	(Teilnehmer, deren einschlägigen gesundheitlichen Problemen zurück gegangen sind/Teilnehmer in Summe) x 100
Langfristige Gesundheitsverbesserung:	(Teilnehmer, deren Gesundheit sich nach einer gewissen Zeitspanne verbessert bzw. stabilisiert hat/ Teilnehmer in Summe) x 100
Gesundheitlicher Zustand	*Selbsteinschätzung der Leistungsempfänger*

10.2 Kennzahlen zu Mitarbeitern

Wie in jedem Unternehmen, so sind es auch in NPOs die Mitarbeiter, die mit ihren Ideen, ihrer Einsatzbereitschaft und ihrer visionären Kraft die Entwicklung der Organisation bestimmen. Im Hinblick auf die Steuerung des hauptamtlichen Personals können soziale Dienste auf eine Reihe von Kennzahlen zurückgreifen, die sich unter erwerbswirtschaftlichen Unternehmen bereits etabliert haben (vgl. u.a. Havighorst 2006). Die wichtigsten davon werden im Folgenden vorgestellt. Wie schon im vorigen Abschnitt sind subjektive Kennzahlen in kursiv gesetzt.

10.2.1 Hauptamtliche Mitarbeiter

Struktur

Kennzahlen zur Beschäftigungsstruktur:
Bei der Zusammenführung der einzelnen Messgrößen im Zähler und Nenner sind zahlreiche Kombinationen möglich wie etwa Mitarbeiter pro Einrichtung/Anzahl Mitarbeiter, Anzahl Frauen/Anzahl Mitarbeiter oder Anzahl einer Berufsgruppe/ Anzahl Mitarbeiter, usw.

Durchschnittliche Wochenarbeitszeit:	Arbeitsstunden Mitarbeiter/Summe Mitarbeiter
Teilzeitquote:	(Anzahl Mitarbeiter in Teilzeit/Summe Mitarbeiter) x 100

Der Anteil der Mitarbeiter, die in Teilzeit (oder geringfügig beschäftigt) sind, wirkt sich auf den Führungsaufwand der Vorgesetzten sowie auf den Verwaltungsaufwand, insbesondere im Bereich Personal, aus. Er kann auch inhaltliche Aspekte beeinflussen: Nehmen in Teilzeit Beschäftigte verhältnismäßig zu, leidet die Kontinuität in der Betreuung der Leistungsempfänger darunter.

Leistung

Durchschnittliche Leistung:	Leistungsmenge/Anzahl Mitarbeiter
Durchschnittlicher Erlös:	Erlös/Anzahl Mitarbeiter

Genannte Kennzahlen können sich zum Beispiel auf Beratungsstunden, Kursteilnehmer, Essenslieferungen, Übernachtung, usw. beziehen.

Durchschnittlicher Personalaufwand:	Personalaufwand/Anzahl Mitarbeiter
Mehrarbeitsquote:	(Überstunden in Summe/Planstunden in Summe) x 100

Die Mehrarbeit weist auf zusätzlichen Personalbedarf hin. Sie sollte auf lange Zeit nicht zu hoch sein, da es zum einen die Organisation wirtschaftlich belastet, zum anderen es zu negativen Auswirkungen bei der Personalzufriedenheit bzw. zu höheren Krankheitsquoten kommen kann.

Krankenquote:	(krankheitsbedingte Ausfälle/Anzahl Mitarbeiter) x 100
Fehlzeitenquote:	(krankheitsbedingte Ausfälle in Std./Soll-Arbeitszeit) x 100

Die Krankenquote und die Fehlzeitquoten können auch indirekt als Zufriedenheitsindikatoren genutzt werden, da zufriedene Mitarbeiter seltener krank sind bzw. sich seltener krank melden.

Zufriedenheit und Qualifikation

Fluktuationsquote:	(Anzahl Kündigungen/durchschnittliche Mitarbeiteranzahl) x 100
Fortbildungstage je Mitarbeiter:	Fortbildungstage in Summe/Anzahl Mitarbeiter
Fortbildungskosten je Mitarbeiter:	Kosten für Fortbildung/Anzahl Mitarbeiter

Kennzahlen zur Fortbildung sind ein Hinweis dafür, wie sehr sich das Unternehmen für die Qualifikation und Entwicklung seiner Mitarbeiter einsetzt. Zudem werden sie auch im Zusammenhang mit der Mitarbeiterzufriedenheit herangezogen, da häufig davon ausgegangen wird, dass gut geschulte Mitarbeiter zufriedener und motivierter sind.

Zufriedenheit: *Selbsteinschätzung der Mitarbeiter im Hinblick auf Arbeitsplatz und Arbeitsmittel, Arbeitsorganisation, Information und Kommunikation, Arbeitsinhalt, Arbeitsklima, Qualifikation und Entwicklung.*

10.2.2 Ehrenamtliche Mitarbeiter

Ehrenamtliche Mitarbeiter stellen ein enormes Potential dar: Sie bereichern die NPO nicht nur durch ihre kostenfreie Zeit und ihr Können sondern übernehmen auch eine vermittelnde Rolle zwischen Gesellschaft und Organisation. Ihr Einsatz ist jedoch mit einer gewissen Unsicherheit verbunden, da diese Mitarbeiter an keine vertraglichen Verpflichtungen gebunden sind. Als Einstig in die Steuerung von Ehrenamtlichen bietet sich die Ehrenamtlichkeitsquote an, um einen ersten Überblick über die Rolle zu bekommen, die diesen Mitarbeitern in der NPO zukommt.

Ehrenamtlichkeitsquote: (Stundeneinsatz Ehrenamtliche/Stundeneinsatz Ehrenamtliche und Hauptamtliche) x 100

Eine hohe Ehrenamtlichkeitsquote stellt einen beachtlichen strategischen Wettbewerbsvorteil dar. Übersteigt der Anteil ehrenamtlicher Stunden ein Drittel der Gesamtstunden begibt sich jedoch die NPO in eine Abhängigkeit, die ihre Handlungsfähigkeit eventuell stark einzuschränken droht.

Struktur

In mancher Hinsicht deckt sich die Steuerung ehrenamtlicher Mitarbeiter mit jener der Hauptamtlichen. Besonders die Kennzahlen zur Struktur der Mitarbeiter, die soeben für hauptamtliches Personal besprochen worden sind, eignen sich dazu, auf Ehrenamtliche übertragen zu werden. Insbesondere ist auf folgende Kennzahl zu achten:

Durchschnittliche Leistungszeit: Leistungsstunden Ehrenamtliche/Anzahl Ehrenamtliche

Wie beim hauptamtlichen Personal, so beansprucht auch die Verwaltung, Schulung und Führung der Ehrenamtlichen Ressourcen, die vor allem von der Anzahl der Mitarbeiter und nicht von deren Zeiteinsatz abhängig sind (siehe Leistung). Eine hohe durchschnittliche Leistungszeit ist insofern zu begrüßen, weil die administrativen Kosten pro Person auf relativ viele Stunden aufgeteilt werden können.

Leistung

Soeben besprochen wurde der Personalaufwand, der mit Ehrenamtlichen verbunden ist. Die dazugehörige Kennzahl lautet:

Durchschnittlicher Personalaufwand   Aufwand für Ehrenamtliche/Anzahl Ehrenamtliche

Fallspezifisch sind auch in Hinblick auf Ehrenamtliche Kennzahlen wie der durchschnittliche Erlös bzw. die durchschnittliche Leistungsmenge sinnvoll. Zu beachten sind die im Kap. 7.5.2 besprochenen, unterschiedlichen Ansätze im Umgang mit Ehrenamtlichen: Je nachdem wie sehr diese Mitarbeiter in die NPO integriert und mit Rechten und Pflichten ausgestattet werden, wird die Steuerung entsprechend gestaltet sein.

Zufriedenheit und Qualifikation

Durchschnittliche Zugehörigkeitsdauer: Betriebszugehörigkeit der Ehrenamtlichen/durchschnittliche Mitarbeiteranzahl) x 100

Obige Kennzahl eignet sich gut, um die Zufriedenheit der Ehrenamtlichen einzuschätzen: Motivierte, zufriedene Mitarbeiter bleiben der Organisation in der Regel länger erhalten.

Sofern Ehrenamtliche auch in den Genuss von Weiterbildungsangebote kommen, können ergänzend auch die entsprechenden Fortbildungskennzahlen herangezogen werden.

Der Zufriedenheit der Ehrenamtlichen ist besondere Aufmerksamkeit zu schenken. Gerade für diese Mitarbeiterkategorie spielt die intrinsische Motivation eine wesentliche Rolle für die Einsatzbereitschaft. Wie bei Hauptamtlichen, so auch bei Ehrenamtlichen wird die Zufriedenheit häufig durch die Selbsteinschätzung der Mitarbeiter gemessen.

Selbsteinschätzung: *in Hinblick auf Arbeitsplatz und Arbeitsmittel, Arbeitsor-*
ganisation, Information und Kommunikation; besonders
wichtig: Arbeitsinhalt und Arbeitsklima, Qualifikation und
Entwicklung

10.3 Kennzahlen zur Wirtschaftlichkeit

Kennzahlen zur Perspektive der Wirtschaftlichkeit betreffen das in Geldeinheiten
bewertete Ergebnis der NPO und stellen es in Bezug zu den eingesetzten Ressourcen. Grundlage dafür bilden die Bilanz, die Gewinn- und Verlustrechnung sowie
die Kosten- und Erlösrechnung des Unternehmens. Finanzielle Kennzahlen stellen
typischerweise das Fundament jegliches Performance Management-Systems dar,
wenn auch diese Steuerungsgrößen für nicht auf Gewinn ausgerichtete Organisationen von relativer Bedeutung sind. Die Fülle finanzieller Kennzahlen, die in jedem Controlling-Handbuch vorgeschlagen werden, lassen sich in fünf Bereiche
gliedern: Finanzierung, Liquidität, Investition, Rentabilität und Erfolg.

Im Folgenden wird ein Überblick geliefert; für eine detaillierte, NPO spezifische
Analyse vgl. zum Beispiel Eisenreich, Halfar und Moos (2005).

Finanzierung

Spätestens bei der Aufnahme eines Kredits muss eine Organisation die Güte ihrer
Finanzierungsstruktur dokumentieren. Unter Berücksichtigung der jüngsten Krisen
am Kapitalmarkt ist auch der soziale Sektor darauf angewiesen, auf eine stabile
Finanzierung zu achten.

Eigenkapitalquote: (Eigenkapital/Gesamtkapital) x 100

Anlagendeckungsgrad: (Eigenkapital + langfristiges Fremdkapital/Anla-
gevermögen) x 100

Als Anhaltspunkt gilt, dass das Eigenkapital min. 20 % des Gesamtkapitals ausmachen sollte, um Abhängigkeiten zu vermeiden. Zugleich empfiehlt es sich, das
Anlagevermögen mittels langfristig gesicherten Kapitals zu finanzieren.

Working Capital: Umlaufvermögen – kurzfristiges Fremdkapital
bzw.

als Quote: [(kurzfristiges Umlaufvermögen – kurzfristiges Fremdkapital)/kurzfristiges Umlaufvermögen] x 100

Das Working Capital drückt das Finanzierungspotential der NPO aus. Es stellt sicher, dass Zahlungen, denen kurzfristig keine Einnahmen gegenüber stehen, getätigt werden können. Gehälter zum Beispiel sind monatlich zu zahlen, während die Mittel der öffentlichen Hand der Organisation typischerweise einmal pro Quartal bzw. pro Jahr zufließen.

Liquidität

Kennzahlen zur Liquidität, d.h. zur Zahlungsfähigkeit der Organisation, beziehen sich immer auf einen Zeitpunkt und sind somit nur für den Stichtag aussagekräftig. Sie sollten daher durch andere Kennzahlen ergänzt werden.

Liquiditätsgrad I: (flüssige Mittel/kurzfristiges Fremdkapital) x 100

Liquiditätsgrad II: (Forderungen + flüssige Mittel/kurzfristiges Fremdkapital) x 100

Je nach Betrachtungshorizont werden ausschließlich flüssige Mittel, wie Kassenbestände, Bankguthaben und Schecks oder auch Forderungen, die relativ schnell eingebracht werden können, berücksichtigt. Letzteres birgt die Gefahr, dass unerwartete Zahlungsausfälle die Organisation in Schwierigkeiten bringen, wenn sich diese auf einen trügerisch hohen Liquiditätsgrad II verlassen hat.

Schuldentilgungsdauer: [(Fremdkapital – flüssige Mittel)/Cash-Flow] x 100

Diese Kennzahl weist auf die Ertragskraft der NPO hin und beantwortet die Frage, wie viele Jahre es braucht, damit die Schulden durch die erwirtschafteten flüssigen Mittel getilgt sein werden. Durch eine hohe Tilgungsdauer begibt sich die Organisation in eine risikoreiche Abhängigkeit.

Investition

Kennzahlen zu Investitionen gewinnen an Bedeutung durch die Verschiebung seitens des Kostenträgers von Objekt- zur Subjektförderung. Nicht mehr die Anlage selbst, sondern die Organisation wird finanziell unterstützt, wodurch Letztere das wirtschaftliche Risiko für die eigenen Entscheidungen übernimmt. Schwankungen in der Auslastung und ungünstige Preisentwicklungen schlagen sich auf die finanzielle Lage der NPO nieder.

Anlagenintensität: (Anlagevermögen/Bilanzsumme) x 100

Prinzipiell weist eine hohe Anlagenintensität auf eine gewisse Starrheit der Organisation hin, was quantitative Anpassungen betrifft. Dabei spielen für soziale Dienste vor allem Immobilien eine Rolle, die sie für administrative insbesondere aber auch fachspezifische Tätigkeiten brauchen. Zu berücksichtigen ist, dass neben dem Besitz von Anlagen, was sich in obiger Kennzahl widerspiegelt, oft auch Miete und Pacht anfallen, wofür ähnliche Quote berechnet werden können.

Abschreibungsquote: (Abschreibungen/Bilanzsumme) x 100

Nettoinvestitionsdeckung: (Abschreibung/Nettoinvestitionen) x 100

Durch Abschreibungen wird der Abnutzung der Anlagen Rechnung getragen und Mittel für Ersatzinvestitionen aufgebaut. Die Nettoinvestitionsdeckung zeigt, wie sehr neue Investitionen alte ersetzen oder aber, bei einem Kennzahlenwert unter 1, ein echter Anlagenzugang vorliegt.

Rentabilität

Es mag aufs Erste wie ein Widerspruch klingen, im Kontext sozialer Dienste von Rentabilität zu sprechen, stehen doch Sachziele und nicht die Steigerung des Unternehmenswertes im Vordergrund. Kennzahlen zur Rentabilität liefern jedoch einen Anstoß, die Effizienz der Leistungserbringung nicht aus den Augen zu verlieren.

Eigenkapitalrendite: Betriebserfolg/Eigenkapital x 100

Gesamtkapitalrendite: [(Betriebserfolg + Zinsaufwand)/Bilanzsumme] x 100

Wenn auch die Rentabilität aufgrund des ideellen Auftrages der NPO vermutlich unter den Werten erwerbswirtschaftlicher Unternehmen liegt, ist diese Differenz zu begründen: Steht sie in einem Zusammenhang mit der Mission? Oder weist sie lediglich auf eine suboptimale Leistungserbringung hin? Als Anhaltspunkt gilt eine Gesamtrentabilität von 8 % oder mehr für eine NPO als ein sehr gutes Ergebnis (Eisenreich/Halfar/Moos 2005, S. 40).

Ähnliche Überlegungen treffen auf folgende Kennzahl zu:

Umsatzrentabilität: Betriebserfolg/Umsatz x 100

Auch in diesem Zusammenhang gilt es, niedrige Rentabilitätsraten kritisch zu hinterfragen und nicht im Voraus in der nicht Gewinn-Orientierung der Organisation die Begründung zu suchen. Wird die NPO vornehmlich über Leistungsentgelte finanziert, sollten bei der Berechnung der Umsatzrentabilität Spenden außer Acht gelassen werden, um abschätzen zu können, inwieweit die vereinbarten Entgelte tatsächlich zur Refinanzierung der Organisation ausreichen.

Erfolg

Über den fachspezifischen Erfolg der NPO und mögliche Kennzahlen für dessen Messung wurde oben schon ausführlich gesprochen. In finanzieller Hinsicht dagegen ist der Cash-Flow eine aussagekräftige Steuerungsgröße.

Cash-Flow: Jahresüberschuss

+ Abschreibungen

- Auflösungen von Sonderposten

+ langfristige Rückstellungen

- Auflösung langfristiger Rückstellungen

Cash-Flow-Rate: (Cash-Flow/Umsatz) x 100

Genannte Kennzahlen drücken die Ertrags- und Selbstfinanzierungskraft des Unternehmens aus. Zu berücksichtigen ist, dass ein negatives Jahresergebnis durchaus zu einem positiven Cash-Flow führen kann. Dies impliziert, dass die Organisation von Abschreibungen lebt und in ihrer finanziellen Basis gefährdet ist.

Auf der Ebene der einzelnen Leistung sind vor allem folgende Kennzahlen relevant:

Deckungsbeitrag:	Betriebserlöse je Leistungseinheit – Kosten je Leistungseinheit
Kostendeckungsgrad:	(Betriebserlöse je Leistungseinheit/ Kosten je Leistungseinheit) x 100

Durch den Deckungsbeitrag wird erkennbar, ob und in welchem Ausmaß die Leistungserstellung die NPO finanziell stärkt. Eine positive Differenz zwischen Betriebserlösen und Kosten spricht für einen Ausbau des Angebots, ist sie dagegen negativ muss die inhaltliche Notwendigkeit der Leistungserstellung hinterfragt werden. Für Vergleiche zwischen mehreren Leistungen in Hinblick auf deren wirtschaftlichen Angemessenheit bietet sich auch der Kostendeckungsgrad an.

Wirtschaftlichkeit kann neben genannten monetären Kennzahlen auch durch solche erfasst werden, die Input und Output als Mengen (also noch nicht in Geldeinheiten bewertet) in Beziehung zueinander setzen. Oft wird die Zeit als Ausdruck des Personaleinsatzes herangezogen und im Verhältnis zur hergestellten Leistung gesehen.

Zeiteinsatz je Leistungseinheit:	(Zeiteinsatz/Leistungsmenge) x 100

Eine Differenzierung in proportionaler Zeit, d.h. Zeit, die für die Leistungserstellung direkt eingesetzt wird, und nicht proportionaler Zeit, welche der Koordination und Administration gewidmet wird, ermöglicht es, noch besser zu steuern. Die Schwierigkeit dabei liegt in der Notwendigkeit, entsprechend präzise Zeitaufzeichnungen zu führen.

Teil IV
Ausgesuchte Fallbeispiele

„Lang ist der Weg durch Lehren, kurz und wirksam durch Beispiele. "

Marcus Lucius Annaeus Seneca

Die in den folgenden drei Kapiteln präsentierten Fallbeispiele sollen die vielfältigen Herangehensweisen in der praktischen Umsetzung von Performance Management aufzeigen. Ob stärker mit fundamentalen Fragen beschäftigt, wie etwa mit der Präzisierung von Wirkungszusammenhängen, oder eher auf das organisationale Lernen ausgerichtet, ist allen Beispielen eine intensive Auseinandersetzung mit den Anspruchsgruppen, die vom Steuerungsprozess betroffen sind, gemeinsam. Das macht die Beispiele besonders lehrreich: Letztlich erfordert Performance Management immer den Dialog mit Menschen – sei es mit Mitarbeitern, Leistungsempfängern, Partnern in einem Benchmarking-Kreis usw. - , um positive Veränderungen nachhaltig zu ermöglichen.

Das erste Beispiel setzt sich mit der Entwicklung von Ursachen- Wirkungsketten auseinander. In einem mehrjährigen Projekt sind Annalena Yngborn und Berit Hausmann, Forscherinnen des Deutschen Jugendinstituts in München, der Beantwortung der Frage nachgegangen, worauf es in der Kriminalitätsprävention von Kindern und Jugendlichen ankommt. Ihre Erfahrungen zeigen, dass die Erarbeitung von „logischen Modellen" nicht nur Externen ein besseres Verständnis für die geleistete pädagogische Arbeit vermittelt, sondern auch eine für die Experten selbst anregende Transparenz schafft.

Im zweiten Beispiel wird das vielschichtige Steuerungskonzept des österreichischen Strafvollzugs dargestellt. Neben so genannten „Belastungsindikatoren", die von den Justizanstalten nicht beeinflusst werden können, hat Alfred Pischler in enger Zusammenarbeit mit den Leitern der Anstalten mehrere wirkungsorientierte Kennzahlen entwickelt. Diese Indikatoren schaffen eine inhaltliche Brücke zu den strategischen Zielen des Strafvollzugs.

Das dritte und abschließende Beispiel schildert den Benchmarkingprozess, der vom Diözesan-Caritasverband für das Erzbistum Köln e.V. initiiert wurde. Das Projekt baut auf ein mehrdimensionales Qualitätsverständnis auf und besteht aus zwei Phasen: Die Analyse der Einrichtungen stellt den ersten Schritt dar, dem das Lernen aus dem Vergleich der Ergebnisse folgt. Heidemarie Kelleter beschreibt den Steuerungskreislauf und den damit verbundenen organisationalen Entwicklungsprozess.

11 Entwicklung von Logischen Modellen in der Kriminalitätsprävention im Kindes- und Jugendalter

Berit Haußmann, Annalena Yngborn

Der Ausgangspunkt des Forschungsprojektes des Deutschen Jugendinstituts e. V., worüber in diesem Fallbeispiel berichtet werden soll, ist die Frage, wie man Kriminalprävention im Kindes- und Jugendalter angemessen evaluieren kann.[1] Wenn wir von Kriminalprävention für die betreffende Altersgruppe sprechen, dann meinen wir damit i. d. R. pädagogische Maßnahmen. Auf der einen Seite finden sich dabei pädagogische Angebote, die einem standardisierten Ablaufschema oder z. T. einem ausgearbeiteten Manual folgen. Häufiger anzutreffen sind jedoch Maßnahmen, die sich als fluide oder wenig formalisiert beschreiben lassen, weil die Umsetzung der Methoden eher situations- und kontextabhängig erfolgt (vgl. Lüders/ Haubrich 2007, S. 140). Im Vordergrund stehen hierbei die Jugendlichen mit ihren individuellen Eigenschaften und Bedürfnissen, auf die jeweils mit passenden Methoden reagiert wird.

In solchen pädagogischen Maßnahmen sind die Vorstellungen darüber, durch welche Aktivitäten jeweils welche Wirkungen bei der Zielgruppe ausgelöst werden sollen, nur selten klar formuliert, sondern es wird häufig davon ausgegangen, dass alles „irgendwie" mit allem zusammenhängt und schon zu bestimmten Wirkungen führen wird.

Will man nun solche Programme hinsichtlich ihrer Wirkungen evaluieren, bedeutet dies, dass man ein Zurechnungsproblem hat. Es ist zwar grundsätzlich auch bei diesen Programmen möglich, zu prüfen, ob bestimmte Resultate erreicht wurden, aber darüber wodurch diese erreicht wurden, lässt sich keine Aussage treffen, wenn man sich auf eine Evaluation beschränkt, welche lediglich die Ergebnisse berücksichtigt und die Prozesse außer Acht lässt. Die Rahmenbedingungen und einzelnen Schritte zu den angestrebten Wirkungen verbleiben im Dunkeln.

Um jedoch zu gehaltvollen Aussagen darüber zu kommen, auf welche Weise kriminalpräventive Programme ihre Wirkungen erreichen, muss diese „Black box" aufgehellt werden. Eine Möglichkeit, sich dem Problem zu stellen und die „Black

---

1 Das an die „Arbeitsstelle Kinder- und Jugendkriminalitätsprävention" angegliederte Projekt hat eine Laufzeit von zwei Jahren und wird durch das Bundesministerium für Familie, Senioren, Frauen und Jugend (BMFSFJ) gefördert.

box" zu erhellen, ist die Rekonstruktion der jeweiligen Programmtheorie[2] anhand Logischer Modelle, was wir uns im Projekt „Logische Modelle als Instrument der Evaluation in der Kriminalitätsprävention im Kindes- und Jugendalter" zum Ziel gesetzt haben.

11.1 Die Entwicklung Logischer Modelle in der Praxis

Wie in Kapitel 6 bereits erwähnt, bieten Logische Modelle die Möglichkeit, die Logik eines Programms empirisch basiert zu rekonstruieren und darzustellen und somit sichtbar zu machen, aufgrund welcher Aktivitäten(-bündel) jeweils welche Wirkungen ausgelöst werden sollen.

11.1.1 Die Grundstruktur eines Logischen Modells

Das Ausgangsmodell zu Beginn unseres Forschungsvorhabens enthielt die folgenden Elemente,[3] von denen angenommen werden kann, dass sie in jedem Programm zum Tragen kommen (vgl. Beywl/Niestroj 2007):

– Die Ausgangsbedingungen umfassen die Voraussetzungen des Programms und können noch einmal nach „Kontext" (Systemumwelt des Programms wie rechtliche, politische, soziale und kulturelle Aspekte), „Struktur" (Faktoren, die beim Träger eines Programms vorliegen, wie Rechtsform, Personalstruktur, Qualitätsmanagement), „Income" (Ressourcen, mit denen die Jugendlichen in das Programm hineinkommen) und „Input" (finanzielle, personale oder andere Ressourcen, die in ein Programm investiert werden) unterschieden werden.
– Die „Aktivitäten" beziehen sich auf die Handlungen der im Programm Tätigen, also die praktischen Angebote, wie z. B. soziale Gruppenstunden, Hausaufgabenbetreuung, Einzelgespräche. Soweit sich die Aktivitäten auf die Ziele des Programms richten, wird auch von (pädagogischen) Interventionen gesprochen.

2 Die Programmtheorie ist die in textlicher Form verfasste Annahme darüber, wie ein Programm funktioniert und welche Wirkungen ihm zugrunde liegen. Sie expliziert und begründet im Detail, „wie durch die Implementierung des Programms erwünschte Resultate erreicht werden" (Bewyl/Niestroj 2007, S. 86). Das Logische Modell ist ein Instrument, mit dem sich dieses "interne Zusammenspiel der Programmelemente" (Haubrich/Holthusen/Struhkamp 2005, S. 3) beschreiben und grafisch abbilden lässt.
3 Wie bereits in Kapitel 6.1 angedeutet, ist die Verwendung der Begrifflichkeiten nicht einheitlich, weshalb an dieser Stelle kurz jene Begriffe präzisiert werden, die für das hier vorgestellte Projekt orientierend gewesen sind.

- Mit „Outputs" werden parallel dazu die beobachtbaren Leistungen bzw. Produkte bezeichnet, die unmittelbar durch die Aktivitäten in einem Programm hervorgebracht werden. Das können z. B. die Anzahl der durchgeführten Gruppenstunden, aber auch bestimmte Phasen eines Trainings sein.
- Die „Outcomes" verweisen demgegenüber auf die intendierten Veränderungen oder Stabilisierungen bei der Zielgruppe eines Programms und können gegebenenfalls noch einmal in kurz-, mittel- und langfristige Ziele unterteilt werden. Typische Outcomes sind z. B. erweiterte soziale Kompetenzen oder eine verbesserte Selbst- und Fremdwahrnehmung.
- Als letztes Glied der Wirkungskette stehen die resultierenden (längerfristigen) Veränderungen sozialer Systeme, die durch das Programm ausgelöst wurden. Dem pädagogisch-soziologischen Diskurs entsprechend werden wir diese Veränderungen im Folgenden als „Impact" bezeichnen.

Nachfolgenden ist die Struktur eines einfachen Logischen Modells abgebildet:

Abb. 11/1: Einfaches Logisches Modell

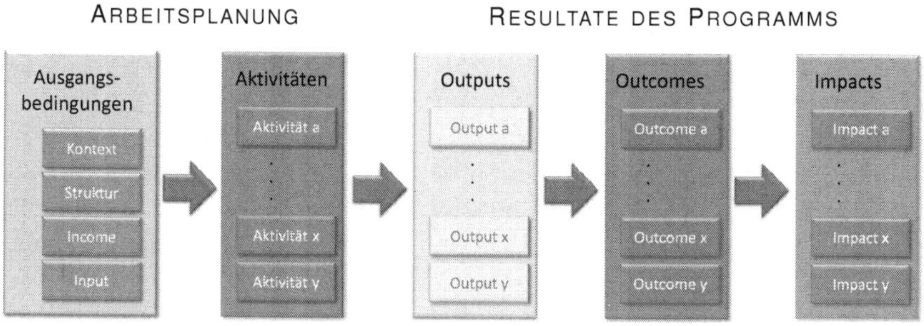

Quelle: Eigene Darstellung.

11.1.2 Herangehensweisen zur Ableitung der Modelllogik

Wie weiter unten noch erläutert werden wird, hat sich bald nach Beginn unserer Modellierungsarbeit herausgestellt, dass das strikte Festhalten an den oben vorgestellten Kategorien nicht in allen Fällen förderlich war. Je nachdem, wie abstrakt oder detailliert die Darstellung der Projektlogik sein soll, sind die Kategorien nicht mehr passend. So erschien die Kategorie der Outputs ab einem gewissen Zeitpunkt nicht mehr als sinnvoll und die Kategorie der Aktivitäten war für unsere Zielsetzung zu undifferenziert (vgl. Abschnitt 11.3).

Bei der Rekonstruktion Logischer Modelle gibt es unterschiedliche Herangehensweisen. Zunächst muss die Entscheidung fallen, welche Informationsquellen man zum Füllen der Modelle heranziehen möchte: beruft man sich auf Theorien aus der sozialwissenschaftlichen Forschung, auf bereits gewonnene empirische Befunde oder zieht man das Wissen von Fachkräften zu Rate?

Im Projekt „Logische Modelle" hielten wir es für sinnvoll, das Wissen von Fachkräften einzubeziehen, weil wir davon ausgehen, dass diese am besten darüber berichten können, wie sich Kriminalprävention in der alltäglichen pädagogischen Arbeit darstellt und wie sie funktioniert.[4] Dabei haben wir einen stark partizipativen Ansatz gewählt, bei dem den PraktikerInnen selbst das Logische Modell als Instrument zur Verfügung gestellt wurde, um damit ihre eigene Projektpraxis zu modellieren. Die Modellierung wurde von uns begleitet, d. h. unsere Funktion war es, durch Nachfragen und Aufzeigen noch nicht nachvollziehbarer Zusammenhänge die zentrale Programmlogik heraus zu arbeiten, wobei die Rolle der ExpertInnen bei den Fachkräften lag. Das Vorgehen lässt sich somit als diskursives „bottom-up-Verfahren" beschreiben, in dem in vielfältigen Austauschprozessen nach und nach die Programmlogik exemplarischer Projekte der Kriminalprävention herausgearbeitet wurde.

11.2 Das Projekt „Logische Modelle": Die Vorgehensweise

Auftakt des Projekts „Logische Modelle", war ein Workshop im November 2008, auf dem mit den jeweiligen Praxisprojekten (Soziale Gruppenarbeit für strafunmündige Kinder, Gruppenangebot für gewaltauffällige Mädchen, Erzieherischer Jugendarrest für männliche Straftäter) erste Logische Modelle entworfen worden waren, die fortan weiter angereichert werden sollten.

Diese Überarbeitung und Weiterentwicklung der Modelle während der Besuche bei den jeweiligen Praxisansätzen orientierte sich an der folgenden Vorgehensweise: mit den Fachkräften zusammen wurde versucht, die Programmlogik des eigenen Projektes insofern zu rekonstruieren, dass diese pädagogisch nachvollziehbar erschien und sich mit den unterschiedlichen Komponenten des Logischen Modells – Aktivitäten, Outputs, Outcomes etc. – beschreiben ließ. Da die PraktikerInnen gemäß des bereits oben erwähnten, partizipativen Ansatzes als *die* Experten für ihre pädagogische Praxis betrachtet wurden, standen ihre Sichtweisen und Einschätzungen im Vordergrund, die dann von den EvaluatorInnen rückgekoppelt, kommentiert und diskutiert wurden.

---

4 Je nach Zwecksetzung im Zusammenhang mit der Anfertigung eines Logischen Modells können alternative bzw. ergänzende Sichtweisen einbezogen werden. Wyatt Knowlton/Phillips (2009) weisen z. B. darauf hin, dass der Erfolg eines *geplanten* Programms dann am wahrscheinlichsten ist, wenn bei der Anfertigung eines Logischen Modells das Wissen aus Forschung, Praxis, Theorie und Erfahrung einbezogen wird.

Dieser Ansatz erschien nicht zuletzt aus dem Grund sinnvoll, weil sich im Prozess der Modellierung zeigte, dass es in der Entwicklung von Logischen Modellen um mehr als das bloße Ausfüllen der einzelnen Kategorien geht: Das Logische Modell in seinem ausgereiften Status erwies sich vielmehr als das Ergebnis von Aushandlungsprozessen und Überarbeitungsschleifen zwischen PraktikerInnen und EvaluatorInnen, in denen die das Projekt bestimmenden Prozesse Schritt für Schritt expliziert wurden. Dieses Herausarbeiten der einzelnen Programmelemente unter dem Aspekt der Wirkungsorientierung ist den Erfahrungen aus dem Projektmodul nach also nicht nur in einen modellierenden, sondern auch in einen intensiven diskursiven Prozess eingebettet.

Das nachfolgende Schaubild zeigt eines der Modelle im Entstehungsprozess, um eine Vorstellung darüber zu vermitteln, was unter einem differenzierten Logischen Modell zu verstehen ist. In dem vorliegenden Fall handelt es sich um ein sozialpädagogisches Setting, das – in einem Gruppenkontext stattfindend – zum Ziel hat, gewalttätiges Verhalten von Mädchen in der Zukunft zu verhindern (vgl. Abbildung 11/2).[5]

Zu erkennen sind links stehend die Ausgangsbedingungen des Projektes, unterteilt in den Kontext, die Struktur, das Income sowie das Input des Projektes. Sofern es um die Aktivitäten geht, hat man sich für „Rituale", „Konfrontation", „Lob/ Wertschätzung" und „Körperarbeit" als zentrale pädagogische Interventionen entschieden, die im Modell wiederum durch bestimmte Methoden (wie z. B. Rollenspiele, Hausaufgaben, Körpersprachetraining) näher erläutert werden können. Auf der rechten Seite ist der Zielbereich des Projektes dargestellt: Dabei stehen G1 („Erkennen von Gewalt") und G2 („Rechtfertigungen für Gewalt nehmen ab") für die leitenden Teilziele des Projektes, die erreicht werden müssen, um zu den mittel- und längerfristigen Zielen – und zwar der „Verantwortungsübernahme" und der „langfristigen Reduzierung des Gewaltverhaltens" – zu gelangen. Im Zielbereich sind darüber hinaus drei sogenannte Zielstränge (A, B und C) zu sehen, die ebenfalls in Teilziele untergliedert sind (A1-A4, B1-B4, C1-C3).

5 In dem Modell sind der Übersichtlichkeit wegen nur ausgewählte Elemente mit Inhalten gefüllt.

Abb. 11/2: Differenziertes Logisches Modell eines sozialpädagogischen Gruppensettings

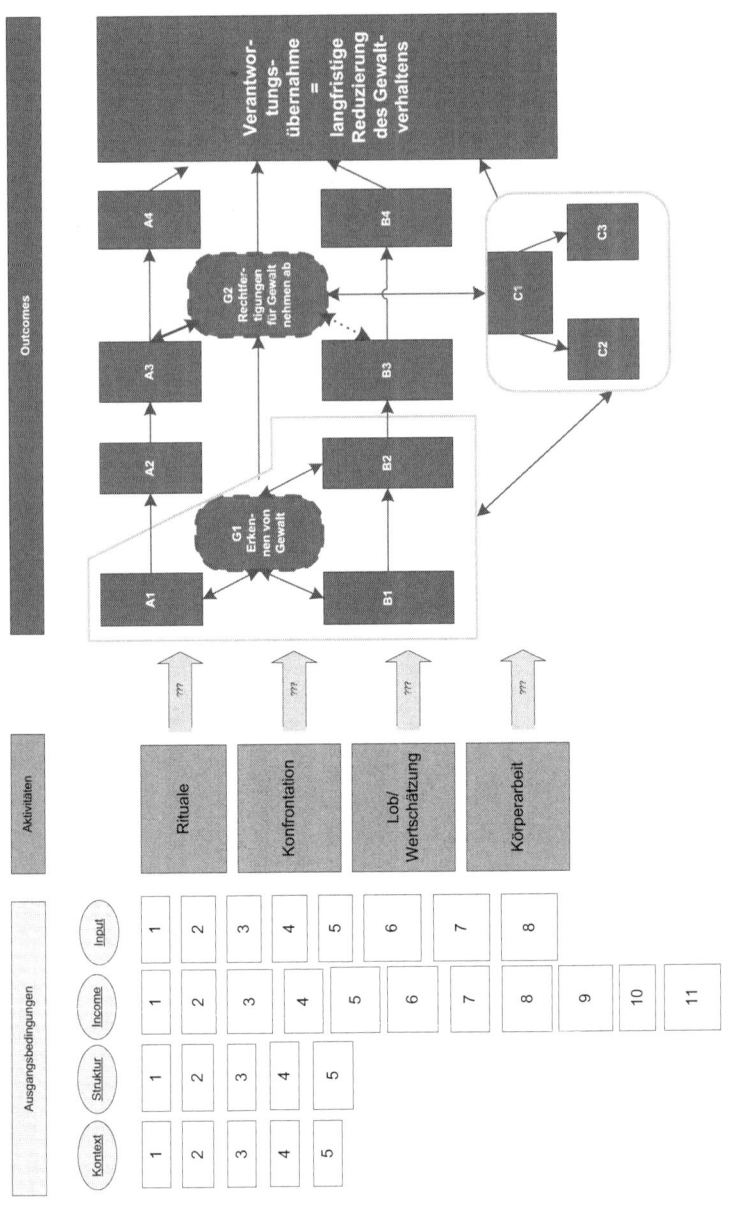

Quelle: Eigene Darstellung.

Das oben stehende Modell ist im Laufe der Projektbesuche weiter entwickelt worden, um den Ansprüchen vonseiten der PraktikerInnen und der EvaluatorInnen gerecht zu werden, die Wirkungen möglichst nachvollziehbar zu explizieren und der pädagogischen Praxis entsprechend abzubilden. Als eine besondere Herausforderung stellte sich der Entwicklungsschritt heraus, die einzelnen Aktivitäten bestimmten Outcomes zuzuordnen (vgl. Abschnitt 11.3). Dieser Aspekt ist aber im Hinblick auf die folgende wirkungsorientierte Evaluation der eigentlich wichtige. Denn es muss erst einmal von einer in sich stimmigen Verknüpfung zwischen den Elementen des Modells ausgegangen werden, um sie dann in einer Evaluation überprüfen zu können. Bewyl/Speer/Kehr bezeichnen diesen Abschnitt in ihrem Evaluationsleitfaden als die Phase der Gegenstandsbestimmung, die festlegt „was in der Folgephase (...) an Informationen gewonnen wird" und plädieren dafür, den Planungsaufwand hier zu erhöhen, da in den kommenden Phasen „nur die Ergebnisse verwendet werden können, auf die bereits zu Beginn der Evaluation fokussiert wird" (2007, S. 8).

11.3 *Über die Abbildung von Wirkungen in Logischen Modellen*

Im Vordergrund unserer Modellierungsarbeit stand das Ziel darzustellen, wie Wirkungen bei der Zielgruppe, also Kindern und Jugendlichen in kriminalpräventiven Maßnahmen, zustande kommen. Insofern finden sich in unseren Modellen schwerpunktmäßig auch nur solche Outcomes, die bei der so genannten Letztzielgruppe eines Programms erreicht werden sollen. Veränderungen, die bei anderen Anspruchsgruppen (wie beispielsweise Eltern oder Durchführenden des Programms) eintreten können, wurden nur dann thematisiert und in den Logischen Modellen erfasst, wenn sie – als Multiplikatorwirkung – wiederum einen Einfluss auf die Outcomes bei der Letztzielgruppe hatten.

Wie bereits erwähnt, zogen wir für die Rekonstruktion der Wirkungen das Wissen der jeweiligen Fachkräfte heran. Das bedeutet, dass die Wirkungen, die in den Logischen Modellen erfasst wurden, diejenigen waren, die aus Sicht der Fachkräfte bei der Zielgruppe ausgelöst werden sollen. Dabei nahm die Verständigung über bzw. die Einigung auf die relevanten Outcomes der jeweiligen Projekte unter den Durchführenden viel Zeit in Anspruch und entwickelte sich zu einem lebhaften Diskussionsprozess.

Diese Diskussionen beinhalteten – je nachdem zu welchem Zweck das Logische Modell eingesetzt wurde – unterschiedliche Themenschwerpunkte:

In einem von uns begleiteten Projekt wurde das Logische Modell beispielsweise schwerpunktmäßig dazu verwendet, sich über eine gemeinsame Konzeption zu verständigen. Es handelte sich um ein junges, im Entstehen begriffenes Projekt, in das verschiedene Akteure mit unterschiedlichen Fachrichtungen und Wertvorstellungen eingebunden sind. Hier ging es also zunächst ganz grundsätzlich darum, dass alle im Projekt Tätigen zu einer gemeinsam getragenen Vorstellung darüber kommen, welche Gesamtwirkung durch die Programmaktivitäten herbeigeführt werden soll bzw. realistischerweise herbeigeführt werden kann.

Bei den anderen beiden Projekten, die bereits auf eine längere Laufzeit zurückblicken können, lag der Schwerpunkt eher darauf, die z. T. diffusen Vorstellungen davon, was im Projekt erreicht werden soll, zu systematisieren und in konkret formulierte Outcomes zu fassen, die *spezifisch*, *messbar*, *akzeptiert*, *realistisch* und *terminiert* sind (vgl. Kapitel 6.1). Dabei bestand eine wesentliche Herausforderung darin, die Outcomes so zu formulieren, dass sie – bei aller Unterschiedlichkeit der Zielgruppen-Mitglieder mit der sich die Fachkräfte konfrontiert sehen – für alle TeilnehmerInnen an den Projekten Gültigkeit besitzen.

Insgesamt haben wir die Erfahrung gemacht, dass die Projektdurchführenden es als Erleichterung wahrnehmen, sich von zu anspruchsvollen Outcomes zu verabschieden und sich im Logischen Modell auf die Wirkungen zu konzentrieren, die durch die pädagogische Arbeit realistischerweise ermöglicht werden können. Zwar befinden sich die Fachkräfte während dieses Prozesses häufig in einem Zwiespalt, weil die realistisch formulierten Outcomes in einem Logischen Modell häufig nicht mehr an die anspruchsvollen Wirkungen heranreichen, die beispielsweise in Projektanträgen „versprochen" wurden. Für eine sich anschließende Wirkungsevaluation kann dies jedoch nur einen Gewinn bedeuten, da Enttäuschungen vermieden werden, die vorprogrammiert sind, wenn zu hohe Ansprüche an diese Form von sozialen Programmen gestellt werden (vgl. Holthusen/Lüders 2003).

11.3.1 Die Bedeutung des „Modus der Aneignung"

Wie bereits in Abschnitt 11.1 des Kapitels angedeutet, bezieht sich eine wichtige Erfahrung, die wir während der Modellierung der Wirkungsweise kriminalpräventiver Praxis gemacht haben, auf die Erkenntnis, dass an verschiedenen Stellen Weiterentwicklungen des ursprünglichen Logischen Modells notwendig werden. Deutlich wurde dies besonders in einem Projekt, in dem es den Fachkräften zunächst nicht möglich war, einzelne Aktivitätsbereiche jeweils ausgewählten Outcomes zuzuordnen, weil aus ihrer Sicht alles mit allem zusammenhing. Nach zahlreichen Austauschprozessen wurde irgendwann klar, dass die Kategorie Aktivitäten für die Beschreibung der Programmlogik zu global war, was uns schließlich zur Einführung einer zusätzlichen Kategorie veranlasste, die wir mit „Modus der Aneignung" bezeichnen. Sie soll erfassen, welcher „Lernzugang" durch die verschiedenen pädagogischen Maßnahmen jeweils angesprochen und welche Outcomes dadurch angeregt bzw. beeinflusst werden. Auf diese Weise ist schließlich eine Zuordnung von den Aktivitäten zu den Outcomes gelungen (vgl. Abbildung 11/3).

Abbildung 11/3 zeigt die stark vereinfachte und vorläufige Darstellung eines Logischen Modells vom oben erwähnten sozialpädagogischen Gruppensetting (vgl. Abbildung 11/2). Hier wird deutlich, dass zwischen Aktivitäten nicht mehr die Kategorie der Outputs als vermittelndes Element steht, sondern der Modus der Aneignung. Da in diesem Beispiel das Modell nicht mehr auf Projektebene, sondern auf der Handlungsebene ansetzt, erwies sich die Kategorie der Outputs nicht mehr als gewinnbringend. Quantifizierende Aussagen über einzelne Aktivitäten auf der Handlungsebene lassen sich nicht mehr sinnvoll formulieren.

Abb. 11/3: Logisches Modell mit Kategorie „Modus der Aneignung".

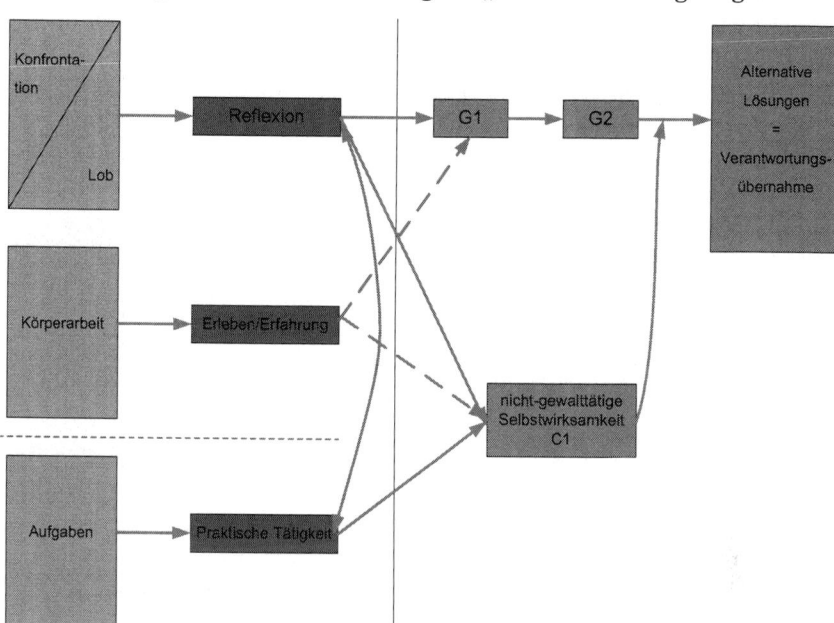

Quelle: eigene Darstellung.

11.3.2 Von Ursachen-Wirkungsketten zu Ermöglichungsketten

Die Aussage, die ein Logisches Modell machen soll, kann – je nachdem welche Bedeutung man den Pfeilen beimisst – ganz unterschiedlich sein. In der einschlägigen Einführungsliteratur zu Logischen Modellen wird häufig darauf verwiesen, dass die Verbindung zwischen den Elementen als „Wenn-dann"-Beziehung zu verstehen ist. Das Denken in „Wenn-dann"-Beziehungen ist jedoch monolinear, weil unterstellt wird, dass das Handeln von pädagogischen Fachkräften auf einen (passiv gedachten) Klienten einwirkt, der daraufhin sein Verhalten verändert (vgl. Peters 2006). Es ist unbestritten, dass eine solche Vorstellung von Wirkung im Bereich pädagogischer Angebote allgemein zu kurz greift, weil Effekte hier immer als Koproduktion zwischen pädagogischer Fachkraft und KlientInnen zu begreifen sind und zusätzlich immer auch weitere Einflüsse für das Zustandekommen einer Wirkung verantwortlich sind. Es ist eben nicht so, dass Teilnehmende an pädagogischen Projekten mechanisch dazu gezwungen werden, sich so zu verhalten, wie es im Programm formuliert ist bzw. wie sich die Fachkräfte das vorstellen, sondern, dass sie – auf welche Weise auch immer – dazu motiviert werden, sich anders zu verhalten (vgl. Kelle 2006, S. 124) bzw. wie wir es ausdrücken, es ihnen durch bestimmte pädagogische Maßnahmen *ermöglicht* wird, ihre Einstellungen und/ oder ihr Verhalten zu ändern, persönliche Situationen zu stabilisieren usw.

Wir halten es deshalb für treffend, von „Ermöglichungsketten"[6] zu sprechen. Mit Ermöglichungsketten meinen wir, dass bestimmte Outcomes eines Programms durch aufeinander aufbauende, kleinschrittige Verknüpfungen zwischen Teilaktivitäten und Teilzielen ermöglicht werden, also stufenförmig aufeinander aufbauen: Die erreichten Teilziele sind jeweils Ausgangsbedingungen für darauf aufbauende weitere Teilaktivitäten, die wiederum weitere Teilziele ermöglichen usw. In ihrer Aneinanderreihung bzw. ihrem Zusammenspiel ermöglichen diese „Kettenglieder" schließlich das Eintreten der jeweiligen Outcomes.

Der Begriff Ermöglichungsketten wird also zum einen der Komplexität pädagogischer Prozesse gerecht, in dem nicht von einer mechanischen Beziehung zwischen den Elementen ausgegangen wird, zum anderen fällt es den Fachkräften durch den Begriff bzw. der sich dahinter verbergenden Denkweise leichter, der Wirkungsweise ihrer Tätigkeit auf die Spur zu kommen. Ein weiterer Vorteil liegt u. E. darin, dass die Arbeit kriminalpräventiver Programme auch dann als erfolgreich gewertet werden kann, wenn Teilwirkungen erreicht wurden, was schließlich auch einem „gemäßigten Wirkungsbegriff" (vgl. Schröder 2002) entspricht.

11.4 *Chancen und Grenzen in der Anwendung von Logischen Modellen*

Vor dem Hintergrund des bisher Beschriebenen können die Voraussetzungen, die Chancen und die Grenzen von Logischen Modellen wie folgt beschrieben werden:

---

6 Hier greifen wir auf den – wie wir finden – treffenden Begriffsvorschlag von Dr. Christian Lüders, Leiter der Abteilung Jugend und Jugendhilfe am Deutschen Jugendinstitut e. V., zurück.

Es ist zunächst festzuhalten, dass mit der Entwicklung von Logischen Modellen aus der Perspektive der PraktikerInnen ein nicht zu unterschätzender Zeit- und auch Arbeitsaufwand verbunden ist, den die EvaluatorInnen und PraktikerInnen bereit sein müssen zu investieren. Denn die Erfahrungen im Projekt „Logische Modelle" haben gezeigt, dass es in der Phase der Modellierung um weit mehr geht als nur das jeweilige Konzept des Projektes zu modifizieren und/oder zu erweitern. Es kann je nach Projekt und den praktischen Bedingungen der Modellierung vielmehr eine erneute und erweiterte Gegenstandsbestimmung des Projektes erforderlich sein. Diese bezieht sich sowohl auf die Ausgangsbedingungen des Projektes – wie die interne Organisation des Projektträgers, die Zielgruppe und die personellen und finanziellen Ressourcen – als auch auf die im Projekt tatsächlich durchgeführten Aktivitäten und ihre intendierten Resultate.

Innerhalb der Rekonstruktion gilt es darüber hinaus die Ausgangsbedingungen sinnvoll zu beschränken und die Zahl der Projektaktivitäten auf jene zu reduzieren, die a) innerhalb der Interventionen zentral und b) für die Erreichung der Outcomes von entscheidender Bedeutung sind. Denn das Fokussieren auf die zentralen Wirkstränge des Projektes ist zum einen die Voraussetzung, um ein ausuferndes oder überkomplexes Modell zu verhindern, und zum anderen die notwendige Grundlage, um das Projekt anschließend einer wirkungsorientierten Evaluation zugänglich zu machen.

11.4.1 Die Chancen in der Beteiligung von PraktikerInnen

Diese Form der Projektbetrachtung erfordert allerdings die Bereitschaft der PraktikerInnen, ihre pädagogische Arbeit transparent zu machen und sich auf eine modellhafte Abbildung ihrer Tätigkeiten einzulassen. Zu bedenken ist hier, dass das partizipative Vorgehen Diskussionen und Aushandlungsprozesse über die Wirkverbindungen innerhalb des Projektes mit sich bringt, die nicht nur zwischen den PraktikerInnen und EvaluatorInnen, sondern auch unter den PraktikerInnen selbst geführt und geklärt werden müssen. Insofern ist die Annahme, dass der Modellierungsprozess auch eine „kommunikative Funktion" (Hense 2009) innehat, unserer Erfahrung nach durchaus berechtigt und nicht zu unterschätzen. Lediglich angemerkt sei hier, dass der Prozess auch dazu führen kann, dass gegebenenfalls einige Programmelemente im Modell nicht mehr auftauchen, obwohl sie in der alltäglichen Arbeit eine Rolle spielen. Dies wäre zum Beispiel der Fall, wenn die betreffende Aktivität nur einen begleitenden Charakter innehat und sich für die Erreichung der Ziele als weniger bedeutend herausstellt.

Die Chancen von Logischen Modellen liegen vor allem darin, dass es möglich ist, die „Black box" des Projektes mit Hilfe eines vereinfachenden Modells zu erhellen. Was innerhalb der Projektpraxis geschieht, um die angestrebten Ziele zu erreichen, wird mit dem Instrument des Logischen Modells nicht nur sichtbar gemacht, sondern es wird auch veranschaulicht auf Basis welcher Ausgangsbedingungen, Aktivitäten und Outputs diese Ziele erreicht werden.

Damit verbunden ist zum einen, dass das oft nur implizit vorhandene pädagogische Wissen und Handeln der Fachkräfte sichtbar gemacht wird, und zwar nicht nur für Außenstehende, sondern auch für die PraktikerInnen selbst. Dies bietet wiederum den PraktikerInnen die Möglichkeit, ihre Arbeit aus einer ihnen bisher eher unbekannten Perspektive wahrzunehmen und sich ihres pädagogischen Handelns auf dieser Grundlage zu vergewissern. Davon ausgehend kann das Logische Modell auch zu Zwecken der Konzeption und Projektplanung oder zur Qualitätssicherung verwendet werden, was von den Praxisansätzen – in Abhängigkeit von dem eigenen Kontext und ihren Bedürfnissen – auch so angenommen wurde (vgl. auch W. K. Kellog Foundation 2004, S. 5 ff.).

Im Hinblick auf eine Evaluation ist das Logische Modell außerdem dazu geeignet, die ProjektmitarbeiterInnen bei der Formulierung realistischer Zielsetzungen zu unterstützen. Oder wie Wyatt Knowlton/Phillips diese Möglichkeit der Nutzung benennen: "positioning questions on the program model identifies where evaluative evidence might be found to adress inquiry" (2009, S. 10). Die Anlage des Logischen Modells begünstigt unseren Erfahrungen nach auch, dass die Aufmerksamkeit auf bestimmte Bereiche in einem Projekt gelenkt wird, die für die Fachkräfte besondere Relevanz besitzen. Diese müssen sich nicht nur auf die vom Programm intendierten Resultate beziehen, sondern können sich z. B. auch auf das Gelingen einer bestimmten (Teil-) Aktivität konzentrieren, die wiederum notwendig ist, um einem bestimmten (Teil-) Ziel des Projektes näher zu kommen. Damit klingt bereits an, dass Logische Modelle nicht nur eine summativ angelegte Evaluation fördern, sondern auch dort als besonders wertvoll zu betrachten sind, wo es um eine formativ angelegte Evaluation bzw. um Teilbereiche von Projekten geht.

Von Vorteil ist hierbei, dass durch das Logische Modell eine Strukturierung des Projektes vorgenommen wird, wodurch einzelne Ausschnitte eines Projektes gleichsam heraus gegriffen und genauer betrachtet werden können. Bei den Projekten, mit denen wir das Logische Modell erprobt haben, waren dies z. B. die Ausschnitte, bei denen die Fachkräfte den Schwerpunkt ihrer pädagogischen Arbeit sahen oder bei denen das Logische Modell am weitesten ausgereift war.

11.4.2 Die Grenzen des partizipativen Ansatzes

Neben den vorher benannten und für dieses Projekt wertvollen Erfahrungen werden auch die mit dem partizipativen Ansatz einhergehenden Herausforderungen sichtbar: die zum Teil auch unter den PraktikerInnen unterschiedlichen Perspektiven auf das eigene Projekt miteinander in Einklang zu bringen, ist mitunter ein erheblicher Aufwand. Sind die Ausgangsbedingungen des Projektes in der Regel noch überschaubar und relativ klar zu beschreiben, wird es bei den Aktivitäten und den Outcomes den Erfahrungen nach schwieriger. Denn die Erfordernis, sich ausschließlich auf die zentralen Wirkstränge zu konzentrieren, ist hier am wichtigsten, zumal in diesem Teil oft auch das „Herzstück" des Projektes liegt. Vorsicht ist in diesem Zusammenhang auch dort geboten, wo das ausgereifte und angereicherte Modell so komplex wird, dass es für einen Außenstehenden kaum mehr erklärend ist. Hier gilt es ein Klima der Kompromissbereitschaft unter den Mitwirkenden zu erzeugen, um die vorhandenen unterschiedlichen Sichtweisen gewinnbringend einsetzen zu können.[7]

Eine bislang noch nicht weiter verfolgte, aber bereits angedachte Möglichkeit unseres Projekts ist es, die Logischen Modelle dazu zu verwenden, das Thema der nicht-intendierten Nebenwirkungen weiter zu verfolgen. Gerade die mit dem Logischen Modell einhergehende Fokussierung auf die intendierten Resultate könnte – so der Gedanke – den Blick eröffnen, um die nichtbeabsichtigten Folgen von Projekten sichtbar zu machen und sinnvoll zu strukturieren.

Die Erfahrungen aus dem Forschungsprojekt sprechen vor diesem Hintergrund bisher für eine intensivere Anwendung des Logischen Modells in der pädagogischen Praxis: Als besonders positiv ist hier hervorzuheben, dass damit ein Weg gefunden wurde, die Logik pädagogischer Maßnahmen modellhaft abbilden zu können, womit ein wesentlicher Beitrag zur Professionalisierung der Fachpraxis geleistet wird.

Haußmann, Berit, Dipl. Soz., M.A. und Yngborn, Annalena, Dipl. Soz. Wiss., wissenschaftliche Referentinnen in der Abteilung Jugend und Jugendhilfe beim Deutschen Jugendinstitut München.

E-Mail: haussmann@dji.de bzw. yngborn@dji.de

---

7 Der multiperspektivische Ansatz ist außerdem insofern interessant, als durch den Prozess der Modellierung unterschiedliche Sichtweisen auf die Projektpraxis transparent gemacht werden. Auch Kelle argumentiert – in Anlehnung an die Tradition der sinnverstehenden Soziologie – in diese Richtung, wenn er konstatiert, dass Akteure nicht nur zielleitend, sondern auch kontextgebunden handeln und dieser Umstand in jedweder Evaluation zu berücksichtigen sei (vgl. Kelle 2006, S. 118 ff.). Diese unterschiedlichen Sichtweisen sind in unserem Fall für das Verstehen der pädagogischen Praxis von besonderem Wert gewesen. Nicht nur aus diesem Grund hat sich die hier beschriebene Zusammenarbeit zwischen PraktikerInnen und EvaluatorInnen als überaus fruchtbar erwiesen.

12 Performance Management im Strafvollzug

Alfred Pischler

Der Strafvollzug ist ein sehr sensibler und verantwortungsvoller Leistungsbereich des Bundes. Die starke mediale Auseinandersetzung mit Themen des Strafvollzuges belegt dies. Umso wichtiger ist es, über ein leistungsfähiges Controlling zu verfügen. Der Vollzugsdirektion steht zwar eine Vielzahl von Daten zur Verfügung, die für die Steuerung der Anstalten von Bedeutung sind, doch bis zum Anfang des neuen Jahrtausends fehlten großteils klare strategische Zielvorgaben und definierte Messgrößen. Ohne konkrete Zielwerte sind Soll-Ist-Vergleiche nicht möglich und machen auch Leistungsvereinbarungen zwischen der Vollzugsdirektion und den Anstalten keinen Sinn. Die Aufbereitung der bestehenden Daten reichte nicht aus, weder um eine strategische Steuerung durch die Vollzugsdirektion sicherzustellen noch um die Justizanstalten in ein Reporting einzubinden und davon ausgehend bessere Entscheidungsgrundlagen zur Verfügung zu stellen.

Die Controllingverordnung aus dem Jahre 1999 (BGBl. II Nr. 223/1999) sowie die Regierungsabkommen vom Februar 2000 bzw. 2003 geben Vorgaben über die Form und die Inhalte der Steuerung im Bereich der österreichischen Bundesverwaltung.

Besondere Bedeutung in diesem Zusammenhang haben elektronische Standardsoftware für betriebswirtschaftliche Anwendungen, die Kosten- und Leistungsrechnung, die Definition von Wirkungen und Produkten, Leistungsaufträge, Qualitätsmanagementsysteme sowie das interne und externe Benchmarking. Vor diesem Hintergrund hat das Bundesministerium für Justiz und in weiterer Folge die Vollzugsdirektion wichtige Initiativen und Projekte gestartet, um adäquate Rahmenbedingungen für eine leistungsorientierte Steuerung zu schaffen.

12.1 Strafvollzug in Österreich: Die Ausgangslage

Gemäß dem § 20 des Strafvollzugsgesetzes 1969 soll der Vollzug der Freiheitsstrafe den Verurteilten zu einer rechtschaffenen und den Bedürfnissen des Gemeinschaftslebens angepassten Lebenseinstellung verhelfen und sie abhalten, schädlichen Neigungen nachzugehen. Der Vollzug soll außerdem den Unwert des der Verurteilung zugrunde liegenden Verhaltens aufzeigen. Die oberste Leitung des Strafvollzuges liegt in oberster Instanz beim Bundesministerium für Justiz. Die Vollzugsdirektion ist seit 2007 Dienstbehörde und operative Oberbehörde für den österreichischen Strafvollzug. Sie führt die Aufsicht über 28 Justizanstalten und die Strafvollzugsakademie.

In Österreich gibt es 28 Justizanstalten. Davon sind sieben Strafvollzugsanstalten für Männer, eine Strafvollzugsanstalt für Jugendliche, eine Strafvollzugsanstalt für Frauen drei Anstalten für den Maßnahmenvollzug und 16 gerichtliche Gefangenenhäuser.

Zum 1.3.2008 waren 8600 Personen in Haft, wovon 42 % nicht die österreichische Staatsbürgerschaft besitzen. Rund 5 % der Insassen in den Justizanstalten sind Frauen, jugendliche Straftäter (14.-18. Lebensjahr) machen ca. 3 % aus während zirka 8 % der Insassen zu den „jungen Erwachsene" (18.-21. Lebensjahr) zählen. In Hinblick auf das Personal sind mehr als Dreiviertel der 3.823 Bediensteten Justizwachebeamte. Die übrigen Bediensteten kommen aus den verschiedensten Professionen, z.b.: ÄrztInnen, PsychologInnen, SeelsorgerInnen, SoziologInnen, PädagogInnen, SozialarbeiterInnen, TherapeutInnen, Krankenpflegepersonal, Verwaltungspersonal sowie weiteres Anstaltspersonal aus besonderen Ausbildungszweigen. Im Jahr 2008 belief sich das Budget auf 319 Mio. Euro und setzte sich aus folgenden Schwerpunkten zusammen: Personalaufwand ca. 157 Mio. Euro, Sachaufwand ca. 162 Mio. Euro, Einnahmen für 2008 rund 48,7 Mio. Euro (Bundesministerium für Justiz 2010).

12.2 Das Steuerungskonzept

Bis zum Beginn des neuen Jahrtausends war es den Anstaltsleitern sowie den Führungskräften in der Vollzugsdirektion nur sehr bedingt möglich, Controllingaufgaben wahrzunehmen. In den vergangenen Jahren wurden wichtige Applikationen aufgebaut, um eine effiziente und effektive Arbeitsweise zu ermöglichen. Dazu zählen:

- IVV	Insassen Vollzugs Verwaltung
- DPSA	Dienstpostenstundenabrechnung
- IWV	Integrierte Wirtschaftsverwaltung
- SAP	Wesentliche Daten in Bezug auf Wirtschaftlichkeit der Anstalten sind bereits in SAP abgebildet. SAP wird in Zukunft noch stärker als Datenquelle für das Controllingsystem dienen.
- Cognos	einige Kennzahlen (vorwiegend Belastungsindikatoren) stehen seit 2009 für ein internes Benchmarking zur Verfügung.

Diese Informationssysteme stellen die Basis für einen Steuerungskreislauf dar, welcher folgende Aufgaben erfüllt:

– Professionelle Beratung der politischen Ebene in strategischen Fragen wie den Bau neuer Gefängnisse, die technischen Optimierungen im Vollzug, den Einsatz von Fußfesseln;

– effektive Steuerung der Justizanstalten anhand leistungsorientierter Controllinginstrumente wie Ziel- und Leistungsvereinbarungen, regelmäßige Vergleiche zwischen den Justizanstalten in den Bereichen Leistungen, Kosten und Wirkung;

– Beratung und Unterstützung beim Aufbau eines dezentralen Steuerungssystems zur Versorgung der Justizanstalten mit entscheidungsrelevanten Informationen.

Das Konzept eines Performance Managements für den Strafvollzug wurde 2005 verabschiedet. Es legt die Steuerungsdimensionen und -strukturen fest.

Als klassisches „Produkt", im Sinne eines wirkungsorientierten Bündels an Leistungen, wird der „Hafttag" definiert. Es ist die Wechselwirkung zwischen Hafttagen, Beschäftigungsmöglichkeiten, Betreuungsangeboten, Freigang, Personaleinsatz etc. die maßgeblichen Einfluss auf die Zielerreichung haben.

Über Wirkungsketten kann die Steuerung optimiert werden. Zum Beispiel schildert Abbildung 12/1, wie sich die Erhöhung der Hafttage auswirkt: Zum einem impliziert ein Anstieg der Hafttage, dass bei gleich bleibenden Ressourcen die durchschnittlichen Kosten pro Hafttag sinken, was grundsätzlich positiv zu vermerken ist. Zum anderen aber bedeutet ein Plus an Hafttagen, dass die Möglichkeiten Insassen zu beschäftigen sinken, deren Stimmung sich entsprechend verschlechtert und die Mitarbeiter stärker beansprucht werden. Diese Entwicklung wirkt sich nicht nur auf die Mitarbeiterzufriedenheit, sondern auch auf die strategischen Ziele Sicherheit und die Rückfallvermeidung aus. Letztlich führt die Erhöhung der Hafttage zu einer Steigerung der Kosten auf volkswirtschaftlicher Ebene, da die eigentlichen Ziele des Strafvollzugs verfehlt werden.

Abb. 12/1: Ursachen-Wirkungskette „Erhöhung der Hafttage"

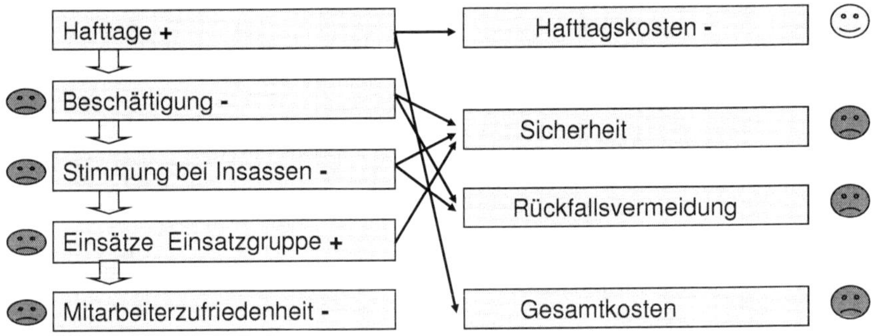

Quelle: Eigene Darstellung.

12.3 Die Steuerungsdimensionen

Das Performance Management-Konzept des Strafvollzugs fokussiert auf vier Steuerungsdimensionen: Die Erfüllung des Auftrages, das Personal und das organisationale Lernen, die Insassen und die Wirtschaftlichkeit.

12.3.1 Erfüllung des Auftrages

Aus dem gesetzlichen Auftrag lassen sich drei Aspekte ableiten, die das Wesen des Strafvollzugs in Wechselwirkung zueinander ausmachen: Rückfallvermeidung, Sicherheit und Untersuchungshaft Sicherung. Wie gut diese Ziele erreicht werden, hängt davon ab, in welcher Qualität die Leistungen erbracht werden, welche Ressourcen eingesetzt werden und wie die Insassen bestimmte Leistungen- bzw. Betreuungsangebote annehmen.

Rückfallvermeidung

Die Rückfallvermeidung ist eines der zentralen Ziele, an denen die Wirksamkeit des Strafvollzuges gemessen werden kann. Als Wirkungsindikator dient die Wiederkehrerquote: Sie sagt aus, wie viel Prozent der Haftentlassenen binnen eines definierten Zeitraumes (1 Jahr, 5 Jahre) wieder eine unbedingte Freiheitsstrafe in einer österreichischen Justizanstalt verbüßen. Der Indikator kann eindeutig ermittelt werden und ermöglicht auch Vergleiche zwischen Anstaltstypen und Anstalten. Internationale Erfahrungen und Studien deuten darauf hin, dass vor allem folgende Leistungen der Vollzugsanstalten in kausalem Zusammenhang mit der Wiederkehrerquote stehen:

- Beschäftigung
- Vollzugslockerung
- Interventionen/Betreuungsdienste
- Strukturierte Freizeitaktivitäten
- Freigang
- Bewährungshilfe bei bedingter Entlassung

Zum Beispiel hilft die sinnvolle Beschäftigung der Insassen die Gefahr der Rückfälligkeit nach der Haftentlassung zu vermeiden bzw. zu mindern.

173

Sicherheit

Der Sicherheit des Strafvollzuges wird große Bedeutung beigemessen. Neben technischen Aspekten ist dafür maßgeblich entscheidend, in welcher Qualität die MitarbeiterInnen in den Anstalten ihre Tätigkeit erbringen, und wie sich die Leistungen auf Insassen auswirken. Als Gradmesser für das Maß der Sicherheit wurde aufbauend auf die langjährigen Beobachtungen und Erfahrungen ein Spitzenindikator definiert, der sich – wie in Abbildung 12/2 dargestellt – aus acht, unterschiedlich stark gewichteten Faktoren zusammensetzt: Missbräuche, Anzeigen, Ordnungsstrafverfahren, Einsätze der Einsatzgruppe, Ausbrüche, Sicherheitsstandards, Beschäftigung, Mitarbeiterzufriedenheit.

U-Haft Sicherung

Die U-Haft dient zum einen dazu, die zuverlässige und rasche Verfügbarkeit des U-Häftlings für das Gericht sicherzustellen, zum anderen den Gefahren der Verdunkelung, der Flucht und der Tatbegehung vorzubeugen. Am 1. März 2010 waren in Österreich 1.951 Personen in U-Haft, das sind 22,4 % der Gesamtinsassen.

Abb. 12/2: Zusammensetzung des Konstrukts „Sicherheit"

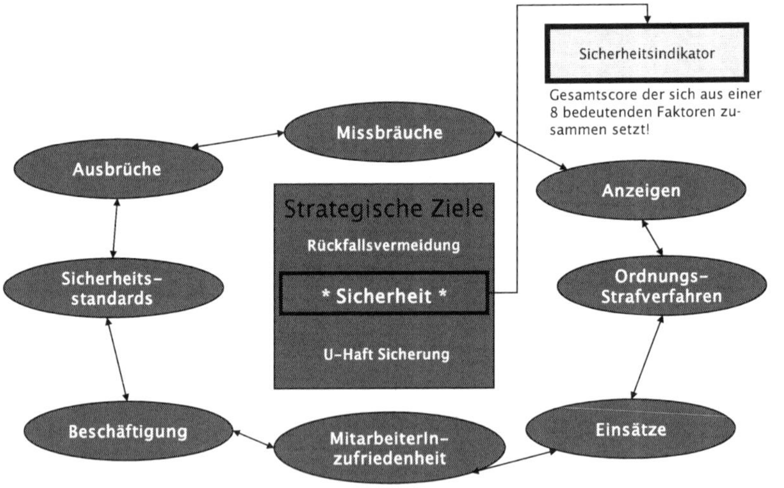

Quelle: Eigene Darstellung

Im Bereich der U-Haft Sicherung sind die Gerichte ein wichtiger Partner für die Justizanstalten. In dieser Hinsicht kann der Grad der Auftragserfüllung über die systematische und standardisierte Befragungen der Gerichte festgestellt werden. Darüber hinaus ist es sinnvoll, im Bereich der Wirtschaftlichkeit Indikatoren zu definieren, die Aussagen über die Kosten der Vorführungen ermöglichen.

12.3.2 Personal und organisationales Lernen

Einer der entscheidenden Hebel für einen effektiven Vollzug sind gut ausgebildete MitarbeiterInnen, die über die entsprechenden Arbeitsmittel verfügen und die sich gut geführt fühlen. Die permanente Weiterentwicklung und das Lernen in den Organisationen sind hierfür mitentscheidend. Folgende Leistungen bzw. Kennzahlen sind in diesem Bereich daher von Bedeutung:

- Zufriedenheit der MitarbeiterInnen,
- Durchschnittliche Krankenstandstage,
- Durchschnittsalter,
- Ausbildungstage pro Mitarbeiter,
- Betreuungsverhältnisse,
- Besetzungsgrad,
- Stressbelastung.

Alle oben angeführten Indikatoren sind primär auf Ebene der Anstalt relevant. Für das Erkennen von Trends ist es auch empfehlenswert, diese Indikatoren auf Ebene der Anstaltstypen und auf einer Gesamtebene zu aggregieren.

12.3.3 Insassen

Die Insassen in den Anstalten sind eine wesentliche Anspruchsgruppe des Strafvollzuges. Die Art und Weise, wie Insassen die Zeit der Haftstrafe verbringen und erleben, hat maßgebliche Konsequenzen auf die Sicherheit und die Rückfallvermeidung. Eine einfache und wirkungsvolle Möglichkeit, diesen wichtigen Bereich in Indikatoren zu fassen, ist die professionelle Durchführung einer Insassenbefragung.

12.3.4 Wirtschaftlichkeit

Die Leistungserbringung erfolgt vor dem Hintergrund budgetärer Beschränkungen. Jede Veränderung im Leistungsgefüge wirkt sich auf die Wirtschaftlichkeit des

Gesamtsystems aus. Die wesentlichen Indikatoren, die laufend überprüft werden müssen, sind:

- Kosten je Hafttag,
- Kostendeckungsgrad,
- Verpflegungskosten,
- Eigenregieleistungen,
- Ausgaben für Beschäftigung,
- Betriebskosten (Anteil sekundäre Raumkosten),
- Kostenstruktur (Personalkosten/Sachkosten) sowie eine detaillierte Kostenanalyse.

Diese Indikatoren erlauben in Kombination mit den anderen Kennzahlen, begründete Aussagen über die Wirtschaftlichkeit einer Justizanstalt zu formulieren. Eine wesentliche Voraussetzung dafür ist u.a. auch die Zeiterfassung seitens der Mitarbeiterinnen.

12.4 Die Steuerungsstrukturen

Das Bundesministerium für Justiz hat sich für einen Steuerungskreislauf entschieden, der mehrere Organisationsebenen mit einbezieht. Dabei handelt es sich um eine schlanke und budgetschonende Form des Controllings, die sicherstellt, dass der Aufbau von Controllingsystemen gewährleistet ist und eine optimale Einbindung der Anstalten erfolgen kann.

12.4.1 Controllingbeirat

Der Controllingbeirat hat eine Beratungs- und keine Aufsichtsfunktion zu. Die Mitglieder des Controllingbeirates sind Praktiker aus den Justizanstalten, die entsprechend zum Erfolg des Gesamtkonzeptes beitragen können, da sie über ein hohes Maß an Akzeptanz bei den KollegInnen verfügen. Aus diesem Grund sollte dieser Status unterstrichen werden (Beratungsfunktion) und nicht gefährdet werden (Controllinginstanz).

Der Controllingbeirat setzt sich aus vier bis fünf Führungskräften aus den Anstalten zusammen und nimmt folgenden Aufgaben wahr:

- Unterstützung der Zentrale bei der Erstellung von Quartals- und Jahresberichten;
- Unterstützung bei der Interpretation von Soll-Ist-Vergleichen zwischen den Anstalten und bei der Definition von möglichen Gegensteuerungsmaßnahmen;
- Beratungsfunktion gegenüber den Justizanstalten und Unterstützung der Controller vor Ort.

12.4.2 Controller in den Justizanstalten

Die Geschäftseinteilung für die Justizanstalten sieht bereits eine Controllingstelle pro Justizanstalt vor. Eine rasche Besetzung dieser Stellen ist von großer Bedeutung, um das Controllingkonzept realisieren zu können und damit auch den gesetzlichen Ansprüchen gerecht zu werden. Die Hauptaufgaben des Controllers vor Ort sind:

- Unterstützung der Zentrale beim Aufbau der Controllinginstrumente in der Anstalt;
- Vorbereitung und Aufbereitung des Budgets sowie der relevanten Informationen, die für die Erstellung von Leistungsvereinbarungen zwischen dem Ministerium und der Justizanstalt notwendig sind;
- Durchführung von Soll-Ist-Vergleichen auf Anstaltsebene und laufendes Monitoring der steuerungsrelevanten Kennzahlen;
- Versorgung der Anstaltsleitung mit entscheidungsrelevanten Informationen;
- Reporting in Richtung Vollzugsdirektion und in Richtung Controllingbeirat;
- Durchführung von Veranstaltungen in der Anstalt, um Controllingbewusstsein bei allen MitarbeiterInnen zu steigern.

12.5 Die Umsetzungsphase 1: Das Fundament legen

Das Projekt „Entwicklung von Controllinginstrumenten für den österreichischen Strafvollzug" muss vor allem in der Startphase stark von der Zentrale vorangetrieben werden. Dafür ist die Vollzugsdirektion bestimmt worden. Ihr obliegt es, das Steuerungssystem aufzubauen und zu pflegen, die Entscheidungsträger im Ministerium mit handlungsrelevanten Informationen zu versorgen und die Justizanstalten bei der Einführung eines dezentralen Controllings zu unterstützen.

In der Umsetzungsphase 1, welche sich von 2006 bis 2009 erstreckt, werden die Steuerungsprinzipien erarbeitet sowie erste Kennzahlen definiert, sowohl um die Rahmenbedingungen als auch um die Leistungen der Justizanstalten festzuhalten und vergleichbar zu machen. Es wird beschlossen, die Entscheidungsbefugnisse der Anstaltsleiter zu stärken und auf der Basis einer einheitlichen Vorgangsweise eine Verbindung zwischen der Vergabe von Ressourcen einerseits und dem Erbringen von Leistungen andererseits herzustellen.

In Hinblick auf die Haushaltsrechtsreform, deren Inkrafttreten für den 1. Januar 2013 festgelegt ist, werden in dieser Phase die ersten Indikatoren erarbeitet mit dem Anspruch, folgende Anforderungen zu erfüllen:

–   Effiziente Ableitung aus bestehenden Informationssystemen,
–   Beurteilung der Justizanstalt als Gesamtsystem,
–   Verdeutlichung des Steuerungspotentials,
–   Sicherung der Messbarkeit und der Vergleichbarkeit,
–   Achtung auf die Nachvollziehbarkeit der Entscheidungen.

Je nachdem, ob die Indikatoren Rahmenbedingungen beschreiben, die von den Anstaltsleitern hinzunehmen oder aber beeinflussbar sind, wird zwischen so genannten Belastungsindikatoren einerseits und Leistungsindikatoren andererseits unterschieden.

Als Belastungsindikatoren zählen:

–   Aufnahmen,
–   Entlassungen,
–   Ausführungen zu Gerichten,
–   Besuche,
–   Hafttage,
–   Belagsquote (d.h. die Auslastungsquote).

Leistungsindikatoren dagegen sind:

–   Beschäftigungsquote,
–   Unverschuldet unbeschäftigte Stunden,
–   Anteil der unverschuldet unbeschäftigten Stunden an den Gesamtstunden,
–   Vollzugslockerungen,
–   Bedingte Entlassungen,
–   Fluchten,
–   Betreuung,
–   Rückkehrerquote (Anteil der Insassen, die nach der Entlassung binnen eines Jahres wieder in eine Justizanstalt aufgenommen werden).

Die Hafttage (Belastungsindikator) etwa werden auf der Basis aller Insassen, die sich in einer Justizanstalt befinden, berechnet – vgl. Abbildung 12/3. Dazu zählen Passanten aus anderen Justizanstalten und Insassen, die sich in Krankenanstalten befinden. Von der Kennzahl ausgeschlossen sind aber Insassen, die sich vorübergehend in anderen Justizanstalten befinden. Jeder Insasse ist in genau einer Anstalt im Vollzug. Die Hafttage können nach dem Haftstatus gegliedert ausgegeben werden.

Abb. 12/3: Haftstatus: Kategorien

Ausprägung	Beschreibung
Strafhaft	inklusive §180(4)
Untersuchungshaft	nur reine U-Haft
Untergebracht	Untergebrachte, auch §429 StPO und §438 StPO
Sonstige	alle sonstigen Fälle

Quelle: Eigene Darstellung.

Die Beschäftigungsquote (Leistungsindikator), um ein weiteres Beispiel zu nennen, beschreibt die geleisteten Stunden pro Monat und Anstalt, aufgeschlüsselt nach Haftstatus. Die Darstellung erfolgt in absoluten Stundenzahlen bzw. relativ in Arbeitsstunden täglich pro Insassen.

Besonders schwierig erweist sich die Konkretisierung der Betreuungsarbeit durch einen Indikator. Die Leistung der Sozialarbeit und Psychologen wird in der ersten Umsetzungsphase zunächst anhand der Einschlusszeit der Insassen versucht zu dokumentieren. Der Grundgedanke dabei ist, dass die Summe aller Aktivitäten, die sich außerhalb der Zelle abspielen, die Intensität der Betreuung widerspiegelt. In der Praxis jedoch lassen diese Kennzahlen wenige Aussagen zu, da zu ungenau erhoben und differenziert wird. Betreuung wird infolgedessen vorübergehend als Anzahl an Kontakten definiert im Wissen, dass es noch einer gründlicheren Auseinandersetzung mit dem Thema bedarf, um zu einer guten Lösung zu gelangen. Bereits in diesem Stadium wird klar, dass die Steuerung der Betreuung eine sehr heikle Angelegenheit ist, die bei den betroffenen Fachkräften großes Misstrauen hervorruft.

12.6 Die Umsetzungsphase 2: Wirkungsorientierung forcieren

Die Umsetzungsphase 2 setzt die Implementierung des Steuerungskonzeptes fort und ist zum Zeitpunkt der Fallbeispielbeschreibung noch nicht abgeschlossen. Unter dem Projektnamen „Entwicklung von Controllinginstrumenten für den österreichischen Strafvollzug" wird der Fokus auf zwei Ziele gelenkt. Erstens, geht es um die Weiterentwicklung von Controllinginstrumenten: Der Schwerpunkt liegt auf der Erarbeitung von Kennzahlen und Indikatoren für alle vier Erfolgsdimensionen, um eine ausgewogene und wirkungsorientierte Steuerung des österreichischen Strafvollzuges zu ermöglichen, Zweitens, wird die Institutionalisierung des Controllings im Strafvollzug angestrebt: Controlling soll durch die Besetzung einer Controller-Planstelle und die Strukturierung des Berichtswesens als wesentliches Führungs- und Steuerungsinstrument akzeptiert und eingesetzt werden.

Folgende Ergebnisse sind Ende 2010 geplant:

- die erarbeiteten Steuerungsinstrumente (Kennzahlen/Indikatoren, Berichtsentwürfe, Kontraktentwurf, usw.) liegen schriftlich in Form eines Controllinghandbuches vor;
- der Entwurf einer Balanced Scorecard (BSC) ist entwickelt;
- die Anwender (Führungskräfte, Kontraktpartner, Mitarbeiter) sind informiert, geschult und dadurch imstande die entwickelten Controllinginstrumente zur Steuerung einzusetzen.

12.6.1 Die Projektstruktur

Das Projekt sieht folgende Gremien vor, die jeweils mit Entscheidungskompetenzen (EK) oder Wissenskompetenzen (WK) ausgestattet sind:

Auftraggeber (AG)	EK
Auftragnehmer (AN)	WK
Projektleitung (PL)	WK
Steuergruppe (StG)	EK
Projektkernteam (PKT)	WK
Analyse-/Konzeptionsteam (AKT)	WK
Soundboard (SB)	WK

Die Steuergruppe setzt sich aus Führungskräften des Bundesministerium für Justiz bzw. der Vollzugsdirektion zusammen. Für sie ist Controlling zukünftig ein wesentliches Steuerungsinstrument. Die Steuergruppe hat Entscheidungskompetenz. Sie beurteilt die Zwischenberichte des Projektkernteams und gibt die „Richtung" vor.

Das Analyse-/Konzeptionsteam besteht aus Mitarbeitern der IT-Administration der Vollzugsdirektion und des Bundesrechenzentrums zusammen. Ihre Aufgabe ist es, die Zahlen aus den Informationssystemen so aufzubereiten, dass sie als Kennzahlen und Indikatoren in die Berichte aufgenommen werden können.

Das Soundboard fasst alle Leiter der Justizanstalten und alle Arbeitnehmervertreter zusammen. Sie werden während der Projektphase über Zwischenergebnisse informiert und geben Feedbacks in Bezug auf die praxisgerechte Anwendungsmöglichkeit. Sie haben aber keine Entscheidungskompetenz.

Das Projekt ist ein rein internes Projekt, abgesehen von den Leistungen des Bundesrechenzentrums, sodass keine zusätzlichen Budgetmittel beansprucht werden. Mit folgendem Zeitaufwand wird gerechnet:

Auftragnehmer	ca. 30 Tagsätze
Projektmitglieder	ca. 30 Tagsätze
Steuergruppe u. Soundboard	ca. 18 Tagsätze

12.6.2 Der Projektablauf

Zu Beginn der Umsetzungsphase 2 steht eine umfassende SWOT-Analyse, d.h. eine Analyse der Stärken (Strengths) und Schwächen (Weaknesses) der Organisation im Kontext der Chancen (Opportunities) und Gefahren (Threats) des Umfelds. Darauf aufbauend werden mit der Steuergruppe unter Berücksichtigung des strategischen Auftrages (Rückfallvermeidung, Sicherheit, Sicherung der Untersuchungshaft) operative Ziele definiert. Dieser Rahmen ermöglicht es, weitere Kennzahlen und Indikatoren zu entwickeln, die noch stärker als bisher auf die Erfassung der Wirksamkeit des Strafvollzugs fokussieren.

Gleichzeitig werden die Eckpfeiler eines strukturierten Berichtswesens mit erfolgs- und steuerungsrelevanten Informationen definiert:

An wen:	Berichtsempfänger
Wozu:	Berichtszweck
Wann, wie oft:	Berichtstermin
Wer:	Berichtsverantwortlicher
Was:	Berichtsinhalt
Wie:	Methode der Berichtserstellung

Es wurden bereits mehrere Berichte für verschiedene Empfänger entwickelt. Ein Bericht der quartalsaktuell allen Justizanstalten zur Verfügung steht, ist der „Kennzahlenüberblick der Justizanstalt". Dieser Bericht, der den Berechtigten einer Justizanstalt online zur Verfügung steht, zeigt alle aktuellen Kennzahlen und Indikatoren einer Justizanstalt. Gleichzeitig zeigt er die Entwicklung der Kennzahlen in den letzten Jahren, eine Prognose bis zum Jahresende, und einen Vergleich zu den anderen Justizanstalten.

Weitere Berichte stehen anderen Berichtsempfängern, wie den Führungskräften der Vollzugsdirektion und dem BMJ zur Verfügung. Schließlich erfordert ein schlüssiges Steuerungskonzept entsprechende Leistungsvereinbarungen zwischen der Vollzugsdirektion einerseits und den Anstaltsleitern andererseits. Auch zu diesem Punkt liegen Vorschläge vor.

12.7 Die Projektergebnisse

Nach vier Jahren seit den ersten Schritten zur Einführung eines Steuerungskonzeptes im Strafvollzug sind einige entscheidenden Meilensteine gesetzt worden: Erstens, konnten neben der Präzisierung der strategischen Dimensionen Auftrag, Personal, Insassen und Wirtschaftlichkeit konkrete operative Ziele festgelegt werden, woran kurz- bis mittelfristig verstärkt gearbeitet werden soll. Zweitens, wurden ausgesuchte Kennzahlen erarbeitet, deren Fokus eindeutig auf die Wirksamkeit des Strafvollzugs gerichtet ist – allen voran auf die Betreuung der Insassen. Drittens, spiegelt das Berichtswesen die strategische Orientierung des Strafvollzugs wider: Es erlaubt Entwicklungen in der Wirksamkeit der Anstalten nachzuvollziehen und Vergleiche zwischen den Einrichtungen durchzuführen. Viertens, liegt ein Entwurf für Leistungsvereinbarungen zwischen den jeweiligen Justizanstalten und der Vollzugsdirektion vor, wodurch die erwähnten Kennzahlen in einen verbindlichen Rahmen eingebettet werden.

12.7.1 Ausgesuchte operative Ziele

Personal:

– Überprüfung bzw. Verbesserung der Mitarbeiterzufriedenheit
– Steigerung von gezielten Personalentwicklungsmaßnahmen
– Steigerung der Effektivität des Mitarbeitereinsatzes

Betreuung:

– Überprüfung der Insassenzufriedenheit in Bezug auf Unterbringung, Versorgung und Vollzugsbetreuung
– Ermittlung und Steigerung der effektiven Betreuungsleistungen
– effizienterer medizinischer Ressourceneinsatz
– Reduzierung der Rückfallquote bei Insassen

Sicherheit:

– Senkung der Anzahl der Übergriffe auf Beamte und Insassen
– Verbesserung der inneren Sicherheit (Drogenmissbrauch, Schmuggel, Kommunikation)
– Verminderung der Missbräuche von Vollzugslockerungen (strafbare Handlungen – keine Ordnungswidrigkeiten)
– Erhaltung der äußeren Sicherheit

Wirtschaft/Finanzen:

- Begrenzung der durchschnittlichen Hafttagskosten auf die derzeitige Höhe
- Verbesserung des Arbeitsangebotes zur sinnvollen Beschäftigung der Insassen
- Verbesserung der Vermarktung der Produkte, welche in den Wirtschaftsbetrieben hergestellt werden (Erhöhung der Umsätze bzw. Verbesserung der Deckungsbeiträge)

12.7.2 Wirkungsorientierte Kennzahlen

Zu den wichtigsten Projektergebnissen zählt die Entwicklung zusätzlicher Kennzahlen, die besonders stark auf die Wirksamkeit des Strafvollzugs fokussieren. Die Abbildung 12/4 liefert hierfür einen entsprechenden Überblick.

Abb. 12/4: Wirkungsorientierte Kennzahlen im Strafvollzug

Wirkungsorientierte Kennzahlen				
Bereiche	Kennzahl/ Indikator	Darstellung absolut	Darstellung relativ	Quelle
Personal	Mitarbeiterzufriedenheit		Durchschnittsnote aufgrund der durchgeführten Befragung	Befragung
	Aus/ Fortbildung	Anzahl der Aus/ Fortbildungsstunden gesamt	Anzahl der Aus/ Fortbildungsstunden in Relation zu den	DPSA
	Mitarbeiterbelastung		Verhältnis der Hafttage pro Leistungstag	SAP/DPSA
Betreuung	Betreuungsindikator	Punkteanzahl für Betreuungswirkung	Durchschnittliche Punkteanzahl pro betreuten Insassen	IVV Vollzugsplan
	Medizinische Kosten	Gesamtkosten Med. Betreuung	Kosten med. Betreuung/ Hafttag	SAP
	Insassenzufriedenheit		Durchschnittsnote aufgrund der durchgeführten Befragung	Befragung
Sicherheit	Interner Sicherheitsindikator	Summe aller Übergriffe auf Beamte oder Insassen/ Missbrauch von Suchtgift, Kommunikationsmittel oder anderer Schmuggelwaren sowie Mißbräuche von Vollzugslockerungen	..../ 1000 Hafttage	IVV
Wirtschaft	Hafttagskosten	Kosten je Hafttag		SAP
	Nettoerlöse	Nettoerlöse Gesamt	Nettoerlöse/ Insassenarbeitsstunde	IVV

Quelle: Eigene Darstellung.

Die Ausrichtung der Steuerung auf Wirkungen unter Berücksichtigung der inhaltlichen Ziele des Strafvollzugs impliziert eine entsprechende Neugestaltung des Berichtswesens. Sowohl im Hinblick auf die einzelne Anstalt als auch bezogen auf den Vergleich zwischen den Einrichtungen, sind eine Reihe von Berichten möglich geworden.

Abb. 12/5: Kennzahlen einer Anstalt

Kennzahlenüberblick einer Anstalt
Kennzahlen der Anstalt Graz-Karlau **für das Jahr 2010 / Quartal 1**

Indikator	Einheit	2008 Jahreswert	2009 Jahreswert	2010 Istwert	2010 Prognose linear	2010 Prognose Quartal	2010 Sollwert
Aufnahmen	[Anzahl]	279	328	98	392	459,2	300
Entlassungen	[Anzahl]	135	107	15	60	69,78	110
Ausführungen	[Anzahl]	1.087	938	185	740	735,3	1.000
Stand	[Insassen]	533,8	500,48	522,96	522,96	520,03	522
Belagsquote	[Relativ]	1,01	0,95	1	1	0,99	0,95
Besuche	[Anzahl]	12.584	10.537	2.414	9.656	7.953,82	12.000
Beschäftigungsquote	[Stunden]	734.468	612.188	145.575	582.300	597.622,5	640.000
UU-Stunden	[Stunden]	256.124	272.757	82.293	329.172	320.153,92	259.000
Anteil UU/Gesamt AV-h	[Relativ]	0,26	0,31	0,36	0,36	0,35	0,29
Vollzugslockerungen	[Anzahl]	14.272	14.173	2.973	11.892	14.045,44	14.000
Bedingte Entlassung	[Anzahl]	17	24	7	28	84	75
Fluchten	[Anzahl]	10	11	1	4	3,67	0
Rückkehrquote	[Anzahl]	18	22	1	4	4,4	20
Betreuungskennzahl	[Anzahl]	2.849	9.086	4.087	16.348	26.430,23	10.000
Hafttage	[Anzahl]	193.894	181.212	46.757	187.028	188.345,89	190.530

Quelle: Eigene Darstellung.

In Abbildung 12/5 ist der anstaltsbezogene Berichtsbogen dargestellt, der pro Quartal aktualisiert wird und es jeder Einrichtung ermöglicht, sich über die eigene Situation ein Bild zu machen. Neben den Ist- und Sollwerten werden pro Kennzahl auch zwei geschätzte Werte angegeben: „Prognose linear" setzt den Trend des in Betracht gezogenen Quartalwertes fort; „Prognose Quartal" dagegen ergibt sich aus der Summe des aktuellen Wertes mit jenen der darauffolgenden Quartale im Vorjahr. Ergänzend dazu, können auch Durchschnittswerte kalkuliert werden. Die Berechnung der Kennzahlen als absolute sowie auf Hafttage bezogene Größen ermöglicht es darüber hinaus, Vergleiche anzustellen, welche die unterschiedlichen

Kapazitäten der Einrichtungen berücksichtigen. Diese Form der Berichterstattung hat in der Praxis rasch das gegenseitige Interesse der Führungskräfte für die Ergebnisse der Anstalten geweckt und eine spürbare Dialog- und Lernbereitschaft entstehen lassen.

Ergänzend zum oben genannten Berichtsbogen sieht das Informationssystem die Möglichkeit vor, detaillierte Vergleichszahlen zu den einzelnen Kennzahlen zu erhalten.

Abbildung 12/6 zum Beispiel bezieht sich auf die Beschäftigungsquote, d.h. auf die Arbeitsstunden pro Tag in Haft – inklusive Sonn- und Feiertage. Eine Gruppierung nach Anstaltskategorie ist sinnvoll, da sehr unterschiedliche Rahmenbedingungen vorliegen und der gesetzliche Auftrag nicht immer vergleichbar ist. Unter „GG" etwa sind alle gerichtlichen Gefangenenhäuser zusammengefasst: Hier kommt der Arbeit der Gerichte höchste Priorität zu. Entsprechend eingeschränkt sind die Beschäftigungsmöglichkeiten der Insassen, deren Kontakte gezielt limitiert sind und insbesondere den Richtern zur Verfügung stehen sollen. In den Strafanstalten sind die Beschäftigungsquoten wesentlich höher, wobei eine längere Bindung des Insassen zur Anstalt förderlich ist, wie aus dem Vergleich zwischen den Strafvollzugsanstalten für Insassen mit Freiheitsstrafen über 18 Monate bis mittellange Freiheitsstrafen, kurz „SK", und den Strafvollzugsanstalten für Insassen mit langen bis lebenslangen Freiheitsstrafen, kurz „SG", ersichtlich ist. Die Sonderanstalten, als „SO" bezeichnet, erreichen mittlere Werte. Zu berücksichtigen ist schließlich der auffallende Sprung vom Jahr 2002 auf die darauffolgenden Jahre. Dieser ist auf den Aufbau nennenswerter Wirtschaftsbetriebe sowie auf die Einführung genauerer Aufzeichnungen zurückzuführen, wodurch die Beschäftigung der Insassen bzw. die Dokumentation derselben erst möglich geworden ist.

Abb. 12/6: Vergleichszahlen zur Beschäftigungsquote

Benchmark Zeitreihe BESCHÄFTIGUNGSQUOTE

Relativwerte beziehen sich auf Hafttage (=durchschnittliche Arbeitsstunden pro Insasse und Hafttag)											
Beschäftigungsquote		2001	2002	2003	2004	2005	2006	2007	2008	2009	2010
GG	EIS	0,00	0,46	1,45	1,25	1,21	1,63	1,69	1,79	1,48	1,41
	FDK	0,00	0,42	1,95	1,79	1,70	1,81	1,41	1,57	1,29	1,35
	INN	0,00	0,75	2,51	2,15	2,08	2,12	2,06	2,23	1,87	1,97
	JAK	0,00	0,43	1,41	1,64	1,77	1,95	1,84	2,21	1,91	1,88
	JOS	0,00	0,32	1,32	1,33	1,35	1,43	1,44	1,51	1,34	1,34
	KLA	0,00	0,71	2,87	2,47	2,39	2,61	2,61	3,05	2,72	2,82
	KOR	0,00	0,46	1,77	1,53	1,64	2,34	2,35	2,36	2,15	1,85
	KRD	0,00	0,57	2,38	2,11	2,13	2,32	2,54	2,84	2,10	2,19
	LBN	0,00	0,50	2,03	1,80	1,78	1,93	2,19	2,36	1,98	1,90
	LIN	0,00	0,38	1,49	1,36	1,32	1,51	1,72	1,85	1,79	1,51
	RIE	0,00	0,36	1,61	1,19	1,16	1,62	1,69	1,90	1,79	1,73
	SAL	0,00	0,42	1,75	1,60	1,50	1,60	1,68	1,92	1,81	1,68
	SPO	0,00	0,48	1,74	1,37	1,25	1,32	1,32	1,55	1,41	1,28
	STY	0,00	0,54	2,43	2,37	2,01	1,86	1,41	1,37	1,46	1,23
	WEL	0,00	0,55	2,26	1,77	1,67	1,56	1,71	1,72	1,59	1,50
	WNE	0,00	0,37	1,45	1,61	1,37	1,44	1,30	1,41	1,48	1,42
Durchschnitt GG		**0,00**	**0,45**	**1,74**	**1,63**	**1,61**	**1,77**	**1,76**	**1,93**	**1,71**	**1,66**
SG	GAR	0,00	0,85	3,40	3,19	3,20	3,12	3,28	3,24	3,23	3,24
	KAR	0,00	0,99	4,00	3,83	3,65	4,00	3,77	3,79	3,38	3,12
	STN	0,00	0,94	3,15	2,89	2,67	2,83	2,83	2,84	2,81	2,84
Durchschnitt SG		**0,00**	**0,93**	**3,47**	**3,25**	**3,10**	**3,28**	**3,24**	**3,22**	**3,09**	**3,02**
SK	HIR	0,00	0,96	3,53	3,19	2,63	2,52	2,66	2,81	2,60	2,42
	SIM	0,00	0,82	3,12	2,70	2,57	2,77	2,72	2,75	2,65	2,86
	SON	0,00	0,81	3,21	2,80	2,99	2,75	2,68	2,59	2,59	2,55
	SUB	0,00	0,87	3,19	2,87	2,71	2,52	2,80	2,96	2,93	3,32
	SWR	0,00	0,86	3,43	3,31	3,40	3,29	3,36	3,27	3,04	3,12
Durchschnitt SK		**0,00**	**0,86**	**3,28**	**2,94**	**2,76**	**2,71**	**2,77**	**2,82**	**2,71**	**2,77**
SO	FAV	0,00	0,81	3,28	3,11	3,12	3,26	3,13	3,02	3,16	3,10
	GER	0,00	0,78	2,44	2,39	2,90	2,93	2,96	2,76	2,52	3,05
	GOE	0,00	0,52	2,02	2,19	2,11	2,07	2,03	2,07	1,99	2,05
	MST	0,00	0,57	2,18	2,16	2,35	2,36	2,36	2,38	2,07	2,08
Durchschnitt SO		**0,00**	**0,64**	**2,41**	**2,42**	**2,57**	**2,59**	**2,56**	**2,50**	**2,35**	**2,48**

GG – Gerichtliches Gefangenenhaus
SG – Strafvollzugsanstalt für Insassen mit langen bis lebenslangen Freiheitsstrafen
SK – Strafvollzugsanstalt für Insassen mit Freiheitsstrafen über 18 Monate bis mittellange Freiheitsstrafen (6-8 Jahre)
SO – Sonderanstalten
Quelle: Eigene Darstellung.

186

12.7.4 Muster einer Leistungsvereinbarung

Ziel- und Leistungsvereinbarung (Muster)

Zwischen der Justizanstalt
Graz Karlau

und

der Vollzugsdirektion

für das Jahr 2010

Grundannahmen für die Ziel- und Leistungsvereinbarung:

Kernaufgaben:

- Durchführung des Strafvollzuges nach den Bestimmungen des Strafvollzugsgesetzes;
- Durchführung eines humanen und dem rechtlichen Standard angepassten Strafvollzuges (in Hinblick auf Betreuung, Sicherheit und Beschäftigung);
- Sicherstellung rascher Lösungen bei neuen Anforderungen an den Strafvollzug;
- effizienter und effektiver Ressourceneinsatz und Ausschöpfen von finanziellen Potentialen;
- sinnvolle, zielgruppenspezifische Beschäftigung von Insassen.

für folgende Vollzugsformen:
  Einleitung des Strafvollzuges gemäß § 2 der Sprengelverordnung.

- Vollzug von Freiheitsstrafen an männlichen Insassen, deren Strafzeit 18 Monate nicht übersteigt.
- Vollzug von Freiheitsstrafen an jugendlichen männlichen Insassen, deren Strafzeit sechs Monate nicht übersteigt.
- Vollzug von Ersatzfreiheitsstrafen, die von Verwaltungsbehörden und Finanzstrafbehörden verhängt werden, über Ersuchen derselben.
- Vollzug von gerichtlich verhängten Untersuchungshaften an männlichen Insassen.
- Vollzug von Verwahrungshaften an Insassen, die durch die Sicherheitsbehörden eingeliefert werden.

– Einleitung des Vollzuges von mit Freiheitsentziehung verbundenen Maßnahmen gemäß § 21 Abs. 2 StGB an geistig abnormen, zurechnungsfähigen Rechtsbrechern.

– Einleitung des Vollzuges von mit Freiheitsentziehung verbundenen Maßnahmen gemäß § 22 StGB an entwöhnungsbedürftigen Rechtsbrechern.

Zu erstellen für Gefangenenhäuser, Vollzugsanstalten und Sonderanstalten.

Rechtsgrundlagen

– Strafvollzugsgesetz, BGBl. Nr. 144/1969,
– Strafprozessordnung 1975, BGBl. Nr. 631,
– Strafgesetzbuch, BGBl. Nr. 60/1974,
– Jugendgerichtsgesetz 1988, BGBl. Nr. 599,
– Finanzstrafgesetz, BGBl. Nr. 129/1958,
– Verwaltungsstrafgesetz 1991, BGBl. Nr. 52,
– Sprengelverordnung für den Strafvollzug, BGBl. II Nr. 74/1997,
– Vollzugsordnung für Justizanstalten, GZ 42302/27-V/95,
– einschlägige Erlässe des Bundesministeriums für Justiz und der Vollzugsdirektion,
– in der jeweils geltenden Fassung.

Qualitative Ziele – zum Beispiel:

Ziel	Kennzahl	Benchmark	Ziel-wert	Maßnahmen
Verbesserung der Beschäftigung	Beschäftigungsquote (relativ)	2,4	2,5	Offenhalten der Anstaltsbetriebe am Freitag
Fluchten/Nichtrückkehrer reduzieren	Fluchten (relativ)	0,06	< 0,05	Kriterien für Ausgänge verschärfen; Aufklärung der Insassen
Effektivität der Betreuungsleistung verbessern	Betreuungskennzahl			Arbeitszeit der Betreuungsdienste an die Bedürfnisse der Insassen anpassen (klare Tagesstruktur)
Anzahl der Wiederkehrer verringern	Rückkehrerquote (relativ)	0,65	< 0,65	Schnittstelle zu Neustart verbessern
Hafttagskosten konstant halten	Hafttagskosten	72	72	Energiesparende Maßnahmen setzen; Auslastung der Abteilungen erhöhen

Ressourcen/Globalbudget

VA-Ansatz	Budget	Maßnahmen
UT 0		
UT 3		
UT 7		
UT 8		
Einnahmen		

VA	Voranschlag
UT 0	Unterteilung 0 = Personalaufwand
UT 3	Unterteilung 3 = Ausgaben für Anlagen
UT 7	Unterteilung 7 = Ausgaben für gesetzliche Verpflichtungen
UT 8	Unterteilung 8 = laufenden Ausgaben
Einnahmen	zum Beispiel für Produkte der Anstaltsbetriebe, Ökonomien etc. bzw. Einnahmen aus der Arbeitsleistung von Freigängern

Berichtspflichten:

Berichtstermin zum Quartal:	15. des Folgemonats
Controllingbesprechung:	nach dem 1. Halbjahr
	nach Periodenablauf
	ad-hoc im Anlassfall

Ansprechpersonen:

Koordination Vollzugsdirektion:

Anstaltskoordinator:

Ansprechperson in der Justizanstalt:

Wien, am	Wien, am
Für die Justizanstalt	Für die Vollzugsdirektion

12.7.5 Perspektiven

Es zeigt sich, dass allein die Auseinandersetzung mit Themen wie Leistung- und Wirkungsorientiertheit bei manchen MitarbeiterInnen oder sogar Berufsgruppen viel Verunsicherung hervorrufen kann. Nun kann diese Verunsicherung im besten Fall aber auch dazu genutzt werden, um über das eigene Tun nachzudenken und die Effektivität zu hinterfragen. Besonders positiv ausgewirkt hat sich auch die Transparenz der in den Berichten dargestellten Kennzahlen und Indikatoren. Vor allem die Möglichkeit eines laufenden Benchmarkings hat viel Motivation bei den Anstaltsleitern hervorgerufen. Auch die Möglichkeit, mitzuplanen und mitzugestalten wurde sehr positiv aufgenommen und spiegelt den beachtlichen eigenen Handlungsspielraum der Anstaltsleiter in einem doch sehr stark von Regeln und Richtlinien dominierten Umfeld wider.

Die nächsten Schritte sind die Aufnahme der „Neuen Kennzahlen" in das Berichtssystem. Wenn sich die Führungskräfte vom Informationsgehalt und von den Steuerungsmöglichkeiten überzeugt haben, ist die Einführung einer Balanced Scorecard geplant. Voraussichtlich wird dies wieder mit einigen Justizanstalten im „Probebetrieb" durchgeführt werden, weil sich das bereits bei der Einführung der ersten Kennzahlen bewährt hat.

Alfred Pischler, ADir. Ing., Referent für Arbeitswesen, Ökonomie und Controlling in der Vollzugsdirektion, Bundesministerium für Justiz, Wien.

E-Mail: alfred.pischler@justiz.gv.at

13 Benchmarking als Instrument der Organisationsentwicklung am Beispiel der Altenpflege

Heidemarie Kelleter

Stationäre Pflegeeinrichtungen der Altenhilfe sehen sich einem steigenden Wettbewerb, einer zunehmenden Erfordernis zur Transparenz der Qualität und damit intendierten Veränderungen ausgesetzt. Benchmarking als Instrument des Performance Managements wird dabei den Pflegeorganisationen als Verfahren und Methode des Lernens von den Besten offeriert. Die Option, durch den Vergleich mit anderen Abteilungen oder Unternehmen Stärken und Verbesserungspotentiale zu erkennen und aus den Erfahrungen anderer zu lernen, ist die grundlegende Idee des Benchmarkings. Aus dem Projekt „Ausgewogenes Benchmarking in der stationären Altenhilfe" des Diözesan-Caritasverband für das Erzbistum Köln lassen sich neben den Handlungsempfehlungen für erfolgreiches Benchmarking auch Voraussetzungen für das Management in Organisationen und Konsequenzen für das organisationale Handeln der Pflegeorganisationen ableiten. Nach einem Überblick über den aktuellen Stand der Altenpflege in Deutschland werden die Ziele, Strukturen und Abläufe des Projektes präsentiert. Im Mittelpunkt der Aufmerksamkeit steht die Frage, welche Erfolgsdimensionen in einem ausgewogenen Benchmarking zu berücksichtigen sind. Am Beispiel der Qualitätsbausteine Pflege, Hauswirtschaft und Kundenzufriedenheit wird sehr konkret verdeutlicht, wie Impulse zur Optimierung der stationären Einrichtungen der Altenpflege entstehen. Das Fallbeispiel schließt mit praxisnahen Empfehlungen, um organisationales Lernen zu fördern und – unabhängig vom Einsatzgebiet der NPO – Benchmarking im Dienste des Performance Managements zu etablieren.

13.1 Altenpflege in Deutschland: Status quo und Herausforderungen

Insgesamt gab es Ende 2007 in Deutschland etwa 11.000 Pflegeheime. Davon befinden sich rund 55 % also etwa 6.100 Pflegeheime in freigemeinnütziger Trägerschaft der Wohlfahrtsverbände (Statistisches Bundesamt 2009). Allein in Nordrhein-Westfalen sind insgesamt 1.431 Pflegeeinrichtungen in freigemeinnütziger Trägerschaft. Damit stellen die Einrichtungen der Wohlfahrtsverbände, insbesondere die der Caritas, einen der bedeutendsten Dienstgeber dar. Auch wenn über Qualität schon seit Jahrtausenden diskutiert wird (Zollondz 2002 S. 8), wird ihre Bedeutung durch die Einführung der Pflegeversicherung (SGB XI) manifest. Qualitätssicherung und auch Qualitätsmanagement sind seitdem wichtige Themen in der Altenpflege. Die Entwicklung einer serviceorientierten Unternehmenskultur verlangt verstärkt Qualität und Motivation sowie konsequent kundenorientiertes Design von Dienstleistungsprozessen. In diesem Zusammenhang erbringen Einrichtungen der stationären Altenhilfe personenbezogene Dienstleistungen, deren Potentialgröße sich aus den unabhängig von der Nachfrage für die Leistungserbringung vorzuhaltenden Ressourcen wie Personal, Bewohnerzimmer oder Ausstattung zusammensetzt.

Ein weiterer Schritt, die Qualität der Pflege für den Verbraucher transparent zu machen, erfolgt durch die Pflegereform. Nun fordert der Gesetzgeber die verständliche, übersichtliche und vergleichbare Darlegung der Qualität von Pflegeeinrichtungen (SGB XI § 115).

Dabei werden ab sofort die Ergebnisse von Qualitätsprüfungen in der Altenhilfe in Noten von „sehr gut" bis „mangelhaft" durch die Medizinischen Dienste der Kassen mittels Qualitätsberichte veröffentlicht und den Preisen der Einrichtungen gegenübergestellt. Angestrebt wird hier nicht nur der direkte Vergleich, sondern auch ein indirekter Wettbewerb der Einrichtungen und Dienste. Die Qualität in den Einrichtungen gestaltet sich aus verschiedenen Perspektiven, insbesondere der stationären Altenhilfe trotz oder vielleicht auch wegen gesetzlicher Vorgaben nach wie vor noch recht unterschiedlich.

Nonprofit Unternehmen, und hier insbesondere Einrichtungen mit kirchlichem Auftrag, stehen jedoch vor einer besonderen Herausforderung, weil sie sich im Spannungsfeld zwischen ökonomischer und karitativ-sozialer Welt bewegen. Zunehmend müssen sie sich mit dem wachsenden Druck der Gewinnorientierung auseinandersetzen, gezielt Angebote machen, die konkurrenzfähig sind, Werbung betreiben und sich durch Öffentlichkeitsarbeit ihren Standort im Bewusstsein ihrer Zielgruppen erobern.

Finanzrestriktionen und ein verstärktes Kostenbewusstsein verlangen von den Pflegeeinrichtungen der Altenhilfe, ihre Arbeit gezielt an den Vorgaben der Effizienz und Wirtschaftlichkeit zu orientieren, und erfordern eine kontinuierliche Auseinandersetzung der Organisation mit der Problematik von Qualitätssicherung und Kostenentwicklung. Ausfallkosten im Pflegebudget finden durch die Kostenträger bei der Festsetzung der Pflegesätze – trotz bekannter schwieriger Rahmenbedingungen – keine Berücksichtigung. Somit kann die wirtschaftliche Bestandssicherung der Organisation gefährdet sein.

In dem zwischenzeitlich entstandenen „Altenpflegemarkt" zeigen sich Steuerungs- und Kontrolldefizite, deren Ursachen meist in einer unreflektierten Kombination der Marktlogik einerseits mit traditionellen Leitbildern andererseits liegen.

13.2 Das Projekt „Ausgewogenes Benchmarking in der Pflege und Hauswirtschaft"

Der Diözesan-Caritasverband für das Erzbistum Köln e. V. ist als Spitzenverband der Freien Wohlfahrtspflege in Nordrhein-Westfalen u. a. mit der Vertretung von 171 stationären Einrichtungen der Altenhilfe – mit 13.893 Bewohnern – im gesamten Erzbistum Köln beauftragt. Er bietet den angeschlossenen Einrichtungen wirtschaftliche Beratungen an und bereitet Pflegesatzverfahren mit den Kostenträgern vor bzw. führt diese mit den Trägerverantwortlichen durch. Die Qualität der angeschlossenen Einrichtungen im Erzbistum auf einem hohen Niveau zu halten, insbesondere zum Wohle der dort lebenden und zu versorgenden Bewohner und Bewohnerinnen, ist stets das Grundanliegen des Diözesan-Caritasverbandes. In den letzten Jahren initiiert der Spitzenverband erfolgreich mehrere Benchmarkingprojekte bezogen auf den Bereich „Hauswirtschaft und Pflege" in der stationären Altenhilfe, die zu erheblichen Qualitätssteigerungen führen.

Abb. 13/1: Vorgehensweisen im Benchmarkingprozess

Deming Circle (PDCA-Zyklus)	Benchmarkingprozess	Radar-Bewertung
Plan (Planungsphase mit detaillierter Ist-Analyse, Datenerhebung, -analyse, und -auswertung)	Vorbereitung: Festlegung des Projektziels Auswahl z.B. der Objekte	Approach (Vorgehensweise) Plane und entwickle!
Do (Umsetzungsmethode: Vertrautmachen und Training, Durchführung der geplanten Maßnahmen)	Analyse: Datenerhebung und -auswertung	Deployment (Umsetzen) Setze Vorgehen um!
Check (Prüfungsphase: Daten ermitteln; prüfen, ob Zielsetzung erreicht wurde)	Vergleich der Daten; Erkennen von Verbesserung	Assessment & Review Bewerte Vorgehen und Umsetzung!
Act (Aktionsphase: Ergebnis standardisieren und einführen. Entscheidung, ob und wie oft Phase P und D durchlaufen werden sollen damit es zur Übereinstimmung kommt.)	Verbesserung mit Maßnahmenplanung und Umsetzen der Verbesserung	Results (Ergebnisse) Lege die beabsichtigten Ergebnisse fest!

Quelle: Kelleter 2008, S. 46.

Benchmarking bietet hier als Managementinstrument in den unterschiedlichsten Formen geradezu eine ideale Möglichkeit, Best-Practice-Wege für die beteiligten Einrichtungen aufzuzeigen und so die Qualität in und mit der Organisation über Lernprozesse zu steuern. Dabei liefert Benchmarking nicht nur den klassischen

Vergleich innerhalb und außerhalb der Branche, sondern auch wichtige Ansatzpunkte für detailliertes Verbesserungspotential in den Organisationen selbst. Den Schwerpunkt bildet also neben dem Erkennen von Verbesserungspotentialen insbesondere das systematische Lernen von „Best Practice". Im Rahmen von Qualitätsverpflichtungen und Vergleichsmöglichkeiten von stationären Einrichtungen – nicht zuletzt aus den gestiegenen Anforderungen heraus – startet der Diözesan-Caritasverband im Jahr 2005 eine weitere umfassende Qualitätsstrategie in Form eines „Ausgewogenen Benchmarking in Pflege und Hauswirtschaft." Da diese Qualitätsoffensive hauptsächlich durch den Diözesan-Caritasverband finanziert wird, entfällt auf die beteiligten Einrichtungen nur ein geringer Teil der Projektkosten.

Im Vergleich zu anderen strategischen Managementinstrumenten können bei einem Benchmarking durch statistische Erhebungen und Aufzeichnungen nicht nur inner-, sondern auch überbetriebliche Vergleiche zu anderen Einrichtungen angesteuert werden.

Pflegeeinrichtungen von den besten Einrichtungen partizipieren zu lassen und somit gemeinsam besser zu werden, ist letztlich das Ziel.

13.2.1 Die Zielsetzung

Die verwendeten Maßgrößen in diesem Benchmarking werden projektbezogen und situativ an die konkreten Aufgaben- und Fragestellungen der am Projekt beteiligten Einrichtungen angepasst. „Ausgewogenes Benchmarking in Pflege und Hauswirtschaft" geht aufgrund seiner Qualitätsbausteine weit über ein klassisches Benchmarking, bei dem es primär um Vergleiche von speziellen Kennziffern und Wirtschaftlichkeitsbestmarken geht, hinaus. Die Qualitätsbausteine umfassen hierbei die Perspektiven: Mitarbeiter, Kunden, Führungspersonen, harte Faktoren aus ausgewählten Kennzahlen, Pflege und Hauswirtschaft. Die ermittelten Zielerreichungsgrade von 0-100 % der einzelnen Qualitätsbausteine werden anschließend miteinander in Zusammenhang gesetzt.

Folgende Erfolgsfaktoren werden als Ziele des Benchmarkings benannt:

–   Stärkung der Selbststeuerungskapazitäten der Organisation,
–   Qualitätssteigerung des Managements, insbesondere des Kooperations- und Vernetzungsmanagements,
–   Unterstützung kontinuierlicher Verbesserungsprozesse,
–   Förderung der Kunden- und Mitarbeiterorientierung in der Organisation,
–   Unterstützung der Organisation des betrieblichen Kosten- und Prozessmanagements,

– Steigerung von Qualität und Produktivität in der gesamten Pflegeeinrichtung, insbesondere der Bereiche Pflege und Hauswirtschaft.

Das Gesamtprojekt wird dabei in eine Phase A (Analysephase) und in eine Phase B (Lernphase) unterteilt. Der gesamte Projektzeitraum wird hier von 30. Mai 2005 bis 16. November 2008 definiert.

13.2.2 Das Projektteam

Mit der Leitung des Projektes werden Michael Haag, Dipl. Kfm., Referent für wirtschaftliche Beratung und Dr. Heidemarie Kelleter, Referentin für Qualitätsberatung des Diözesan-Caritasverbandes, beauftragt. Prof. Reinhard Dinter der Katholischen Fachhochschule Mainz wird als wissenschaftliche Begleitung einbezogen. Sie bilden das Projektteam. Nach Vorstellung des geplanten Benchmarkingprojektes in einer Impulsveranstaltung melden sich mehr Einrichtungen an, als aus spitzenverbandlicher Sicht ursprünglich angedacht. Hierdurch zeigen sich deutlich der hohe Bedarf und das Interesse an Vergleichen durch Benchmarking.

Von der Gesamtheit der stationären Pflegeeinrichtungen im Erzbistum Köln beteiligen sich im Ganzen 24 Einrichtungen freiwillig, aber gezielt an der 1,5 Jahre dauernden Phase A (Start 30. Mai 2005) des Projekts „Ausgewogenes Benchmarking in Pflege und Hauswirtschaft". An der anschließenden Lernphase B (Start 25. Januar 2007), zu der sich die Einrichtungen bis zu einer Rückmeldefrist melden konnten, nahmen schließlich 21 Einrichtungen teil.

Alle, am Projekt beteiligten Mitgliedseinrichtungen des Diözesan-Caritasverbandes, sind in unterschiedlicher eigenständiger Rechtsträgerschaft.

Alles in allem, leben in diesen am Projekt beteiligten Einrichtungen 2.415 Bewohnerinnen und Bewohner, also rund 17 % aller Bewohner aus den Einrichtungen des Erzbistums.

Bei den teilnehmenden stationären Pflegeeinrichtungen im Erzbistum Köln handelt es sich sowohl um solche im ländlichen, als auch im städtischen Bereich liegende, mit einer vergleichbaren Belegungsstruktur der Bewohnerschaft. Die Einrichtungen verfügen, basierend auf den Leitlinien der Caritas, über ein installiertes Qualitätsmanagement. Die Platzzahlen variieren von 50 bis zu 168 Plätzen, die durchschnittliche Platzzahl liegt bei 100 Plätzen. Von den 24 Pflegeeinrichtungen haben insgesamt acht Einrichtungen 50-89 stationäre Plätze, neun Einrichtungen 80-109 Plätzen und sieben Einrichtungen mehr als 110 Plätze.

Spezialeinrichtungen – insbesondere mit einem pflegefachlichen Schwerpunkt – werden bei der Auswahl nicht berücksichtigt. Grundsätzlich spiegelt aber die Stichprobe der beteiligten Pflegeeinrichtungen die Gesamtheit aller Mitgliedseinrichtungen des Diözesan-Caritasverbandes wider.

13.2.3 Die Projektgruppe

Für das Projekt „Ausgewogenes Benchmarking in Pflege und Hauswirtschaft" wird aus beteiligten Einrichtungen eine Projektgruppe gebildet. Die Beteiligten sind entweder selbst der obersten Führungsebene in ihren Pflegeeinrichtungen zugeordnet oder als Stabsstelle der Führungsebene direkt unterstellt. Eine freiwillige Teilnahme der stationären Pflegeeinrichtungen wird jedoch zusätzlich an Kriterien gebunden, die für die Organisation am Benchmarking wichtige Voraussetzung sind. So verpflichten sich die Beteiligten grundsätzlich in einer Verpflichtungserklärung (von Juristen des Verbandes erstellt), die ermittelten Daten aus allen Einrichtungen geheim zu halten. Damit die Einrichtungen mit den Ergebnissen arbeitsfähig für Lernen durch Vergleich sind, wird diesen eine anonymisierte Form zur Verfügung gestellt. Eine Zuordnung der Einrichtungen mittels Buchstaben (A-X) ermöglicht es den beteiligten Organisationen, sich selbst und die Projektbeteiligten zu erkennen.

Neben einem installierten Qualitätsmanagement, sind alle beteiligten Pflegeeinrichtungen schon durch Prüfinstanzen (MDK, Heimaufsicht) geprüft. Insbesondere Kommunikationswege, Verantwortlichkeiten und Autoritätsbeziehungen sind in den Organisationen geregelt (Schäfers 1995, S. 234). Neben dem Leistungsangebot der pflegerischen Versorgung, wie Unterkunft und Verpflegung, gehören in allen Pflegeorganisationen darüber hinaus noch weitere Serviceleistungen zum Leistungsspektrum, z.B. soziale und seelsorgerische Betreuung sowie hauswirtschaftliche Leistungen.

13.2.4 Die Qualitätsbausteine

Benchmarking heißt Lernen von guten Ideen und Lösungen, demnach soll ein Vergleich zwischen Alteneinrichtungen durch Ermittlung eines Ist-Zustandes zur Umsetzung der geforderten Qualitätsnormen – im Sinne von Lernen am Besten/Besseren von den Einrichtungen – zur Zielerreichung beitragen. Im Projekt werden Kernprozesse, im Besonderen die Pflegeprozesssteuerung einschließlich der Pflegeprozessdokumentation sowie die Ablauforganisation zur Speisenversorgung und Hauswirtschaft, aber auch die Kommunikation und Kooperation analysiert. Die Kostenstruktur in den einzelnen Teilprozessen lässt Verbesserungspotential erkennen.

Abb. 13/2: Qualitätsbausteine im Projekt „Ausgewogenes Benchmarking"

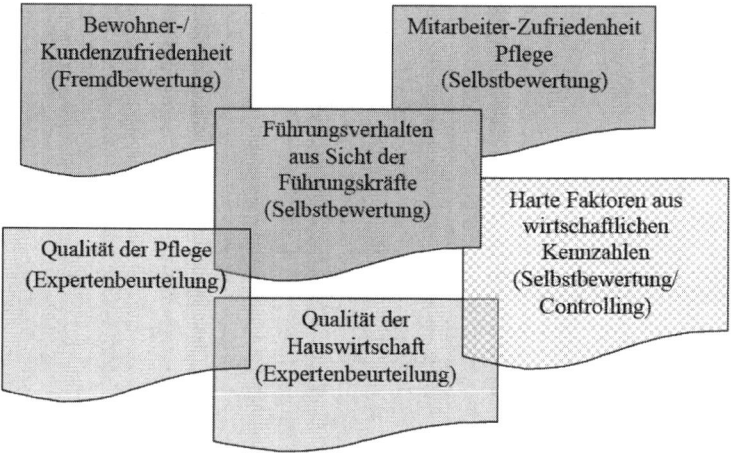

Quelle: Kelleter 2008, S. 127.

Die Qualität des Benchmarkings liegt, neben der Erfassung von Zielerreichungs-graden aus den einzelnen Objekten, auch in deren Ermittlung aus Fremd- und Selbstbewertung unter Einbezug von Experten-Beurteilungen in Form von Audits.

Nicht nur, dass diese Besonderheiten des Benchmarkingprogramms über den üblichen Rahmen eines Benchmarkings hinausgehen, sollte erwähnt werden, sondern dass gerade diese Besonderheit auch mögliche Nebeneffekte insbesondere der „Kontrollinstanz" birgt.

Die einzelnen Qualitätsbausteine zur Datenanalyse mit der jeweiligen Bewertungsperspektive werden in Abbildung 13/2 im Zusammenhang dargestellt.

13.3 Phase A: Die Analyse der Einrichtungen

Wenn ein solches „Ausgewogenes Benchmarking" als Projekt erfolgreich durchgeführt werden soll, bedarf es neben einem guten Projektmanagement auch verbindlicher Regeln. Dazu zählen insbesondere der Umgang mit den umfangreichen und sensiblen Daten aus den beteiligten Organisationen (Datenschutz) wie auch die Benennung der Personen, die an der Projektgruppe teilnehmen – einschließlich Vertretungsregelung. Eine eindeutige Kommunikationsstruktur sichert den Transfer von Vorgehensweise und Ergebnissen der Projektgruppe.

Die Projektphase A, die Analyse der Einrichtungen, beginnt am 30. Mai 2005 und endet am 16. November 2006.

- Projektbeginn Phase A ab 30. Mai 2005 mit dem ersten Arbeitsgruppentreffen
- Entwicklung und Pretests der Erhebungsinstrumente, Vorbereitung/Durchführung der empirischen Erhebungen
- Durchführung der 240 Pflegeaudits (Stichprobe 10 % der Bewohner) ab Juli 2005 bis Januar 2006
- Mitarbeiterbefragung (Juli 2005)
- Bewohner-/Kundenbefragung (Januar 2006)
- Erhebung harter Faktoren (betriebswirtschaftliche Kennzahlen ab März 2006; parallel: Durchführung Hauswirtschaftlicher Audits/Interviews in den 24 Einrichtungen
- Führungskräftebefragung (Mai 2006)
- Präsentation der Gesamtergebnisse/Strategieentwicklung bei/mit der Projektgruppe und Geschäftsführungsebene (November 2006)
- Ergebnistransfer (auch durch das Projektteam in den Einrichtungen) ab Dezember 2006

13.3.1 Organisation und Umsetzung

Das Projektteam übernimmt neben der Beratung- auch Expertenfunktionen. Alle Arbeitstreffen der Projektgruppe finden in den beteiligten Pflegeorganisationen statt. Dies ermöglicht den Teilnehmenden einerseits eine Transparenz der eigenen Pflegeeinrichtung herzustellen und sich somit untereinander besser kennen zu lernen, andererseits aber auch erste Schritte des direkten Austausches/Kooperation zu gehen. Vom Projektteam werden bewährte Instrumente u. a. aus zuvor abgeschlossenen Benchmarkingprojekten zur Erfassung aus vorangegangenen Benchmarkingprojekten eingebracht.

Die einzelnen Projekttreffen werden u. a. dazu genutzt, mit den Akteuren die Inhalte der vorgeschlagenen Instrumente vor dessen Einsatz in den Pflegeeinrichtungen kritisch zu diskutieren, um Items zu ergänzen oder zu verändern. Speziell durch aktuelle Diskussionen und Anforderungen an die Pflegeeinrichtungen wird auf Wunsch der Teilnehmenden das Projekt um den Qualitätsbaustein „Hauswirtschaft" erweitert. Des Weiteren wird von der Projektgruppe festgelegt, was die einzelnen Befragungsziele und wer die Befragungsgruppen sein sollten, aber auch die Determinanten der Befragungshäufigkeiten, Methodenauswahl sowie die Organisation und Einigung über die konkrete Gestaltung des Benchmarkings.

Die zusätzliche Qualität und weitere Besonderheit des Benchmarkingprojektes liegt neben deren Erfassung in Zielerreichungsgraden auch in der Ermittlung aus Fremd- und Selbstbewertung unter Einbezug von Experten-Beurteilungen.

Hierbei handelt es sich insbesondere um Audits im Bereich Pflege und Hauswirtschaft, die auf Grundlage von Assessment-Instrumenten mit objektiven Indikatoren durchgeführt werden.

Alle eingesetzten Instrumente im Benchmarking werden vor Anwendung in nicht beteiligten Einrichtungen Pretests unterzogen sowie auf wissenschaftliche Kriterien geprüft.

Da sich die Inhalte der einzelnen Untersuchungen in allen sechs Qualitätsbausteinen wiederfinden, lassen sich die Zielerreichungsgrade von 0-100 % der einzelnen Bausteine miteinander in Zusammenhang setzen. Dieser weiterführende Ergebnisvergleich erfolgt mit den Einrichtungen in der Phase B (vgl. Kapitel 13.4.), sodass ein Lernen von guten Ideen und Lösungen untereinander möglich ist.

Im Benchmarking werden die potentiellen Benchmarks durch die Analyse der eigenen Prozesse in Zielerreichungsgraden dargestellt und Verbesserungspotentiale mit ersten Umsetzungsschritten für die Pflegeeinrichtung erkannt. Basierend auf einer betriebswirtschaftlichen Berechnungsformel werden die Zielerreichungsgrade erstellt.

Die Datenauswertung macht zudem die Dimension der Qualitätsentwicklung und -sicherung in den einzelnen Einrichtungen deutlich. Ausgesprochen hohe Rücklaufquoten aus den sechs Qualitätsbausteinen zeigt nicht nur die Akzeptanz des Projektes „Ausgewogenes Benchmarking in Pflege und Hauswirtschaft" bei den beteiligten Akteuren, sondern unterstreicht das Bestreben des Spitzenverbandes, gemeinsam noch besser zu werden. Nicht nur die 240 Pflegeaudits bei den Bewohnerinnen und Bewohnern aus den beteiligten Einrichtungen, sondern auch ausdrücklich die hohe Beteiligung von 77 % bei der Kundenbefragung durch Bewohner, Angehörige und Betreuer, heben die Wichtigkeit der Dimension Qualität in diesem Projekt nach innen und außen hervor.

Die Projektauswertung (inklusive Datenanonymisierung) liegt in Federführung des Projektteams, das die Daten den Einrichtungen zur Verfügung stellt. Bei Abschluss der Phase A findet eine Präsentation der Gesamtergebnisse des Benchmarkings sowohl bei und mit den Projektteilnehmenden als auch auf der Ebene der Geschäftsführungen statt. Eine weitere Präsentation der Benchmarkingergebnisse wird durch das Projektteam für die einzelnen Einrichtungen angeboten und von 90 % der Einrichtung angenommen.

Insgesamt ist diese, als umfassend anzusehende Qualitätsoffensive eines Spitzenverbandes in der Wohlfahrtspflege, eine Herausforderung für die beteiligten Einrichtungen. Die freiwillige Teilnahme von Pflegeorganisationen ist dabei unabdingbare Voraussetzung. Denn gerade für ein solches Benchmarkingprojekt sind Vertrauen und Transparenz bei den teilnehmenden Pflegeeinrichtungen Voraussetzung. Letztlich, damit durch Offenlegung der statistischen Daten, Rückschlüsse auf einen betriebsspezifischen Erfolgskurs gezogen und durch diese ein Ausgangspunkt für ein Lernen der Organisation initiiert werden können.

Verbindliche Regeln ermöglichen und fördern erst eine vertrauensvolle Zusammenarbeit und lassen Betroffene zu Beteiligten werden.

Ein stringentes Projektmanagement unter Einbezug besonderer Regelungen lassen Benchmarking erfolgreich zum Abschluss bringen und offerieren den dazu bereiten Einrichtungen ein Einsteigen in die wichtigste Phase eines Benchmarkings – die Lernphase.

13.3.2 Zur Bestimmung der Erfolgsindikatoren

Im Kreislauf der Dienstleistung wird Benchmarking als differenzierter Vergleich und notwendiger Bestandteil der Marktanalyse gesehen (Kamiske/Umbreit 2006, S. 34). Ein Benchmarkingprozess beginnt dabei nicht bei der Auswahl der Benchmarkingpartner, sondern bei der Reflektion des eigenen Unternehmens mit Erstellung einer Ist-Analyse wie auch Erstellung eines Stärken/Schwächen-Profils.

Wer sich beim Benchmarking ausschließlich bestätigt fühlt, hat nur noch nicht den richtigen Partner gefunden.

Die Bedeutung eines Benchmarkings kommt insbesondere dann zum Ausdruck, wenn es als systematische Ergänzung bestehender Steuerungsinstrumente sozialer Dienstleister verstanden wird.

Die Vorgehensweise ist gekennzeichnet von der Festlegung des Benchmarking-Objektes (z.B. eine einzelne Leistung), der Auswahl des Benchmarkingpartners und dem Vergleich des Benchmarking-Objektes (Leistung mit gleicher Leistung von anderen Einrichtungen). Besondere Leistungen im Gesundheits- und Sozialbereich sind Dienstleistungen. Kennzeichen von Dienstleistung sind ökonomische Güter, die ähnlich wie Produkte oder Waren zur Bedürfnisbefriedigung dienen. Dienstleistungen sind nicht lagerungsfähig und übertragbar; Produktion und Verbrauch fallen zeitlich zusammen und weisen im Vergleich zu Sachgütern spezifische Eigenschaften – konstitutive Eigenschaften – auf, die bei den Marketingaktivitäten generell zu beachten sind (Meffert 1994; Meffert u. a. 2003).

Benchmarkingverfahren als strategische Methode des Managements reichen vom Einsatz als Medium zum Aufsprengen alter und starrer Unternehmensstrukturen wie auch als Instrument zur Optimierung von Geschäftsprozessen bis hin zur strategischen Ausrichtung von Unternehmensbereichen (Mertins 2004).

Beim Benchmarking zeigen wichtige Merkmale ihre Relevanz. So sind Vertrauen und Transparenz bei den teilnehmenden Organisationen Voraussetzung, damit durch Offenlegung der statistischen Daten Rückschlüsse auf einen betriebsspezifischen Erfolgskurs gezogen werden können und somit durch diese eine Grundlage für einen Effekt des Lernens initiiert werden kann.

Bezogen auf Gesundheits- und Sozialeinrichtungen, wird in einem unternehmensinternen Benchmarking ein Vergleich innerhalb der Einrichtung oder binnen eines Trägers von mehreren Einrichtungen durchgeführt. In einem unternehmensexternen Benchmarking wird der Vergleich inmitten der Branche oder desselben Ressorts vollzogen.

Der direkte Nutzen von Benchmarking wird im Allgemeinen wie folgt definiert:

- Analyse des Unternehmens,
- Vergleich des Unternehmens innerhalb der Sparte und intern im Unternehmen,
- Definition von besten Leistungen,
- Identifizierung von Leistungsdefiziten,
- Bewertung von Lösungsalternativen.

Für die Organisationsentwicklung des Unternehmens wird zudem ein indirekter Nutzen erkennbar:

- kritische Reflexion der Ziele des Unternehmens,
- Bildung eines Verständnisses für die eigenen Geschäftsabläufe,
- Stärkung der Wettbewerbsfähigkeit,
- Überprüfung der Strategie des Unternehmens.

13.4 Phase B: Der Lernprozess

In der Projektphase B wird ein Austausch zu den einzelnen Projektbausteinen angestrebt, wobei auch hier von dem Projektteam in enger Zusammenarbeit mit den teilnehmenden Einrichtungen die Hinwendung zu bestimmten Themengebieten gesucht wird. Diese Phase umfasst den Zeitraum Januar 2007-November 2008.

Zeit- und Aktionsplan des Benchmarkingprojektes für die Phase B
- Rückmeldefrist zum Einstieg in die Phase B des Benchmarking (Lernphase) bis Ende Januar 2007
- Impulsveranstaltung/Auftakt am 26. Februar 2007
- Durchführung von Interviews (externe Beraterin) bei Führungspersonen in zwei Einrichtungen mit Bestmarken (Experteninterview „Warum ist die Einrichtung gut")
- Anonymisierte Darstellung/Auswertung der Interviewergebnisse
- Input-Seminarreihe Hauswirtschaft zum Thema Ernährung, Juni-August 2007

> – Qualitätszirkel: Führung, Hauswirtschaft (Wäscheversorgung/Reinigung),
>   Pflegeorganisation/Risikopotential und Finanzen
> – Auswertung der Lernprozesse und erste Erstellung der Ziellandkarte (Kennzahl Hauswirtschaft, Pflege, Führung) von den beteiligten Einrichtungen, November 2008

Folgende Fragen an die beteiligten Pflegeorganisationen kristallisieren sich heraus:

– Welche Ergebnisse sind aus den Qualitätsbausteinen ersichtlich?
– Welche Konsequenzen ergeben sich daraus für das strategische Management?
– Wie soll die Lernphase aussehen?

Grundlage dieser Lernphase bildet eine genaue Analyse der erhobenen Datenbasis aus den sechs Qualitätsbausteinen und die Bildung von Korrelationen zwischen diesen. An dieser Stelle wird die Bedeutung eines strategischen Controllings als ein System zur Unterstützung von Führungskräften bei ihren Planungs-, Steuerungs- und Kontrolltätigkeiten für die Pflegeorganisationen deutlich.

13.4.1 Organisation und Umsetzung

Die Phase B im Benchmarkingprojekt wird auf Wunsch der beteiligten Einrichtungen durch den Spitzenverband unterstützt. So übernehmen die beiden Referenten Dr. Heidemarie Kelleter und Michael Haag die Moderation der Lernphase im Benchmarking. Von der Projektgruppe werden zielorientiert Fortbildungsangebote und die Bildung von Qualitätszirkeln angestrebt, indem in den beteiligten Einrichtungen ein kontinuierlicher Erfahrungs- und Informationsaustausch implementiert werden soll. Hier werden ebenso schon gute Qualitätskonzepte aus zuvor durchgeführten Projekten des Spitzenverbandes eingebracht und weiterentwickelt. Damit jedoch durch die Transparenz der Daten ein Lernen von den Besten ermöglicht wird, sollen alle Leitungsebenen aus allen Kernbereichen der beteiligten Pflegeeinrichtungen einbezogen werden.

Betrachtet man die Gesamtheit der Zielerreichungsgrade der Qualitätsbausteine im Benchmarking, so kristallisieren sich für die Einrichtungen des Diözesan-Caritasverbandes einige Schwerpunktthemen heraus. Dazu zählt in den Einrichtungen das Thema Ernährungsmanagement unter dem Aspekt Kooperation in der Organisation.

Die Ernährung von Bewohnern und Bewohnerinnen ist, wie bekannt, nicht nur dem Bereich Pflege zuzuordnen, sondern betrifft alle Kernbereiche der Pflegeorganisation, sozusagen vom Einkauf und der Zubereitung, über Service bis hin zum Verzehr.

So wurde beispielsweise in einer fünfteiligen Seminarreihe im Juni und Juli 2007 den Projektteilnehmern unter dem Thema: „Ernährung im Alter – Eine Herausforderung für die multiprofessionelle Pflege in der Altenhilfe" die Gelegenheit zum Lernen miteinander offeriert. Hierzu wurden fachkompetente externe Referenten hinzugezogen. Oberstes Ziel der Seminarreihe ist über dieses relevante Thema eine bessere Kooperation von den verschiedenen Berufsgruppen aus den Bereichen Pflege, Hauswirtschaft, Küche, Sozialem Dienst und Qualität in den Pflegeorganisationen zu erreichen. Letztlich geschieht dies auf Basis der ermittelten Daten aus dem Benchmarkingprojekt.

Dabei werden z.b. Schnittstellenproblematiken ebenso thematisiert wie beispielsweise Fehl- und Mangelernährung im Alter, Krankheits- und Pflegeprobleme oder auch Ablauforganisationen und Qualitätsnormen. Andere bereits gelebte Aspekte werden exemplarisch dargestellt und dann als Verbesserungsmöglichkeit für die eigene Einrichtung sozusagen dankbar auch neu entdeckt. Der direkte Austausch in der operativen Ebene untereinander wird als erfolgreiche Grundlage für eine gemeinsame verstärkte Weiterentwicklung der Qualität unter dem Dach der Caritas gewonnen.

Somit wird nicht nur für die Führungsperson, sondern auch für die handelnde Basis ein Benchmarking sichtbar:

–   das Verbesserungspotential der Einrichtung kann durch Benchmarking erkannt werden;
–   Benchmarking veranlasst aber auch zu einer intensiveren Kommunikation und Kooperation innerhalb der Pflegeeinrichtung;
–   Ergebnisse des Benchmarkings führen letztlich zu einer verstärkten Qualitätszirkelarbeit in den Pflegeorganisationen.

Nach Abschluss der Lernphase Phase B haben die Einrichtungen erneut die Möglichkeit in einer neuen Phase A – Analysephase – des Benchmarkings zu ermitteln, ob die Qualitätsbestrebungen zu höheren Zielerreichungsgraden in ihrer Einrichtung geführt und sie von den Besten des Diözesan-Caritasverbandes gelernt haben.

Denn nur der Blick über den eigenen Tellerrand hinaus schafft durch Erweiterung des Horizontes die Möglichkeit der Qualitätssicherung und Weiterentwicklung.

13.4.2 Ausgesuchte Aspekte des Lernprozesses

Im Benchmarking wird eine umfangreiche Anzahl von Kennzahlen ermittelt. Allein zum Qualitätsbaustein „Pflege" wurden 12.000 Items ausgewertet und in Kennzahlen dargestellt. Die Dienstleistung Pflege in Zielerreichungsgraden darzustellen, wird von den Pflegenden als Innovation gesehen. Letztlich finden sich die Inhalte der einzelnen Untersuchungen in allen Qualitätsbausteinen wieder, somit lassen sich die Zielerreichungsgrade von 0-100 % der einzelnen Bausteine miteinander in Zusammenhang setzen. Auch wenn krankheitsbedingte Ausfallquoten und Fortbildungsaufwand der Einrichtungen für die Qualität betriebswirtschaftlicher Daten unerlässlich und die Einschätzung der Mitarbeiterzufriedenheit sowie Bewertung der Führungspersonen aus der Führungskräftebefragung in Selbst- und Fremdbewertung für die Weiterentwicklung der Einrichtung nicht unerheblich sind, werden aufgrund der Datenfülle hier nur exemplarisch zu den Aspekten Pflege, Hauswirtschaft, Kundenzufriedenheit Beispiele für Lernprozesse aufgezeigt.

Qualitätsbaustein Pflege

Für den Qualitätsbaustein Pflege und die Durchführung mittels Pflegeaudits (Fremdbewertung unter Einbezug der Kriterien des Medizinischen Dienstes) wird in jeder der beteiligten Pflegeeinrichtungen eine 10 % Stichprobe auf Basis der eingestuften Bewohner der Pflegeeinrichtung zu einem Stichtag gezogen. Die Auswahl der Bewohner erfolgt durch die externe Pflegeexpertin am Tag des Audits zufällig. Die Teilnahme ist freiwillig.

Der pflegerische Aushandlungsprozess und das Pflegecontrolling sind wesentliche Elemente für die Einstufung des Bewohners und somit einerseits ein maßgeblicher Faktor für den wirschaftlichen Erfolg andererseits aber auch ein Kriterium zur Pflegequalität der stationären Einrichtung. Hierbei muss insbesondere im Bereich der Pflege der Aufbau des Dokumentationssystems eine schlüssige Abbildung der einzelnen Prozessschritte zulassen. Dabei zeigt sich im Benchmarking: Es ist für die Qualität dieser Dokumentation unerheblich, ob der Prozess schriftlich in Papierform oder IT-gestützt erfolgt. Wichtig ist die systematische und durchgängig einheitliche Anwendung in der Organisation.

Eine besondere Möglichkeit des Lernens bietet sich in diesem Benchmarking, wenn detaillierte Ergebnisse aus Zielerreichungsgraden in Zusammenhang gesetzt werden. Setzt man das Erkennen von Risikopotential (siehe Abbildung 13/3 Item 1.7), welches durch die Pflegefachperson in der Organisation durch die Anamnese erhoben wird, in Bezug zur tatsächlichen Planung von Risiko minimierenden Maßnahmen (siehe Abbildung 13/3 Item 1.8), konkretisieren sich in vielen der beteiligten Pflegeeinrichtungen Verbesserungsmöglichkeiten – wie die nachfolgende anonymisierte Darstellung der 24 Pflegeeinrichtungen zeigt.

Legt man in einem weiteren Schritt des Benchmarkings noch die Fachkraftquote bei diesen beiden Aussagen zugrunde, so zeigt sich, dass die Fachlichkeit der Personen nur im Kontext mit Organisationsgestaltung gesehen werden kann. Denn auch in Einrichtungen mit einer niedrigen Fachkraftquote von 50 % (gesetzliche Grundlage) sind hohe Zielerreichungsgrade bei der Erfassung von Risikopotential und deckungsgleich hohe Zielerreichungsgrade bei der Durchführung von den entsprechenden pflegerischen Prophylaxen (wie z.B. Dekubitus- und/oder Sturzprophylaxe) erkennbar. Die spannende Frage im weiteren Lernprozess ist natürlich, wie eine Organisation es schafft, ihre Ziele mit knappen Ressourcen so gut zu erreichen (Kelleter/Kämmer 2008, S. 39).

Abbildung 13/3: Risikomanagement in der Pflege lt. Audit.

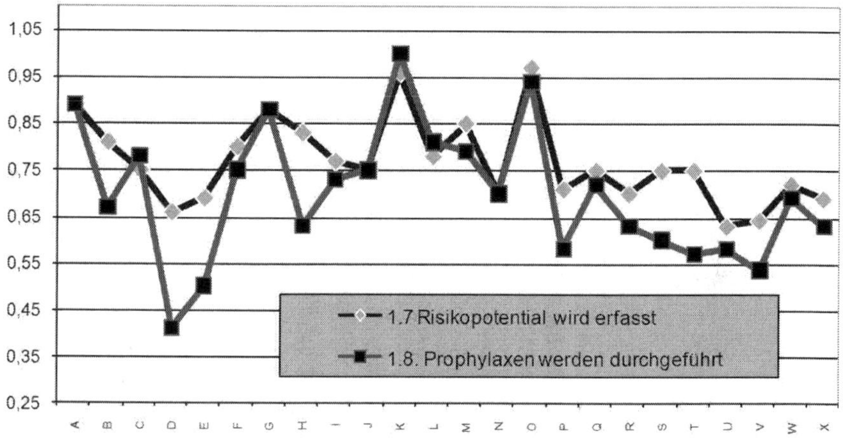

Quelle: Eigene Auswertung 2006.

Qualitätsbaustein Hauswirtschaft

Im Rahmen des Qualitätsbausteins Hauswirtschaft (Hauswirtschaftliches Audit/ Interview) ist die Sauberkeit in der Räumlichkeit einer Pflegeeinrichtung nicht nur für die dort lebenden Bewohner und Bewohnerinnen nebst ihren Angehörigen ein subjektiv wichtiges Kriterium, sie ist zudem wie auch die Wäschepflege objektiv zu beurteilen. Die Hausreinigung ist neben der Speisenversorgung und Wäschereinigung einer der drei Teilbereiche, die in dem Qualitätsbaustein Hauswirtschaft aus Sicht der Experten analysiert werden. Basis zur Bewertung der Hausreinigung sind u. a. vertragliche Grundlagen des Heimvertrages und Kriterien, die mit den Projektteilnehmenden erstellt werden. Der Qualitätsbaustein hauswirtschaftliches Interview, das mit einem Audit gekoppelt wird, lässt Rückschlüsse zu, ob ausreichende Reinigungsintervalle in den einzelnen Einrichtungen anzutreffen sind.

Auch hier erfolgt wieder eine Bewertung für jede Einrichtung in Zielerreichungs-graden (erreichbar ist ein Zielerreichungsgrad zwischen 0 und 100 %). Somit kön-nen sich alle 24 Einrichtungen durch die ermittelten Zielerreichungsgrade mitein-ander vergleichen. In Hinblick auf „Ausreichende Reinigungsintervalle der Be-wohnerzimmer" zeigt sich in den Zielerreichungsgraden ein recht uneinheitliches Qualitätsbild. Hier ist bei einem Drittel der Einrichtungen ein deutliches Verbes-serungspotential von 50 % festzustellen. Immerhin erreichten ein Drittel der Ein-richtungen ihre Ziele zu 100 %. Sie bilden im Projekt die „best praxis", anhand welcher gelernt werden kann, warum diese Einrichtungen bei gegebenen Mitteln einen höheren Zielerreichungsgrad schaffen.

Spannend wird es, wenn die festgestellte Qualität dann noch mit dem Preis für die Leistung aus Kundensicht sowie dem Aufwand für die Reinigungsleistung der Einrichtung in Korrelation gesetzt werden. So wird deutlich, dass die Qualität nicht unbedingt in Zusammenhang mit hohen Kosten zu setzen ist, sondern andere Ein-flussfaktoren eine nicht unerhebliche Rolle spielen. Und, welche Organisations-prozesse führen zu diesen Ergebnissen?

Qualitätsbausteine Kunden- bzw. Mitarbeiterbefragung

Neben der Experteneinschätzung durch ein hauswirtschaftliches Interview/Audit, hat auch das Meinungsbild der Bewohner und Bewohnerinnen und deren Ange-hörigen eine hohe Bedeutung. Die Frage nach der Hausreinigung im hauswirt-schaftlichen Audit/Interview wird somit auch zum Bestandteil der Kundenbefra-gung. Gemeinsam mit der Projektgruppe wird eine Vorlage des Projektteams zu einem Fragebogen für die Kundenbefragung konzipiert. Dieser beinhaltet u. a. das Item: „Die Hausreinigung entspricht meinen Vorstellungen". Wie in allen einge-setzten Instrumenten der sechs Qualitätsbausteine, haben die Bewohner und Be-wohnerinnen nebst ihren Angehörigen/Betreuer die Möglichkeit, von „trifft immer zu", „trifft meistens zu", trifft teilweise zu", trifft weniger zu" und bis „trifft gar nicht zu" zu wählen. Sollte eine Beurteilung nicht möglich sein, kann die Frage mit „keine Angaben" beantwortet werden. Wie auch schon eingangs dargestellt, weist die hohe Rücklaufquote von 77 % auf das sehr hohe Interesse der Beteiligten der Stichprobe hin. Beantwortet werden insgesamt 357 Fragebögen. Davon sind 19 % von den Bewohnern eigenständig, 37 % vom Betreuer/Angehörigen und 44 % ge-meinsam von Bewohnern/Angehörigen/Betreuer ausgefüllt.

Die Auswertung der Rückmeldungen auf die Fragestellung „Die Hausreinigung entspricht meinen Vorstellungen" zeigt, dass einige der beteiligten Einrichtungen aus Sicht der Kunden ein Verbesserungspotential von mindestens 30 % haben. Zieht man aus dem Qualitätsbaustein „Harte Faktoren" noch die Auswertung der betriebswirtschaftlichen Datenbasis hinzu, erhält man gleichzeitig zu den qualitativen Aspekten der Zufriedenheit der Kunden noch den Preisvergleich für die Leistung „Hausreinigung" jeder Einrichtung. Eine hohe Unzufriedenheit der Kunden mit der Hausreinigung, verbunden mit einer ebenfalls niedrigen Bewertung durch die Expertenbefragung – in Form einer Korrelation der Zielerreichungsgrade in dem Qualitätsbaustein – soll dem Management der Pflegeeinrichtung als unbedingtes Handlungssignal dienen. Für das strategische Management stellt sich die Frage nach Verbesserungsmöglichkeiten, wie die Reinigung organisiert ist, wer was reinigt und letztlich zu welchem Preis bis hin zu einer allfälligen Neuorganisation dieses Bereiches.

Neben der Kundenbefragung, dem hauswirtschaftlichen Interview mit Audit und den „Harten Faktoren" liegen auch die Ergebnisse der Befragung der Bewohner und Bewohnerinnen zur Zufriedenheit mit der „Reinigung des Zimmers" vor, die in den 240 Pflegeaudits ermittelt werden. In dieser direkten Befragung durch die Pflegeexpertin stellt sich heraus, dass die Bewohner und Bewohnerinnen hinsichtlich der Reinigung ihres Zimmers in allen Einrichtungen äußerst zufrieden sind. Bedeutsamer Faktor für die Bewohner ist hier eher die Höflichkeit und Freundlichkeit, die das Reinigungspersonal ihnen gegenüber zeigt.

Während die Bewohner den Aspekt „Das Pflegepersonal hat genügend Zeit für mich" durchaus positiv beantworten, zeigt sich das Personal im Rahmen der Mitarbeiterbefragung (Rücklaufquote 80 %) skeptisch. Pflegende meinen, zu wenig Zeit für die Heimbewohner zu haben. Hier ist das Verbesserungspotential deutlich, es liegt bei allen beteiligten Einrichtungen im Benchmarking bis zu 75 %.

Im Qualitätsbaustein Führungspersonenbefragung mit einer Rücklaufquote von 95 % stellt sich heraus, dass sich die Führungspersonen (dazu zählen neben der Heimleitung, Pflegedienstleitung auch Hauswirtschaftsleitungen und Wohnbereichsleitungen) in den Pflegeeinrichtungen des Diözesan-Caritasverbandes ihrer Vorbildwirkung bewusst sind. So können diese auch die notwendigen Veränderungsprozesse in den beteiligten Pflegeorganisationen zuversichtlich in Angriff nehmen. Dabei sollte die Führung von stationären Einrichtungen nicht nur nach der einzigen Organisationsform trachten, sondern vielmehr lernen, für bestimmte Aufgaben geeignete Organisationsformen zu suchen und weiterzuentwickeln.

13.5 Organisationsentwicklung durch Benchmarking

Pflegeorganisationen sind soziale Systeme, die sich insbesondere durch Druck von außen einem Wandel unterziehen müssen. In diesem Benchmarking wird deutlich, dass der Führung der Organisation eine wichtige Schlüsselfunktion zukommt. Altruistische Strukturen mit den mikropolitischen Aktivitäten (Schimank 1994,

S. 245) der Organisationsmitglieder, die größtenteils historisch durch das Feld der Altenpflege selbst geprägt sind, müssen verändert werden. Diese Erkenntnisse erscheinen relevant, da sie Voraussetzungen sind, um die Pflegeorganisationen maßgeblich zu beeinflussen. Daraufhin können mittels Benchmarkings in der Organisation einerseits entsprechende Best Practice-Strategien mit konkreten Vorschlägen zur Verbesserung, andererseits aber auch praxisnahe Vorgehensweisen konzipiert werden. Lernstrategien dienen der Organisation dazu, entsprechende Erfolgspotentiale zu erhalten und zu sichern (Seghezzi 2003, S. 166). Über Kommunikationsverbindungen innerhalb der Pflegeorganisationen selbst muss Benchmarking den beteiligten Personen transparent vermittelt werden. Im Wesentlichen geht es dabei aber darum, dass beteiligte Organisationen bereits vorhandenes Wissen von Best Practice-Akteuren erfassen und bei sich selbst anwenden.

Dies impliziert, dass Führungspersonen Vertrauen zu Zielen der Organisation schaffen müssen. Das Vertrauen zwischen den Akteuren der Pflegeorganisation ist für eine Zusammenarbeit notwendig. Nur so können durch Benchmarking – und das ist eigentlich das Ziel – aus permanentem Lernen in der Organisation Kompetenzen erweitert werden. Bewerten und Erkennen des Verbesserungspotentials sollen Einzug in den Planungsprozess der Einrichtung halten, damit ein Prozess der kontinuierlichen Weiterentwicklung beschritten werden kann (Neckel 2001, S. 55-93).

Der kontinuierliche Verbesserungsprozess kann hier exemplarisch als eine Konsequenz für Organisationen benannt werden und bildet somit wiederum einen wichtigen Bestandteil in der Lernenden Organisation. Durch den Vergleich in einem Benchmarking mit anderen Pflegeorganisationen wird Transparenz des Verbesserungspotentials nicht nur nach innen, sondern auch nach außen – für mögliche neue Kunden – geschaffen. Die Lernphase ist für die Organisation der schwierigste, aber entscheidende Schritt im Benchmarking.

Benchmarking, so zeigt sich, fördert Lernen über inter- und intraorganisierte Kommunikationsprozesse. Um die Qualität von Benchmarkingergebnissen in der stationären Altenpflege angemessen einzuschätzen, muss auch der Umfang und damit die Relevanz der gezeigten Ergebnisse beachtet werden (Kelleter 2008). Von daher erreichen die Ergebnisse über die ermittelten Zielerreichungsgrade aus dem Benchmarkingprojekt allein keine hohe Aussagekraft über die Organisationen selbst und ihre Potentiale (Schubert 2003, S. 276).

Damit Benchmarkingeffekte den Weg für Best Practice öffnen, sind für die beteiligten Pflegeorganisationen folgende Konsequenzen bedeutungsvoll:

–   Transparenz von Zielen der Pflegeorganisation nach innen und außen,
–   Führung muss entscheiden und verantworten ,
–   Benchmarking zur Qualitätsstrategie der Pflegeorganisation erklären,
–   Veränderungen zulassen,

- Intra- und interorganisatorische Kommunikation ermöglichen,
- Akteure der Organisationen müssen eingebunden werden,
- Zusammenarbeit fördern,
- Lernräume schaffen,
- Evaluation durchführen.

Aber auch Benchmarking selbst muss sich einer Verbesserung unterziehen, damit die intendierten Ziele erfolgversprechend an den Organisationen umgesetzt werden können (Kelleter 2008, S. 207).

Die Führung von Pflegeorganisationen hat gerade in Zeiten des Außendrucks die Aufgabe, mit Strategien und geeigneten Praktiken in Zusammenarbeit mit den Akteuren den Wandel in den Organisationen möglich zu machen. Aber Organisationen leiten nur dann Veränderungsprozesse ein, wenn sie darin einen Gewinn sehen bzw. der Konkurrenzdruck größer wird. Die bewusste Auseinandersetzung mit Herausforderungen und auch mit Reorganisationsprozessen wird dabei zur ausschlaggebenden Kraft. Widerstände und Beharrungstendenzen aus der Organisation müssen erkannt und abgebaut werden, um Veränderungsprozesse erfolgreich durchführen zu können (Görres 2002).

Dabei sollte die Führung von stationären Pflegeeinrichtungen nicht nach der einzigen Organisationsform trachten, sondern vielmehr lernen, für bestimmte Aufgaben geeignete Organisationsformen zu suchen und weiterzuentwickeln (Drucker 2005, S. 102). Nur so kann der Rahmen für eine zielorientierte und arbeitsfähige Organisation, in die sich Mitarbeitende einbringen können, ermöglicht werden.

In der Pflegeeinrichtung sollte dabei die Ablauforganisation dahingehend optimiert werden, dass Prozesse schnell zur Zielabstimmung durch die operative Ebene der Mitarbeitenden, erfolgen können. So beruht der Transfer von Innovationen auf der Kommunikation bestimmter Akteure der Organisationen (Stockmann 2006, S. 123). Erwartungen und Anforderungen liegen aber nicht nur bei Führungspersonen, sondern auch bei den Mitarbeitenden der Pflegeorganisationen. Dies impliziert auf beiden Seiten das Vorhandensein von Kompetenzen oder Befähigungen. Bestmarken zu erreichen, ist nur durch vollständiges Engagement der Führung sowie durch die Akzeptanz eines Konzeptes erreichbar (Zülch 2001, S. 233). Organisationen in der stationären Altenhilfe müssen ihre innere Dynamik und Leistungsfähigkeit selbst kennen, damit diese auf Druck ihrer Umwelt einerseits entsprechend reagieren, andererseits aber, und dies ist noch wichtiger, auch agieren können.

Pflegeorganisationen müssen neben Strukturen ebenso Instrumente, die einen Raum schaffen, das Handeln von Mitarbeitenden in den Organisationen zu unterstützen, entwickeln und konsequent umsetzen. Im Erkennen des Verbesserungspotentials, wie in dem hier betriebenen Benchmarking, beginnen die eigentlichen Lernprozesse und die Nutzung von eigenen Prozessen.

Organisationales Handeln heißt für Benchmarking: Das disziplinierte Lernen von den Erfolgreichen führt zum eigenen Erfolg.

13.5.1 Bestimmungsfaktoren für eine Lernende Organisation

Maßgeblicher Bestimmungsfaktor einer lernenden Organisation ist neben Zielorientierung und Dynamik auch die Partizipation (Kelleter 2008, S. 263-265).

– Zielorientierung im Hinblick auf das Ergebnis:
Zielorientierung muss auch auf der operativen Ebene erfolgen. Aus organisatorischer Sicht ist es notwendig, eine Zeitschiene sowie einen personenbezogenen Ablaufplan zu erstellen: Was soll unter dem Engagement welcher Personen in welchem Zeitraum angegangen werden? Wie soll das Erreichen der einzelnen Schritte überprüft werden? Und wie ist vorzugehen, wenn sich das gewählte Ziel im Prozess als zunehmend weniger zweckentsprechend zeigt?
– Dynamik der Organisationsprozesse als Erfolgspotential betrachten:
Möglichst alles, was nicht kalkulierbar ist, wird berücksichtigt. Dies erfolgt dann nicht nur im Vorfeld des Überlegens, sondern auch in organisatorischer Richtung durch das systematische Vorhalten von reflexiven und prospektiven Zeitfenstern.
Diese dem Prinzip nach auch Teilschritte zur Zielerreichung stellen sicher, dass Denkpausen eingelegt werden können, an deren Ende auch eine Abkehr von der bisherigen Richtung möglich ist. Dies bedeutet für Pflegeorganisationen auch, nicht in einen unentrinnbaren Zug von Sachzwängen zu geraten, sondern die Koppelung an Aufrichtigkeit in die Entstehung des Prozesses mit bewusster, zielorientierter, entscheidungsvorbereitender Bewertung (Heiner 1998, S. 33) einfließen zu lassen.
– Partizipation hinsichtlich Entscheidungen:
Es geht nicht darum, Leitungsfunktionen und Führungsrolle aufzugeben und sie durch eine gewissermaßen kollektive Führung zu ersetzen, sondern es handelt sich um eine neue Definition des Führungsverständnisses im Sinne einer zielorientierten Teilhabe aller Mitarbeiter unter Anwendung der bereits benannten Vordenker-Ressourcen der Führungspersönlichkeit (Szabo 2007, S. 12). Führung versteht sich sowohl als Vorschlag als auch als Korrektiv, jedoch immer als ein begründetes, zielorientiertes und flexibel agierendes Korrektiv, das sich nicht scheut, verantwortliche oder unbeliebte Entscheidungen zu fällen (Zwierlein 1997, S. 563-572). „Partizipation kann nicht durch Vorgaben und Regelwerke alleine zum Leben erweckt werden." (Szabo 2007, S. 11). Die Erkenntnisse aus dem Benchmarking zeigen, dass in den beteiligten

Pflegeorganisationen das Qualitätsmanagement für die Akteure von außerordentlichem Nutzen ist.

Letztlich führt Benchmarking zu einer intensiveren Kommunikation und Kooperation innerhalb der Einrichtung als auch zu Einrichtungen, die sich am Benchmarkingprojekt beteiligt haben. Auch wenn Anstöße zur Veränderung von „außen" durch die Projektleitungen angeregt wurden, so zeigen die Wirkungen des Benchmarkings das Handeln zur Veränderung und zur Beteiligung in den Organisationen selbst auf.

Die Effekte des Benchmarkings zeigen, dass qualitätsgerechte Organisationsstrukturen (Bruhn 2006, S. 512) gerade durch Kommunikation nicht nur Veränderungsprozesse bewirken, sondern auch Lernen in den Pflegeorganisationen ermöglichen.

13.5.2 Erfolg durch Zusammenarbeit, Kommunikation und Führung

Der Erfolg eines Benchmarkings ist zwar auch abhängig von der Vergleichbarkeit der Daten, aber grundsätzlich von strukturellen Bedingungen in den beteiligten Organisationen selbst bestimmt. Nur die Pflegeorganisation, der viel daran liegt, ihre Potentiale in der Organisation zum Lernen zu nutzen und sich zu verbessern, möchte letztlich auch wissen, ob dies in einem folgenden Benchmarking zu gleichen Bedingungen zum Erfolg geführt hat. Somit kann eine kontinuierliche Weiterführung eines Benchmarkings nicht nur zur Erhebung, sondern auch zur Nachhaltigkeit von Qualität betrachtet werden.

Vordergründig kann Benchmarking durch einen Spitzenverband hier eine Chance sein, einen Prozess des Aufholens innerhalb der angeschlossenen Organisationen selbst in Gang zu setzen (Kelleter 2008, S. 298). Dafür ist es jedoch auch notwendig, Benchmarking für die Organisationen sichtbar zu machen. Pflegeorganisationen in einem Netzwerk lassen sich jedoch nur dann miteinander vergleichen, wenn gemeinsam mit den Akteuren die Grundlagen des Sich-Vergleichens definiert werden, z.B. hinsichtlich der Qualität der Dienstleistungsprozesse.

Als weiteres Erfordernis des Sich-Vergleichens kann der Markt (wie eingangs erwähnt auch zur Transparenz und des Verbraucherschutz veranlasst) von „außen" in die Einrichtungen hinein transportiert werden – natürlich müssen Qualitätskriterien und Verfahren der Be- bzw. Auswertung für alle definiert und verbindlich sein.

Diese Notwendigkeit vermag zwar als Strategie eines Spitzenverbandes genutzt werden, bei angeschlossenen Pflegeorganisationen die Qualität der Dienstleistung auf Ziele des Spitzenverbandes hin zu bestärken und auch die Wirkungsfähigkeit von Kooperation bestmöglich zu nutzen, muss aber trotzdem kritisch gesehen werden (Kelleter 2008, S. 299).

Die Autonomie einer Einrichtung darf nie bedroht sein. Lernen an Best Practice, wie durch Benchmarking, erfordert stets eine vertrauensvolle, offene Atmosphäre, die Bereitschaft zur Kooperation und für alle Kooperationspartner eine Gewinnsituation. Dies macht nochmals deutlich: Das Management der Kooperationsprozesse benötigt mindestens die gleiche Berücksichtigung wie die Auswahl des Kooperationspartners. Benchmarking muss neben der Möglichkeit des Vergleichs in der Folge auch die Initiierung von organisationsübergreifenden Qualitätszirkeln innerhalb eines Netzwerkes ermöglichen. Die Teilnahme bleibt nicht nur auf die Führungsebene beschränkt, sondern muss alle Ebenen der Organisationen einbeziehen. Auch wenn dies der schwierigste Schritt in einem Benchmarking ist, erst hier kann dann der eigentliche Lernprozess für die freiwillig teilnehmenden Organisationen beginnen.

Heidemarie Kelleter, Dr. P.H., M.A., Referentin für Qualitätsberatung beim Diözesan-Caritasverband für das Erzbistum Köln e.V.

E-Mail: Heidemarie.Kelleter@t-online.de

Literaturverzeichnis

Arbeitsstelle Kinder- und Jugendkriminalitätsprävention (Hrsg.) o.J.: Evaluation in der Kinder- und Jugendkriminalitätsprävention. Eine Dokumentation, München.

Badelt, Ch./More-Hollerweger, E. (2007): Ehrenamtliche Arbeit im Nonprofit-Sektor. In: Badelt, Ch./Meyer, M./Simsa, R. (Hrsg.): Handbuch der Nonprofit Organisation: Strukturen und Management, 4 Aufl., Stuttgart, S. 503-531.

Baruch, Y./Ramalho, N. (2006): Communalities and Distinctions in the Measurement or Organizational Performance and Effectiveness Across For Profit and Nonprofit Sectors. In: Nonprofit and Voluntary Sector Quarterly, Jg. 35, Nr. 1, S. 39-65.

Bernhard, U. (2007): Leistungsvergütung: Direkte und indirekte Effekte der Gestaltungsparameter auf die Motivation. In: Zeitschrift für Personalforschung, Jg. 21, Nr. 4, S. 412-416.

Beywl, W./Speer, S./Kehr, J. (2004): Wirkungsorientierte Evaluation im Rahmen der Armuts- und Reichtumsberichterstattung. Perspektivstudie i. A. des Bundesministeriums für Gesundheit und soziale Sicherung, Köln.

Beywl, W./Kehr, J./Mäder, S./Niestroj, M. (2004): Evaluation Schritt für Schritt: Planung von Evaluationen, hiba-Weiterbildung Band 20/26, 2. Aufl., Münster.

Beywl, W./Niestroj, M. (2007): Das A-B-C der wirkungsorientierten Evaluation. Glossar – Deutsch/Englisch – der wirkungsorientierten Evaluation, Köln.

Blenkinsop, S. A./Burns, N. (1992): Performance Measurement Revisited. In: International Journal of Operations & Production Management, Jg. 12, Nr. 10, S. 16-25.

Blinkert, B./Klie, T. (2000): Pflegekulturelle Orientierung und soziale Milieus. Eine empirische Untersuchung über die soziale Verankerung von Solidarität. In: Sozialer Fortschritt, Nr. 2000/10, S. 237-245.

Bono, M. L. (2006): NPO-Controlling. Professionelle Steuerung sozialer Dienste, Stuttgart.

Bono, M. L. (2010a): Performance Management – Zielgerichtet und Wirkungsorientiert. In: Sozialwirtschaft, Nr. 2, Jg. 20, S. 17-20.

Bono, M. L. (2010b): Der Kunde als König? Kundenorientierung im sozialen Bereich. In: Theuvsen, L./Schauer, R./Gmür, M. (Hrsg.): Stakeholder-Management in Nonprofit-Organisationen. Theoretische Grundlagen, empirische Ergebnisse und praktische Ausgestaltungen, Linz.

Brandl J./Güttel, W.H./Konlechner, S./Beisheim, M./von Eckardstein, D./Elsik, W. (2006): Entwicklungsdynamik von Vergütungssystemen in Nonprofit-Organisationen. In: Zeitschrift für Personalforschung, Jg. 20, Nr. 4, S. 356-374.

Bruhn, M. (2005): Marketing für Nonprofit-Organisationen, Stuttgart.

Bruhn, M. (2006): Qualitätsmanagement für Dienstleistungen. Grundlagen – Konzepte – Methoden. 6. Aufl., Berlin – Heidelberg – New York.

Bumbacher, U. (2003): Problematik der Zielgruppenorientierung bei Absatzleistungen von Nonprofit-Organisationen. In: Die Betriebswirtschaft, Jg. 63, Nr. 4, S. 385-400.

Bundesministerium für Justiz (2010): Strafvollzug in Österreich, URL: http://www.strafvollzug.justiz.gv.at/ (25.06.2010).

Camp, R. C. (1994): Benchmarking, München.

Campbell, J. P./Dunnette, M. D./Lawler, E. E./Weick, K. E. (1970): Managerial Behavior, Performance and Effectiveness, New York.

Dahme, H.-J./Kühnlein, G./Wohlfahrt, N. (2005): Zwischen Wettbewerb und Subsidiarität. Wohlfahrtsverbände unterwegs in die Sozialwirtschaft, Berlin.

Davenport, J./Gariner, P. D. (2007): Performance Management in the Not-for-Profit Sector with Reference to the National Tust for Scotland. In: Total Quality Management, Jg. 18, Nr. 3, S. 303-311.

Diekmann, A. (2005): Empirische Sozialforschung: Grundlagen, Methoden, Anwendung. Reinbek bei Hamburg.

Drost, U. (2007): Performance Management in Nonprofit-Organisationen. In: Zeitschrift für Personalforschung, Jg. 21, Nr. 1, S. 70-75.

Drucker, P. F. (1973): Management: Tasks, Responsibilies, Practices, New York.

Drucker, P. F. (1990): Managing the Nonprofit Organizations, New York.

Drucker, Peter F. (2005): Was ist Management? Das Beste aus 50 Jahren. 4. Aufl., Berlin.

Eccles, R. (1991): The performance measurement manifesto. In: Harvard Business Review, Jg. 69, Nr. 1, S. 131-137.

Eckardstein, D. v. (2007): Personalmanagement in NPOs. In: Badelt, Ch./Meyer M./Simsa, R. (Hrsg.): Handbuch der Nonprofit Organisation, 4. Aufl., Stuttgart, 273-298.

Eckardstein, D. v./Mayerhofer, H. (2001): Personalstrategien für Ehrenamtliche in sozialen NPOs. In: Zeitschrift für Personalforschung, Jg. 15, Nr. 3, S. 225-242.

EFQM (2003): Fundamental Concepts of Excellence, European Foundation for Quality Management, Brüssel.

Eisenreich, T./Halfar, B./Moss, G. (Hrsg.) (2005): Steuerung sozialer Betriebe und Unternehmen mit Kennzahlen, Nomos: Baden-Baden.

Franceschini, F./Galetto M./Maisano D. (2007): Management by Measurement, Berlin – Heidelberg – New York.

Frechtling, J. A. (2007): Logic Modeling Methods in Program Evaluation, San Francisco.

Freeman, R. E. (1984): Strategic Management. A Stakeholder Approach, Pitman.

Freeman, R. E./Harrison, J. S./Wicks A. C. (2007): Managing for Stakeholders – Survival, Reputation and Success, New Haven – London.

Freund, F./Knoblauch, R./Eisele, D. (2003): Praxisorientierte Personalwirtschaftslehre, Stuttgart.

Gaster, L. (2004): Dienstleistungsqualität aus der Perspektive der BürgerInnen. In: Beckmann, Ch./Otto, H.-U./Richter, M./Schrödter, M. (Hrsg.): Qualität in der Sozialen Arbeit, Wiesbaden, S. 324-340.

Gleich, R. (2002): Performance Measurement: Grundlagen, Konzepte und empirische Erkenntnisse. In: Controlling, Jg. 14., Nr. 8/9, S. 447-454.

Görres, S. (2002): Theoretische Überlegungen zur Qualitätsentwicklung. In: Igl, G./Schiemann, D./Gerste, B./Klose, J. (Hrsg.): Qualität in der Pflege. Betreuung und Versorgung von pflegebedürftigen alten Menschen in der stationären und ambulanten Altenhilfe. Stuttgart – New York, S. 131-144.

Greiling, D. (2009): Performance Measurement in Nonprofit-Organisationen, Wiesbaden.

Grün, O./Brunner, J.-C. (2002): Der Kunde als Dienstleister, Wiesbaden.

Günther, T./Grüning, M. (2002): Performance Measurement-Systeme im praktischen Einsatz. In: Controlling, Jg. 14, Nr. 1, S. 5-13.

Haubrich, K./Holthusen, B./Struhkamp, G. (2005): Evaluation – einige Sortierungen zu einem schillernden Begriff. In: DJI Bulletin Sonderteil, München, S.1-4.

Havighorst, F. (2006): Personalkennzahlen, Hans-Böckler-Stiftung. Düsseldorf.

Heiner, Maja (Hrsg.) (1998): Experimentierende Evaluation. Ansätze zur Entwicklung lernender Organisationen. Weinheim – München.

Helmig, B./Michalski, S. (2008): Stellenwert und Schwerpunkte der Nonprofit-Forschung in der allgemeinen Betriebswirtschaftlehre: Ein Vergleich deutscher und US-amerikanischer Forschungsbeiträge. In: Zeitschrift für Betriebswirtschaft, Jg. 78, Ergänzungsheft Nr. 3, S. 23-55.

Helmig, B./Michalski, S./Lauper, P. (2008): Performance Management in Public & Nonprofit Organisationen. Empirische Ergebnisse zum Teilaspekt Performance Appraisal. In: Zeitschrift für Personalforschung, Jg. 22, Nr. 1, S. 58-82.

Helmig, B./Michalski, S./Spraul, K. (2009): Eine explorative Studie zu Wertschöpfungskonfigurationen in Nonprofit-Organisationen. In: Betriebswirtschaftliche Forschung und Praxis, Jg. 61, Nr. 1, S. 94-114.

Helmig, B./Michalski, S./Thaler, J. (2009): Besonderheiten und Managementimplikationen der Kundenintegration in Nonprofit-Organisationen. In: Bruhn, M./Strauss, B. (Hrsg.): Kundenintegration – Forum Dienstleistungsmanagement, Wiesbaden, S. 472-492.

Hemel, U. (2005): Wert und Werte. Ethik für Manager – ein Leitfaden für die Praxis, 2. Aufl., München – Wien.

Hense, J. U. (2009): Programm-Modelle als Mehrzweckwerkzeug im Evaluationsprozess. Kommunikative, edukative, designsteuernde und interpretationsleitende Funktionen. Vortrag im Rahmen der DJI-Fachtagung „Visuelle Modelle und Programmtheorie" vom 2. bis 4.12.2009 in Fulda, URL: http://www.dji.de/evaluation/Jan_Hense_Programmmodelle_als_Mehrzweckwerkzeug.pdf (14.06.2010]).

Herzberg, F./Mausner, B./Snyderman, B. (1959): The motivation to work, 2 Aufl., New York – London – Sydney.

Hilgers, D. (2008): Performance Management – Leistungserfassung und Leistungssteuerung in Unternehmen und öffentlichen Verwaltungen, Wiesbaden.

Holthusen, B./Lüders, Ch. (2003): Evaluation von Kriminalitätsprävention – Eine thematische Einleitung. In: Arbeitsstelle Kinder- und Jugendkriminalitätsprävention (Hrsg.): Evaluierte Kriminalitätsprävention in der Kinder- und Jugendhilfe. Erfahrungen und Ergebnisse aus fünf Modellprojekten, München, S. 9-30.

Homburg, Ch./Werner, H. (2008): Kundenorientierung mit System, Frankfurt – New York.

Horváth, P./Gaiser, B. (2000): Implementierungserfahrungen mit der Balanced Scorecard im deutschen Sprachraum – Anstöße zur konzeptionellen Weiterentwicklung. In: Betriebswirtschaftliche Forschung und Praxis, Jg. 52, Nr. 1, S. 17-35.

Horváth, P./Seiter, M. (2009): Performance Measurement. In: Die Betriebswirtschaft, Jg. 69, Nr. 3, S. 393-413.

IGC (2008): Wirkungsorientiertes NPO-Controlling, International Group of Controlling, St. Gallen.

Jäger, U./Beyes, T. (2007): Leistungsorientierte Vergütung in Nonprofit-Organisationen? Weiterführende Diskussion des Artikels von Brandl et al. Zur „Entwicklungsdynamik von Vergütungssystemen in Nonprofit-Organisationen". In: Zeitschrift für Personalforschung, Jg. 21, Nr. 1, S. 62-69.

Kamiske, G. F./Umbreit, G. (Hrsg.) (2006): Qualitätsmanagement. Eine multimediale Einführung, 3. Aufl., Leipzig.

Kaplan, R. S. (1986): Accounting Lag: the obsolescence of cost accounting systems. In: California Management Review, Jg. 20, Nr. 2, S. 174-199.

Kaplan, R. S./Norton, D. P. (1992): The balanced scorecard: measures that drive performance. In: Harvard Business Review, Jg. 70, Nr. 1, S. 71-79.

Kaplan, R. S./Norton, D. P. (1997): Balanced Scorecard: Strategien erfolgreich umsetzen, Stuttgart.

Kebbel, P. (2000): Qualitätswahrnehmungen von Dienstleistungen: Determinanten und Auswirkungen, Wiesbaden.

Kelle, U. (2006): Qualitative Evaluationsforschung und das Kausalitätsparadigma. In: Flick, U. (Hrsg.), Qualitative Evaluationsforschung. Konzepte, Methoden, Umsetzungen, Hamburg, S. 117-134.

Kelleter, H. (2008): Benchmarking als Qualitätsstrategie der stationären Altenhilfe. Eine Wirkungsanalyse möglicher Effekte an Pflegeorganisationen, Aachen.

Kelleter, H./Kämmer K. (2008): Bestmarken setzen. In: Fachzeitschrift Altenpflege, Nr. 2008/12, S.38-40.

Kirchler, E. (Hrsg.) (2008): Arbeits- und Organisationspsychologie, Wien.

Kieser, A. (2005): Wissenschaft und Beratung, 2. Aufl., Heidelberg.

Klingelhöfer, S. (2007): Das Programm "Entimon": Spezifika, Potenziale und Herausforderungen einer induktiv-rekonstruierenden Evaluation anhand Logischer Modelle. In: Glaser, M./Schuster, S. (Hrsg.): Evaluation präventiver Praxis gegen Rechtsextremismus. Positionen, Konzepte und Erfahrungen, Halle, S. 32-52.

Krause, O. (2005): Performance Management – Eine Stakeholder-Nutzen-orientierte und Geschäftsprozess-basierte Methode, Berlin.

Krönes, G. V. (2009): Vertrauen versus Kontrolle – Überlegungen zur Führung in Nonprofit-Organisationen. In: Betriebswirtschaftliche Forschung und Praxis, Jg. 61, Nr. 1, S. 79-93.

Lebas, M. (1995): Performance Measurement and Performance Management. In: International Journal of Production Economics, Jg. 41, Heft 9, S. 23-26.

Locke, E. A. (1968): Towards a theory of task motivation and incentives. In: Organizational Behaviour and Human Performance, Jg. 3, Nr. 2, S. 157-189.

Lüders, Ch./Haubrich, K. (2007): Wirkungsevaluation in der Kinder- und Jugendhilfe. Über hohe Erwartungen, fachliche Erfordernisse und konzeptionelle Antworten. In: Projekt eXe (Hrsg.), Wirkungsevaluation in der Kinder- und Jugendhilfe. Einblicke in die Evaluationspraxis, München, S. 5-23.

Lüders, Ch. (2010): Neue Wege der Evaluation gewalt- und kriminalpräventiver Maßnahmen und Projekte. Das Logische Modell als Instrument der Evaluation in der Kinder- und Jugendkriminalitätsprävention, Dokumentation des 10. Berliner Präventionstages am 10.11.2009.

Lynch, R., L./Cross, K., F. (1995): Measure up! Yardsicks for Continuous Improvement, 2 Aufl., Cambridge – Oxford.

Maslow, A. (1973): Psychologie des Seins, München.

Mason, R. O./Swanson, E. B. (1979): Measurement for Management Decision: A Perspective. In: California Management Review, Jg. 21, Nr. 3, S. 70-81.

Mayerhofer, H. (2001): Der Stellenwert Ehrenamtlicher als Personal in Nonprofit Organisationen. In: Zeitschrift für Personalforschung, Jg. 15, Nr. 3, S. 263-283.

Meffert, H. (1994): Marketing-Management – Analyse, Strategie, Implementierung, Wiesbaden.

Meffert, H./Bruhn, M. (2003): Dienstleistungsmarketing, Wiesbaden.

Mertins, K. (Hrsg.) (2004): Benchmarking – Leitfaden für den Vergleich mit den Besten, 1. Aufl., Düsseldorf.

Meyer, W. (2007a): Messen: Indikatoren – Skalen – Indizes – Interpretationen. In: Stockmann, R. (Hrsg.): Handbuch zur Evaluation, Münster, S. 195-222.

Meyer, W. (2007b): Datenerhebung: Befragungen – Beobachtungen – Nicht-reaktive Verfahren. In: Stockmann, R. (Hrsg.): Handbuch zur Evaluation, Münster, S. 223-277.

Mills, J./Platts, K./ Gregory, M. (1995): A framework for the design of manufacturing strategy process. In: International Journal of Operation and Production Management, Jg. 15, Nr. 4, S. 17-49.

More-Hollerweger, E./Heimgartner, A. (2009): Bericht zum freiwilligen Engagement in Österreich – Zusammenfassung, Institut für interdisziplinäre Nonprofit-Forschung an der Wirtschaftsuniversität Wien, Wien.

Neckel, H. (2001): Qualitätssteigerung durch Kontinuierlichen Verbesserungsprozess. In: Hansen, W./Kamiske, G. F. (Hrsg.): Qualitätsmanagement und Human Ressources. Mitarbeiter einbinden, entwickeln und führen. 1. Aufl., Düsseldorf, S. 55-93.

OECD (2005): Modernising Government: The Way Forward, Paris.

Österreichisches Controller-Institut/Contrast Management Consulting (2009): Steuerung in NPOs und der öffentlichen Verwaltung. Entwicklungsstand und Perspektiven, Wien.

Owen, J. M./Rogers, P. J. (1999): Program Evaluation. Form and Approaches, London – Thousand Oaks – New Delhi.

Peters, F. (2006): Zum Stichwort: Wirkungsorientierung/wirkungsorientierte Steuerung. In: Forum Erziehungshilfen, Jg. 12, Nr. 5, S. 260–261.

Piber, M./Ranacher, Ch. (2008): Personalcontrolling goes Marketing: Lernpotenziale für das HR-Performance-Measurement. In: Zeitschrift für Controlling und Management, Jg. 52, Nr. 3, S. 152-155.

Pleier, N. (2008): Performance-Measurement-Systeme und der Faktor Mensch, Wiesbaden.

Poister, T. H. (2003): Measuring Performance in Public and Nonprofit Organizations, San Francisco.

Porter, M. E. (1996): What is Strategy? In: Harvard Business Review, Jg. 74, Nr. 6, S. 61-78.

Piser, M. (2004): Strategisches Performance Management, Wiesbaden.

Rosenstiehl, L. v. (1975): Die motivationale Grundlage des Verhaltens in Organisationen – Leistung und Zufriedenheit, Berlin.

Rosenstiehl, L. v. (2003): Grundlagen der Organisationspsychologie, Stuttgart.

Salomon, L. M./Anheier, H. K. (1999): Der Dritte Sektor. Aktuelle internationale Trends – Eine Zusammenfassung – The John Hopkins Comparative Nonprofit Sector Project, Gütersloh.

Schäfers, B. (Hrsg.) (1995): Grundbegriffe der Soziologie, 4. Aufl., Opladen.

Schedler, K./Proeller, I. (2003): New Public Management, 2. Aufl., Bern – Stuttgart – Wien.

Schimank, U. (1994): Organisationssoziologie. In: Kerber, H./Schmieder, A. (Hrsg.): Spezielle Soziologien. Problemfelder, Forschungsbereiche, Anwendungsorientierungen, Hamburg, S. 240-254.

Schreyer, M. (2007): Entwicklung und Implementierung von Performance Measurement Systemen, Wiesbaden.

Schröder, Jan (Hrsg.) (2002): Wirkungsorientierte Gestaltung von Qualitätsentwicklungs-, Leistungs- und Entgeltvereinbarungen nach §78a ff. Dokumentation des Expertengesprächs am 8./9. April, Bonn.

Schubert, H.-J. (Hrsg.) (2003): Management von Gesundheits- und Sozialeinrichtungen. Handlungsfelder, Methoden, Lösungen, Neuwied – Köln – München.

Schwarz, P./Purtschert, R./Giroud, C. (1999): Das Freiburger Management-Modell für Nonprofit-Organisationen, 3. Aufl., Berlin – Stuttgart – Wien.

Seghezzi, H. D. (2003): Integriertes Qualitätsmanagement. Das St. Galler Konzept, 2. Aufl., München – Wien.

Simsa, R. (2001): Einflussstrategien von Nonprofit Organisationen. In: Zeitschrift für Personalforschung, Jg. 15, Nr. 3, S. 284-305.

Statistisches Bundesamt (2009): URL: http://www.destatis.de (20.10.2009).

Steinmann, H./Schreyögg, G. (2002): Management. Grundlagen der Unternehmensführung. Konzepte – Funktionen- Fallstudien, 5. Aufl., Wiesbaden.

Stockmann, Reinhard (Hrsg.) (2006): Evaluation und Qualitätsentwicklung. Eine Grundlage für wirkungsorientiertes Qualitätsmanagement. Münster.

Stockmann, R. (2007): Handbuch zur Evaluation, Münster.

Stolzenberg, K./Heberle, K. (2006): Change Management, Heidelberg.

Stötzer, S. (2009): Stakeholder Performance Reporting von Nonprofit-Organisationen, Wiesbaden.

Szabo, E. (2007): Hat denn überall der Boss das letzte Wort? Ein Streifzug durch die Forschung zum Thema Partizipation, Führung und Kultur. In: OrganisationsEntwicklung. Zeitschrift für Unternehmensentwicklung und Change Management, Jg. 26, Nr. 3, S. 4-13.

The Center for What Works (2010): Outcomes Framework Browser, URL: http://portal.whatworks.org/programs.aspx (20.05.2010).

The Urban Institute (2010): Outcome Indicators Project, URL: http://www.urban.org/center/cnp/Projects/outcomeindicators.cfm (7.6.2010).

Trukeschitz, B. (2006): Im Dienste Sozialer Dienste, Frankfurt am Main.

United Nations (2006): Central Product Classification, Group 933 – Social Services, URL: http://unstat.un.org/unsd/cr/registry/regcs.asp?CI=9&Lg=1&Co=933 (10.03.2010).

Vargo, S. L./Lusch R. F. (2008): Service-Dominant Logic: Continuing the Evolution. In: Journal of the Academy of Marketing Science, Jg. 36, Nr. 1, S. 1-10.

Vroom, V. (1964): Work and Motivation, New York – London – Sydney.

Wagner, D./Grawert, A. (1993): Sozialleistungsmanagement – Mitarbeitermotivation mit geringem Aufwand. In: Rosenstiehl, L. v. (Hrsg.): Innovatives Personalmanagement, Band 1, München.

Weber, J./Schäffer, U. (2000): Entwicklung von Kennzahlensystemen. In: Betriebswirtschaftliche Forschung und Praxis, 2000, 52. Jg. Heft 1, S. 1-16.

Wendt, W. R. (2003): Sozialwirtschaft. Eine Systematik, Baden-Baden.

Wettstein, T. (2002): Ganzheitliches Performance Measurement – Vorgehensmodell und informationstechnische Ausgestaltung, Dissertation, Universität Freiburg (CH).

W. K. Kellog Foundation (2004): Logic Model Development Guide, URL: http://www.wkkf.org/knowledge-center/Resources-Page.aspx?x=0&y=0&q=logic+model (25.03.2010).

Wurl, H.-J./Mayer, J. M. (2000): Gestaltungskonzept für Erfolgsfaktoren-basierte Balanced Scorecards. In: Zeitschrift für Planung, o. Jg., Nr. 11, S. 1-22.

Wyatt Knowlton, L./Phillips, C. C. (2009): The Logic Model Guidebook. Better Strategies for Great Results, Los Angeles u. a.

Zimmer, S./Hallmann, Th. (2001): Zur Entwicklung des Nonprofit-Sektors und den Auswirkungen auf das Personalmanagement seiner Organisation. In: Zeitschrift für Personalforschung, Jg. 15, Nr. 3, S. 207-224.

Zollondz, H.-D. (Hrsg.) (2002): Grundlagen Qualitätsmanagement. Einführung in Geschichte, Begriffe, Systeme und Konzepte, München – Wien.

Zülch, J. (2001): Die Psycho-Logik von Führung. In: Hansen, W./Kamiske, G. F. (Hrsg.): Qualitätsmanagement und Human Ressources. Mitarbeiter einbinden, entwickeln und führen. 1. Aufl., Düsseldorf, S. 233-243.

Zwierlein, E. (1997): Klinikmanagement. Erfolgsstrategien für die Zukunft, München, u.a.O.

Die Autorin

Maria Laura Bono, Mag. MSc., geb. 1967, studierte Sozialwissenschaften in Graz und London. Nach der Gründung der Grazer Straßenzeitung „das Megaphon" sammelte sie zahlreiche Erfahrungen in Führungspositionen von NPOs. 2004-2006 im Amt der Vorarlberger Landesregierung für das Controlling des Sozialfonds verantwortlich, spezialisierte sich Bono auf die Steuerung sozialer Dienste. Seit 2007 ist Bono Geschäftsführerin des Beratungsunternehmens "socialimpact research & consulting" mit Sitz in Graz und Lektorin für NPO-Management in ausgesuchten Bildungseinrichtungen.

E-Mail: bono@socialimpact.at